高等学校新工科计算机类专业系列教

云计算与大数据

(第二版)

主　编　陶　皖

副主编　杨　磊　石建国

冯富霞　杨　丹

西安电子科技大学出版社

内 容 简 介

本书在阐述大数据和云计算关系的基础上，介绍了大数据和云计算的基本概念、技术及应用，分为基础篇、技术与应用篇、实践篇共3篇，主要包括绪论、大数据环境下的云计算架构、大数据关键技术与应用、云存储、云服务与云安全、云计算应用、虚拟化技术、Hadoop和Spark平台、分布式文件系统及并行计算框架、分布式数据存储与大数据挖掘等内容。

本书结合应用及实践过程来讲解大数据和云计算的相关概念、原理和技术，实用性较强，适合学时紧凑、需要综合了解及应用云计算和大数据关键技术的相关专业的本、专科生使用，也可作为相关研究人员、爱好者的参考用书。

图书在版编目(CIP)数据

云计算与大数据 / 陶皖主编. —2版. —西安：西安电子科技大学出版社，2022.11(2024.11重印)

ISBN 978-7-5606-6505-4

Ⅰ. ①云… Ⅱ. ①陶… Ⅲ. ①云计算 ②大数据处理 Ⅳ. ①TP393.027 ②TP274

中国版本图书馆CIP数据核字(2022)第161395号

策　　划　高　樱
责任编辑　高　樱
出版发行　西安电子科技大学出版社(西安市太白南路2号)
电　　话　(029)88202421　88201467　　邮　　编　710071
网　　址　www.xduph.com　　电子邮箱　xdupfxb001@163.com
经　　销　新华书店
印刷单位　咸阳华盛印务有限责任公司
版　　次　2022年11月第2版　2024年11月第3次印刷
开　　本　787毫米×1092毫米　1/16　印 张 16.75
字　　数　395千字
定　　价　43.00元

ISBN 978－7－5606－6505－4

XDUP 6807002-3

前　言

近年来，在习近平新时代中国特色社会主义思想的正确指引下，我国社会经济正发生突飞猛进的变化，各行各业见证并亲历着各类应用和科技的快速发展。云计算与各类云存储已成为不同类型企事业单位建设与发展时需要考虑的基础设施，能反映数据价值的大数据分析结果也成为了企事业单位决策的重要参考。云计算与大数据的应用正从本质上改变人们的社交方式、生活方式和工作方式。

自《云计算与大数据》一书出版以来，大数据平台 Hadoop 版本已从 2.0 升级到 3.0，云计算的企业应用也不断深入。为满足读者学习的需要，我们整理和吸纳了新的技术与应用，对原书进行了大幅度地补充与更新。

全书仍保持第一版共三篇(10 章)的结构。

第一篇为基础篇。该篇在原有内容的基础上更新了云计算与大数据的技术发展现状，尤其是我国在此领域获得的令人欣喜的发展。

第二篇为技术与应用篇。该篇从大数据技术生态的角度补充了大数据采集与预处理技术以及大数据可视化技术的内容，并更新了大数据存储技术等内容；对云存储、云服务、云安全等云计算的关键技术及应用也进行了补充和修订；将原来的 3.5 节“全球大数据公司盘点”调整到附录部分。

第三篇为实践篇。该篇仍以开源的技术解决方案为主体，对虚拟化技术以及 Hadoop、HBase、Hive 等平台进行了版本升级，新版本更新了第一版里的 7 个实验。

附录部分更新了 Python 基础语法，将 Python 2 修订为 Python 3。

本书的新版本实验素材由杨磊完成，冯富霞编写 3.2 节“大数据采集与预处理技术”，杨磊修订 3.3 节“大数据存储技术”，杨丹编写 3.6 节“大数据可视化技术”，石建国补充了第 4 章“云存储”部分的知识及相关案例，陶皖负责新版本的全面修订及全书的统稿工作。此外，本书的编写得到了西安电子科技大学出版社高樱编辑、安徽工程大学计算机与信息学院领导和同事的大力支持和帮助，在此表示诚挚的谢意。

由于编者水平有限，书中难免存在不妥之处，敬请广大读者批评指正。

编　者

2022 年 7 月

第一版前言

随着互联网、移动互联网、物联网的快速发展，社交网络、微博、微信等新一代信息技术的应用和推广，人类产生的数据正以几何指数的速度成倍增长，不言而喻，人类已进入大数据时代。数据的种类繁多，数据流动迅速，数据中蕴含的价值也越来越受到人们的重视。需求驱动技术的发展，为了应对海量数据及满足其应用的要求，近年来，云计算和各类大数据技术层出不穷。本书将视角放在云计算和大数据技术上，通过介绍云计算与大数据的概念、技术现状及产业发展趋势，为读者提供该领域的基础性知识，并为读者的应用实践提供帮助。

全书分三篇，共10章。

第一篇为基础篇，简单介绍了云计算和大数据概念的起源，并对云计算和大数据的定义、特征和作用领域做了较详细的说明，介绍了云计算和大数据之间的关系，阐述了大数据环境下的云计算框架。

第二篇为技术与应用篇，详细介绍了大数据存储、处理及分析等关键技术及应用，还介绍了云服务、云存储、云安全等云计算的关键技术及应用。

第三篇为实践篇，以开源的技术解决方案为主体，从虚拟化技术、Hadoop和Spark平台、分布式文件系统HDFS、分布式数据库HBase、分布式数据仓库Hive和大数据挖掘计算平台Mahout等角度介绍云计算和大数据的实践过程，并通过7个实验使读者理论联系实践，进一步熟悉云计算和大数据的相关技术，为构建自己的应用提供启发和帮助。

本书的部分实验素材由李臣龙老师提供，李钧老师编写了第三篇实践篇中的部分章节，其余章节由陶皖老师编写。此外，本书的编写得到了西安电子科技大学出版社高樱编辑、安徽工程大学计算机与信息学院领导和同事的大力帮助和支持，在此表示诚挚的谢意。

由于编者水平有限，书中难免存在不妥之处，敬请广大读者批评指正。

编　者

2016年8月

目　　录

第一篇　基　础　篇

第二篇　技术与应用篇

第三篇 实 践 篇

第一篇 基 础 篇

云计算的概念与特征

大数据的概念与特征

大数据下的云计算架构

第1章 绪 论

云计算(Cloud Computing)和大数据(Big Data)的概念对于IT从业人员来说已是耳熟能详了，它们的应用正席卷着IT行业的各个方面。本章将探究云计算和大数据的背景及来历，揭开云计算和大数据身上的迷雾，说明云计算与大数据的概念、特征、应用和发展，尤其是云计算与大数据的关系。

1.1 云计算的来历与发展

1.1.1 云计算的萌发

云计算的概念实际上起源于20世纪60年代，在那个绝大多数人还没有使用过计算机的时代，来自斯坦福大学的科学家John McCarthy就指出“计算机可能变成一种公共资源”。同时代的Douglas Parkhill在其著作*The Challenge of the Computer Utility*中将计算资源类比为电力资源，并提出了私有资源、公有资源、社区资源等今天被频繁提起的云计算概念。

从这些经历我们不得不承认人类的想象力和智慧是推动世界进步的巨大动因，同时可以看到云计算不是一个偶然的技术产物，可以说它是计算机技术演进的必然方向。

1.1.2 云计算的诞生

现代的云计算模式诞生于20世纪90年代末的互联网大潮。1997年，Ramnath Chellapa教授在一次演讲中第一次提出了“云计算”这个词；1999年成立的Salesforce公司是公认的云计算先驱，它主要向企业客户销售基于云的SaaS(Software as a Service，软件即服务)产品。

Salesforce公司的成功之处在于它第一次证明了基于云的服务不仅是大型业务系统的廉价替代品，它还是可以真正提高企业运营效率、促进业务发展的解决方案，同时可以在可靠性方面维持一个极高的标准。此后，许多苛刻的企业用户开始全面拥抱云计算，迎来了云计算的发展高潮。

1.1.3 云计算的发展

进入21世纪的第一个十年，Amazon接棒Salesforce，推动云计算的快速发展。Amazon是在线零售商，其非常重视客户体验，在发展到一定规模后，它发现自己的数据中心在大部分时间只有不到10%的利用率，剩下90%的资源都闲置着。于是，Amazon开始寻找一种更有效的方式来利用自己庞大的数据中心，它的目的是将计算资源从单一的、特定的业务中解放出来，在空闲时提供给其他有需要的用户。Amazon首先在内部实施这一计划，得到了不错的回馈，接着将这个服务开放给外部用户，并命名为亚马逊网络服务(Amazon Web Service，AWS)。初期的AWS是一个简单的线上资源库，并没有引起太大的关注，令AWS名声大噪的是Amazon在2006年发布的EC2(Elastic Compute Cloud)。EC2是业界第一款面向公众提供基础构架的云服务产品，它将云计算的服务对象带入了更广阔的领域。除EC2之外，Amazon还发布了S3、SQS等其他云计算服务，组成了一个完整的AWS产品线，促使云计算成为IT产业的主声部。

继Amazon AWS之后，各种云计算产品层出不穷，Microsoft、Google等巨头纷纷涌进这个领域。除了数量的增长，云计算类型也日益丰富，除了Salesforce和Amazon AWS分别代表SaaS和IaaS(Infrastructure as a Service，设施即服务)两种云计算服务，第三种服务PaaS(Platform as a Service，平台即服务)也快速发展起来了，如2009年发布的Google App Engine服务。此外，围绕在线资源的应用亦快速出现。比如，2009年，第一个基于Amazon AWS API(Application Program Interface)的私有云平台Eucalyptus出现。同年，信息研究机构Gartner预测企业用户将从基于设备的IT建设模型往基于单个用户需求的云计算模型转变。

进入21世纪的第二个十年，云计算进入了百花齐放的时代。人们已经不再讨论云计算是否进行，而主要讨论云计算未来的发展方向，研究在大数据时代怎样将云计算的潜力充分发挥出来，从而更好地利用数据。2010—2016年间，云计算功能日趋完善，种类日趋多样，传统企业开始通过自身能力扩展、收购等模式投入云计算服务中。2016—2019年间，通过深度竞争，主流平台产品和标准产品的功能比较健全，市场格局相对稳定，云计算进入成熟阶段。

云计算的发展简图如图1-1所示。

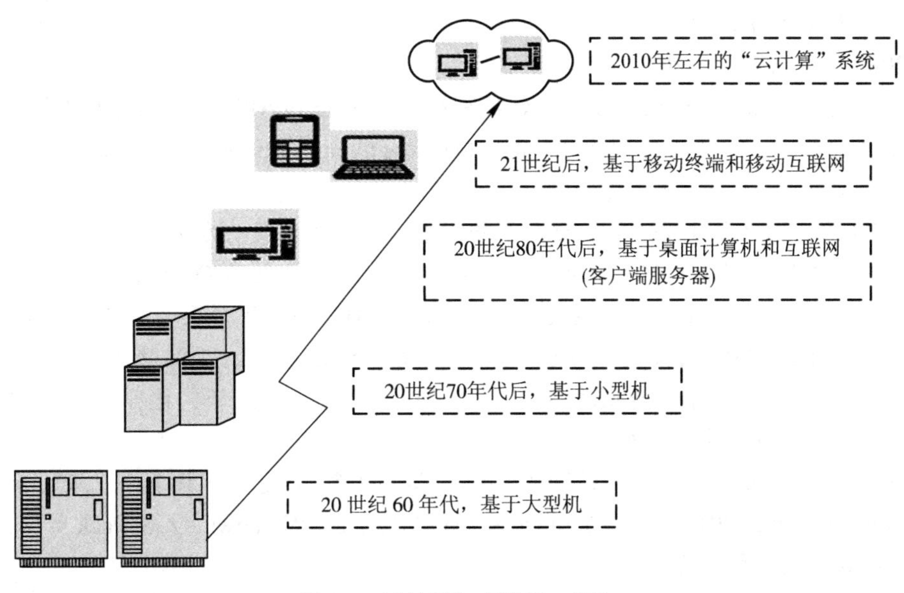

图1-1　云计算与“数字一代”

云计算发展简史

• 1983 年，太阳电脑(Sun Microsystems)提出“网络是电脑”(“The Network is the Computer”)。2006 年 3 月，亚马逊(Amazon)推出弹性计算云(Elastic Compute Cloud，EC2)服务。

• 2006 年 8 月 9 日，Google 首席执行官埃里克·施密特(Eric Schmidt)在搜索引擎大会(SES San Jose 2006)上首次提出“云计算”(Cloud Computing)的概念。Google“云端计算”源于 Google 工程师克里斯托弗·比希利亚所做的“Google 101”项目。

• 2007 年 10 月，Google 与 IBM 开始在美国大学校园，包括卡内基梅隆大学、麻省理工学院、斯坦福大学、加州大学柏克利分校及马里兰大学等，推广云计算的计划，这项计划希望能降低分布式计算技术在学术研究方面的成本，并为这些大学提供相关的软硬件设备及技术支持(包括数百台个人电脑及 BladeCenter 与 System x 服务器，这些计算平台将提供 1600 个处理器，支持Linux、Xen、Hadoop等开放源代码平台)，而学生则可以通过网络开展各项以大规模计算为基础的研究计划。

• 2008 年 1 月 30 日，Google 宣布在中国台湾启动“云计算学术计划”，将与台湾大学、台湾交通大学等学校合作，将这种先进的云计算技术大规模、快速地推广到校园里。

• 2008 年 2 月 1 日，IBM(NYSE: IBM)宣布将在中国无锡太湖新城科教产业园为中国的软件公司建立全球第一个云计算中心(Cloud Computing Center)。

• 2008 年 7 月 29 日，雅虎、惠普和英特尔宣布了一项涵盖美国、德国和新加坡的联合研究计划，推出了云计算研究测试床，推进了云计算。该计划要与合作伙伴创建 6 个数据中心，用作研究试验平台，每个数据中心配置 1400～4000 个处理器。这些合作伙伴包括新加坡资讯通信发展管理局、德国卡尔斯鲁厄理工学院 Steinbuch 计算中心、美国伊利诺伊大学香槟分校、英特尔研究院、惠普实验室和雅虎。

• 2008年8月3日，美国专利商标局网站显示，戴尔正在申请“云计算”(Cloud Computing)商标，此举旨在加强对这一未来可能重塑技术架构的术语的控制权。同年 9 月，王坚进入阿里，从零开始筹备云计算。

• 2009 年，阿里云诞生。

• 2010 年 3 月 5 日，Novell 与云安全联盟 Cloud Security Alliance(CSA)共同宣布了一项供应商中立计划——“可信任云计算计划”(Trusted Cloud Initiative)。华为正式公布云计算战略。

• 2010 年，微软公司提供云平台服务并宣布将公司的九成精力向云计算的相关工作倾斜；同年 7 月，美国国家航空航天局正式推出 OpenStack 计划，随后 OpenStack 得到了 AMD、戴尔、英特尔、思科等多个厂商的支持。微软在 2010 年 10 月表示支持 OpenStack 与 Windows Server 2008 R2 的集成；而 Ubuntu 则将 OpenStack 加至 11.04 版本中。

• 2012 年 3 月，季昕华创办 UCloud；同年 4 月，黄允松、林源、甘泉创办青云 QingCloud(取意“青云直上、平步青云”)。

• 2013 年，微软公司再次推出云操作系统 Cloud OS，其包括了许多企业级的云计算产品，如 System Center 2012 R2、Windows Server 2012 R2、Windows Azure Pack 等。2013 年 9 月，腾讯云面向全社会开放。

• 2014 年，Oracle 公司正式成为 OpenStack 的赞助商，并将其云管理组件应用到公司内部的虚拟设备中。同年，CA Technologie 作为云计算及跨平台 IT 管理供应商成功推出了用于 System z 的 CA 云存储技术，其利用数据备份的技术将数据复制到云中，从而降低了用户处理存储在大型机器上的数据的成本。2014 年 11 月，金山云成立。

• 2015 年，亚马逊受益于云计算业务的迅猛增长，市值超越零售业巨头沃尔玛。2015 年 1 月 15 日，阿里云宣布与 12306 合作；2015 年 1 月 18 日，腾讯宣布与滴滴合作；2015 年 3 月，阿里云 CDN(Content Delivery Network，内容分发网络)降价 21%；2015 年 7 月 29 日，阿里云获阿里巴巴战略投资 60 亿元；2015 年 9 月，腾讯云宣布“未来 5 年投入 100 亿元发展腾讯云，追赶阿里云”；2015 年 11 月，在双十一活动中阿里云支撑的每秒交易创建峰值，达 14 万笔。

• 2016 年初，腾讯云营收增长 100%；2016 年 4 月，阿里云预测娱乐节目冠军；2016 年 7 月，腾讯云 Q3 增速超 200%；2016 年末，腾讯云和阿里云 CDN 降价。

• 2017 年 3 月，华为云业务部门 Cloud BU 正式成立；2017 年 3 月，阿里云 CDN 降价 35%；2017 年 8 月，腾讯云首度入选 Gartner《2017 年全球公有云存储服务商魔力象限》。

• 2018 年 5 月 23 日，腾讯云 CDN 降价 20%；2018 年 6 月，UCloud 宣布获得中国移动投资公司(中移资本)的 E 轮投资；2018 年 9 月底，腾讯 tob 架构调整；2018 年 11 月，阿里云季度营收达 56.67 亿元。

• 2019 年 2 月 12 日，在旧金山 Think 2019 大会上，IBM 宣布推出全新混合云产品，以帮助企业无缝迁移、集成和管理应用及工作负载，同时确保多种公有云、私有云及本地 IT 环境的安全性。Gartner 的分析报告显示全球公有云市场规模超越 2 千亿美元。同年，阿里云发布机器学习平台 PAI v3.0；国家互联网信息办公室、国家发展和改革委员会、工业和信息化部、财政部四部门发布《云计算服务安全评估办法》。

• 2020 年 7 月，中国信息通信研究院、中国通信标准化协会联合发布了《云计算发展白皮书》。该白皮书显示，2019 年我国云计算市场规模达 1334 亿元，增速为 38.61%。预计到 2023 年市场规模将接近 4000 亿元。其中，公有云服务市场规模达 689 亿元，较 2018 年增长 57.6%，其规模首次超过私有云(645 亿元)。2020 年 8 月，Gartner 首次发布“Magic Quadrant for Cloud Infrastructure and Platform Services”报告，腾讯云入选魔力象限代表企业，是入围本次魔力象限的 7 家国际厂商之一，这意味着腾讯云 IaaS 和 PaaS 产品的性能已迈入全球前列。

1.2　云计算的概念及特征

1.2.1　云计算的概念

什么是云计算？这是一个被反复提到、反复回答的问题，这说明云计算本身是一个非常抽象的概念，要准确把握其内涵不是一件容易的事情。

云计算的解释有许多种。

百度百科中的解释：云计算是与信息技术、软件、互联网相关的一种服务。云计算将许多计算资源集合起来，通过软件的自动化管理让资源被快速提供。这种计算资源共享池常被称为“云”。云计算具有很强的扩展性和按需供给的能力，能为用户提供一种全新的体验，用户通过网络可以获取到所需要的资源，同时获取的资源不受时间和空间的限制。可以形象地说，云计算让计算能力作为一种商品，可以在互联网上流通，就像水、电、煤气一样，方便地取用，且价格较为低廉。

维基百科中的解释：云计算是继20世纪80年代大型计算机到客户端-服务器的大转变之后的又一种巨变，是一种基于互联网的计算方式，通过这种方式，共享的软硬件资源和信息可以按需求提供给计算机和其他设备。用户不再需要了解“云”中基础设施的细节，不必具有相应的专业知识，也无须直接进行控制。云计算描述了一种基于互联网的新的IT服务增加、使用和交付模式，通常涉及通过互联网来提供动态、易扩展且经常是虚拟化的资源。

云计算安全联盟CSA在“Security Guidance for Critical Areas of Focus in Cloud Computing V3.0”中的解释：云计算的本质是一种服务提供模型，通过这种模型可以随时、随地、按需地通过网络访问共享资源池的资源，这个资源池的内容包括计算资源、网络资源、存储资源等，这些资源能被动态地分配和调整，在不同用户之间灵活地划分，凡是符合这些特征的IT服务都可以称为云计算服务。

CSA的解释很好地说明了云计算的本质，美国国家标准与技术学院(U.S. National Institute of Standards and Technology，NIST)制定了一个定义云计算的标准——NIST800-145。此标准提出，云计算的五大要素是：自助服务、通过网络分发服务、可衡量的服务、资源池化以及资源的灵活调度。云计算按照服务模式分为三类，即SaaS(Software as a Service，软件即服务)、PaaS(Platform as a Service，平台即服务)和IaaS(Infrastructure as a Service，基础架构即服务)；云计算按部署模式分为四类，即公有云、私有云、社区云和混合云。NIST800-145被业界普遍接受的原因是其提出的云计算五大要素非常简练地说明了一个云计算系统的特征，通过这五个特征能够快速地将云计算系统同传统IT系统区分开来。图1-2为NIST提出的云计算概念图。

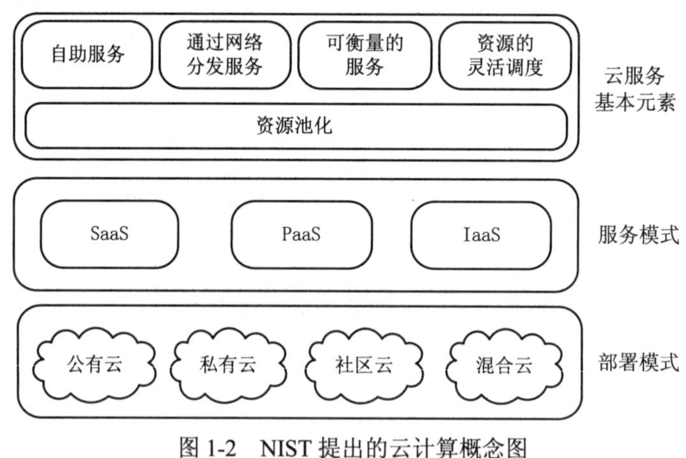

图1-2　NIST提出的云计算概念图

1.2.2　云计算的特征

本节先介绍云计算五大要素的具体内容，云计算的架构将在2.2节具体介绍。

1. 自助服务

在云计算服务中，用户通过自助方式获取服务。自助服务是区分简单的B/S架构与真正云计算的重要标准。自助服务充分发挥了云计算后台架构的强大运算能力，用户也获得了更加快捷、高效的体验。

例如，WebEx 公司推出在线会议系统，在其中用户可自助挑选会议类型，设定参会人数，上传会议资料，然后点击“确定”即可。WebEx 的后台服务器会在指定时间将与会人员同时连接到一个虚拟在线会议室中。云服务提供商并不需要人工干预这个流程，所有的细节都是由用户自己在网页上选择决定的。而以往的会议服务仅仅将提供多方会议服务的设备从分散的用户机房集中到统一的中心机房，其软硬件设施仍然是僵化的传统框架，无法自动跟上用户需求的快速变更，需要人工干预来完成资源的重新划分和调整。

2. 通过网络分发服务

通过网络分发服务打破了地理位置的限制，打破了硬件部署环境的限制，实现了只要有网络就有计算，从而革命性地改变了人们使用电脑的习惯。

以书写为例，当云计算真正普及后，只需要在诸如 iPad 的终端上登录 Google Docs，就能够进行在线写作。Google Docs 提供了大部分的电子文档编辑功能，不需要新添置计算机，不需要购买 Office 软件，只需要通过任何带 Web 浏览器的设备即可开展工作。

3. 资源池化

在云计算中，计算资源——CPU、存储、网络等有了新的组织结构，称为资源池。比如，云计算中将所有设备的运算能力放在一个池内，再进行统一分配。对于 IT 部门来说，云计算打破了服务器机箱的限制，计算资源不再以单台服务器为单位，而是将所有的 CPU 和内存等资源解放出来，汇集到一起，形成一个个 CPU 池、内存池、网络池，当用户产生需求时，便从这些池中配置能够满足需求的组合。

4. 可衡量的服务

一个完整的云计算平台会对存储、CPU、带宽等资源保持实时跟踪，并将这些信息以可量化的指标反映出来。基于这些指标，云计算平台运营商或管理企业内部私有云的 IT 部门能够快速地对后台资源进行调整和优化。

5. 资源的灵活调度

资源的灵活调度是资源池化的下一步应用。由于计算资源已经被池化，因此云计算供应商可以非常快速地将新设备添加到资源池中，以满足不断增长的需求。对于用户来说，只要愿意付账单，就可以即时要求无限制的资源。例如，WebEx、Amazon EC2 等总是可以满足用户不断增长的需求。在 WebEx 平台上，已经召开过同时上千人参与的全球视频会议，而 WebEx 团队表示参会人数仍然没有达到上限。

NIST 提出的五个特征非常形象地提炼出了不同云计算模式的共性。在绝大部分成功的云服务身上，都能轻易找到这五个特征。Amazon AWS 的 EC2 就是一个典型的例子：Amazon EC2 的服务全部可以在 Amazon AWS 的网站上自助开通，用户通过网络可获取 Amazon EC2 的后台计算资源；Amazon EC2 有一个完善的后台管理系统，能够在不同的数据中心之间调配资源，满足瞬息万变的用户需求，从而将 Amazon EC2 塑造成了一个优秀的、成功的云服务，也界定出了优秀云计算服务的基本模型。

1.3　云计算的应用及云计算与其他计算服务模式的区别

1.3.1　云计算的应用范围

云计算为用户提供动态、可扩展的计算资源，也就是说，用户享用的计算资源可以根据客户流量的需要而随时增减。云计算的特点对于现有的企业，特别是对计算资源要求随时间变化的企业具有相当大的吸引力。利用云计算的弹性资源，企业可以解决因需求量突然增加而出现的计算资源不足的问题，同时避免了因计算资源闲置过剩而造成的浪费。

云计算也特别适合刚刚起步的 IT 企业。新生的企业如果要提供网络服务，通常需要购买一定数量的服务器等硬件设备和软件，甚至还会招聘管理和支持这些服务器和设备的信息技术管理人员，因此新企业需要一笔不小的启动资金。利用云计算服务，企业可以花费较少的资金从云计算服务商那里获得所需的网络计算资源，随着业务的发展，再决定是否逐步增加租用云计算服务，甚至设立自己的数据中心。如果企业决定改变经营方向，也不用丢弃现有设备，从而降低了风险。

云计算服务将积极推动软件的开发。如今，通过灵活的云计算服务，越来越多的软件开发资源可以直接提供给软件开发者(企业或是个人)。如果软件开发者有自己的想法或创意，则在没有很多经费购买硬件和软件的情况下，软件开发者也可以借助云计算服务开发出独特的软件。因此，各类软件的开发会向前迈进一大步。

不过，云计算并不是对每个开发商都适合，也不是所有的软件服务都需要使用云计算。对于计算资源需求不大、所需资源变化不大的软件而言，其实并不适合使用云计算。此外，一些国家和地区有明确的法律和制度，不允许涉及国家安全或个人隐私的重要数据信息存储在其他国家的数据中心中，从而使云计算在部分领域的使用受到了一定的限制。

1.3.2　云计算与其他计算服务模式的区别

1. 云计算与数据中心的服务器托管的区别

云计算和数据中心的服务器托管听起来很相似，但实际上二者存在差别。

首先，二者的工作环境有所不同。目前的数据中心提供的托管环境有共享的，也有专用的，有硬件服务器，也有虚拟服务器，但计算资源对于每个托管的软件都是有限的，如果需要更多的资源，就得增加服务器。而云计算的环境可以随时提供所需资源。例如，微软的云计算，开发者不需要和服务器直接打交道，而是与服务模块打交道。为了服务更多的客户，开发者只需指定有多少个软件同时运行。至于数据中心的服务器的启动和管理，由体系管理器来负责。

其次，两者的收费方式也有所不同。服务器托管服务通常是按月向用户收取固定费用，云计算服务商则根据计算的时间、信息存储量、计算量等向用户收费，存储量增大，用量增大，信息流量增大时收费也随之增加。

2. 云计算与网格计算的区别

Ian Foster 将网格定义为：支持在动态变化的分布式虚拟组织间共享资源、协同解决问题的系统。所谓虚拟组织，就是一些个人、组织或资源的动态组合。图 1-3 和图 1-4 分别为“云”系统及网格的结构示意图。图 1-3 显示云计算系统采用以太网等快速网络将若干机群连接在一起，用户通过因特网获取云计算系统提供的各种数据处理服务。图 1-4 显示网格系统是一个资源共享模型，资源提供者也可以成为资源消费者，网格侧重研究怎样将分散的资源组合成动态虚拟组织。云计算与网格计算的一个重要区别在于资源调度模式。云计算采用机群来存储和管理数据，运行的任务以数据为中心，即调度计算任务到数据存储节点运行。而网格计算则以计算为中心，计算资源和存储资源分布在因特网的各个角落，其不强调任务所需的计算和存储资源同处一地。由于网络带宽的限制，网格计算中的数据传输时间占总运行时间的很大一部分。

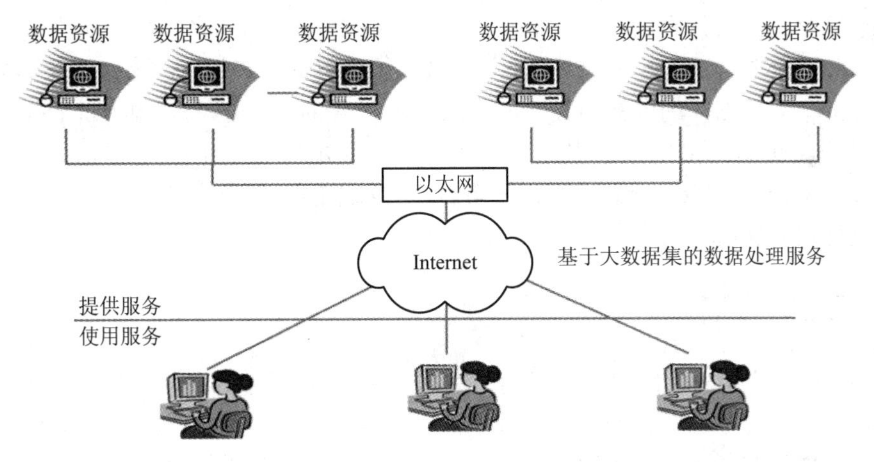

图 1-3　“云”系统的结构

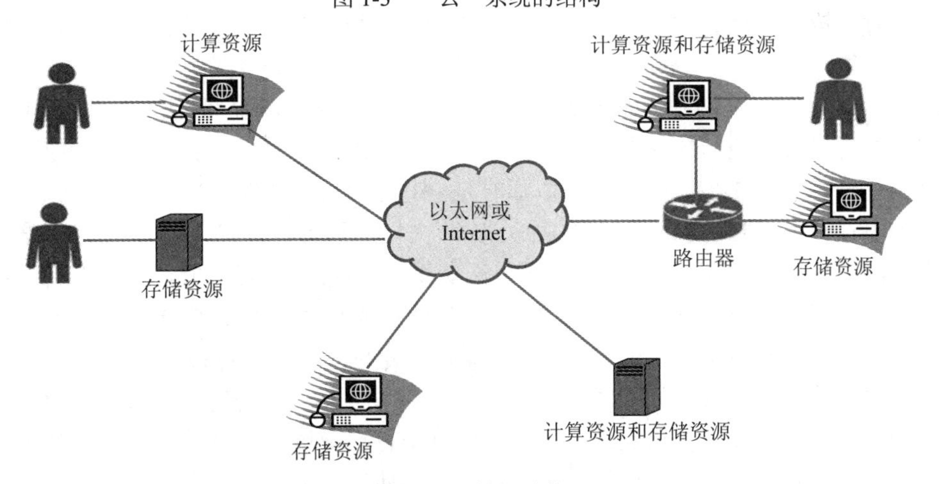

图 1-4　网格的结构

3. 云计算系统与传统超级计算机的区别

云计算系统和超级计算机最大的区别在于：传统超级计算机使用各种技术来实现一台强大处理功能，而云计算系统则是用计算机机群来分工处理。相对于超级计算机面临的研发困难来说，由更多低配计算机(这里的低配计算机是相对于超级计算机来说的)来搭建处理中心相对来说要简单得多。如果这个云计算系统是由多台超级计算机来组成的，那它的处理能力会呈几何级倍数增长。相对于使用超级计算机要投入大量时间和资源去研发，使用云计算系统更适合于社会应用。

1.4　大数据的提出及发展

1.4.1　大数据的提出

大数据一词源于英文的“Big Data”，以往类似的词语“信息爆炸”“海量数据”都很难去准确描述这个词的具体内涵。早在1980年，著名未来学家阿尔文·托夫勒的《第三次浪潮》一书中就出现过“大数据”的表述，大数据被热情地赞颂为“第三次浪潮的华彩乐章”。但如果要追溯“大数据”的最初出处，就必然要提及Apache org的开源项目Nutch。当时大数据的意思是更新网络搜索索引，同时还需要批量处理和分析大量的数据集。谷歌的MapReduce和Google File System(GFS)发布后，大数据的含义中除了涵盖大量数据之外，还包括数据处理的速度。

1.4.2　大数据的发展

在20世纪90年代后期，当气象学家在完成气象地图、物理学家在建立大物理仿真模型、生物学家在构建基因图谱的分析过程中，由于数据量巨大，他们已经不能再用传统的计算技术来完成这些任务时，大数据的概念在这些科学研究领域首先被提出来。面对大量科学数据存获取、存储、搜索、共享和分析中遇到的技术难题，一些新的分布式计算技术被研究和开发。

2008年，随着互联网和电子商务的快速发展，当雅虎、谷歌等大型互联网和电子商务公司用传统手段解决他们的业务问题时，大数据的理念和技术已经被他们实际应用。此时的共性问题是，处理的数据量通常很大(那时是PB级，1个PB的数据相当于50%的全美学术研究图书馆藏书信息内容)，数据的种类很多(文档、日志、博客、视频等)，数据的流动速度很快(包括流文件数据、传感器数据和移动设备数据的快速流动)。而且，这些数据经常是不完备甚至是不可理解的(需要从预测分析中推演出含义)。大数据的新技术和新架构正是在这种背景下被不断开发出来，以有效地解决这些现实的互联网数据处理问题。

2010年，全球进入Web 2.0时代，Twitter(推特)、Facebook(脸书)、博客、微博、微信等社交网络将人类社会带入自媒体时代，互联网数据快速激增。随着苹果、华为等智能手机的普及，移动互联网时代也已经到来，移动设备所产生的数据海量般地涌入网络。为了实现更加智能的应用，物联网技术也逐步被推广，随之而来的是更多实时获取的视频、电子标签(RFID)、传感器等数据也被联入互联网，使得数据量进一步暴增。根据美国市场调查公司IDC发布的信息，人类产生的数据量正在呈指数级增长，大约每两年翻一番。全球在2010年正式进入ZB时代(1 ZB数据的数据量相当于全世界海滩上的沙子数量的总和)，到 2020 年，全球已拥有 35 ZB 的数据量。这意味着人类在现阶段每两年产生的数据量相当于之前产生的全部数据量。人类真正进入了一个数据的世界，大数据技术有了用武之地，大数据的各类应用空前繁荣起来。

2011 年，全球著名战略咨询公司麦肯锡的全球研究院(MGI)发布了《大数据：创新、竞争和生产力的下一个新领域》研究报告，这份报告分析了数字数据和文档的爆发式增长的状态，阐述了处理这些数据能够释放出的潜在价值，分析了大数据相关的经济活动和业务价值链。这份报告在商业界引起极大的关注，为大数据从技术领域进入商业领域吹响了号角。

2012 年 3 月 29 日，奥巴马政府以“Big Data is a Big Deal”(大数据是一个大生意)为题发布新闻，宣布投资 2 亿美元启动“大数据研究和发展计划”，涉及美国国家科学基金、美国国防部等 6 个联邦政府部门，他们大力推动和改善与大数据相关的收集、组织和分析工具及技术，以推进从大量的、复杂的数据集合中获取知识和洞见的能力。美国政府认为大数据技术事关美国国家安全、科学和研究的步伐。

2012 年 5 月，联合国发布了一份大数据白皮书，总结了各国政府如何利用大数据更好地服务公民，指出大数据对于联合国和各国政府来说是一个历史性的机遇，联合国还探讨了如何利用包括社交网络在内的大数据资源造福人类。

2012 年 12 月，世界经济论坛发布《大数据，大影响》报告，阐述了大数据为国际发展带来的商业机会，建议各国与工业界、学术界、非营利性机构与管理者一起利用大数据所创造的机会。

2012 年以来，大数据成为全球投资界最青睐的领域之一。国内互联网企业和运营商率先启动大数据技术的研发和应用，如新浪、淘宝、百度、腾讯、中国移动、中国联通、京东商城等企业纷纷启动了大数据试点应用项目，推进大数据应用。IBM 公司通过并购数据仓库厂商 Netezza、软件厂商 InfoSphere BigInsights 和 Streams 等来增强自己在大数据处理上的实力；EMC 公司陆续收购 Greenplum (Pivotal)、VMware、Isilo 等公词，展开大数据和云计算产业的战略布局；惠普公司通过并购 3PAR、Autonomy、Vertica 等公司实现了大数据产业链的全覆盖。业界主要的信息技术巨头都纷纷推出大数据产品和服务，力图抢占市场先机。

2013 年，第 4 期《求是》杂志刊登了中国工程院邬贺铨院士的《大数据时代的机遇与挑战》一文，阐述了中国科技界对大数据的重视。另外，郭华东、李国杰、倪光南、怀进鹏等院士也纷纷撰文阐述大数据的战略意义。工信部软件服务司陈伟司长指出：“大数据是云计算、物联网、移动互联网、智慧城市等新技术、新模式发展的必然产物”，表明产业主管部门对大数据发展的高度关注。

2014 年 3 月，“大数据”首次出现在《政府工作报告》中。报告中说道，要设立新兴产业创业创新平台，在大数据等方面赶超先进，引领未来产业发展。大数据在国内逐渐成为热议的词汇。

2015 年，国务院正式印发《促进大数据发展行动纲要》，明确说明要不断地推动大数据发展和应用，在未来打造精准治理、多方协作的社会治理新模式，建立运行平稳、安全高效的经济运行新机制，构建以人为本、惠及全民的民生服务新体系，开启大众创业、万众创新的创新驱动新格局，培育高端智能、新兴繁荣的产业发展新生态。

综上所述，大数据的发展历程可分为萌发、普及推广及成熟应用三个阶段，如图 1-5

所示。

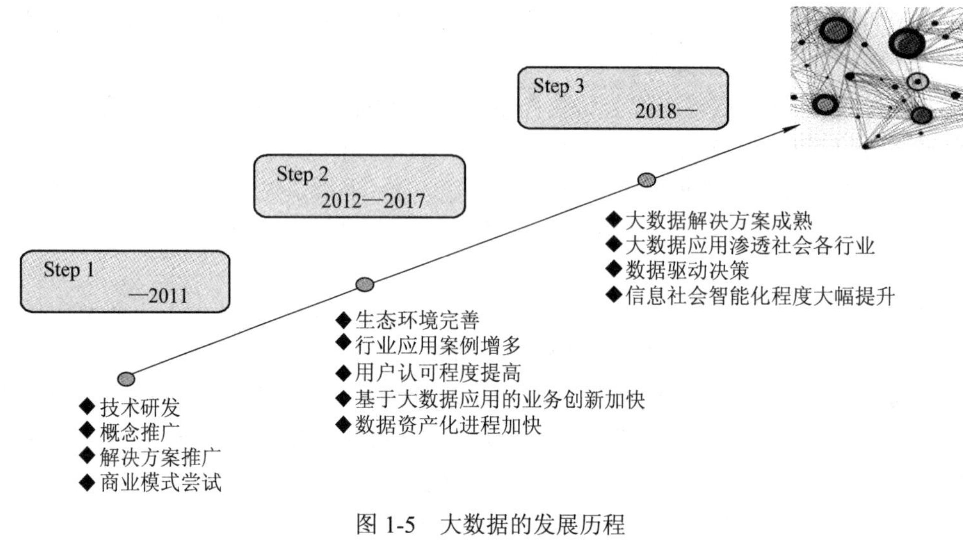

图 1-5 大数据的发展历程

1.5 大数据的概念、特征及挑战

1.5.1 大数据的概念

对于“大数据”(Big Data)，研究机构Gartner给出了这样的定义：“大数据”是需要新处理模式才能具有更强的决策力、洞察发现力和流程优化能力的海量、高增长率和多样化的信息资产。

麦肯锡全球研究所的《大数据：创新、竞争和生产力的下一个前沿》报告中对“大数据”的定义：大数据通常指的是大小规格超越传统数据库软件工具抓取、存储、管理和分析能力的数据群。这个定义中并没有说明什么样规格的数据才是大数据。按照美国信息存储资讯科技公司易安信(EMC)的界定，特指的大数据一定是指大型数据集，规模大概为10 TB。通过多用户将多个数据集集合在一起，能构成 PB 规模的数据集。

关于大数据如何定义尚没有一个统一的意见，结合大数据的特征，可以给出一个较为清晰的大数据概念。

1.5.2 大数据的特征

研究机构 IDC 和 IBM 公司均提出，大数据的特征包括四个 V，即大量化(Volume)、多样化(Variety)、快速化(Velocity)和价值(Value)。

大数据的第一个特征是数据量大。随着信息技术的发展，数据量出现了爆炸式增长。2009 年，几乎每一个美国企业只要雇员人数超过 1000 人，其数据存储量大都超过了 200 TB，达到了十年前沃尔玛公司数据仓库存储量的 2 倍多。2010 年，欧洲组织的数据存储总量大概为 11 EB，这个数字几乎是整个美国数据总量(16 EB)的 70%。2010 年全球企业在硬件上的数据存储量已经超过了 7 EB，而在 PC 和笔记本电脑等设备上的个人存储量亦超过了 6 EB。而美国国会图书馆当时存储的数据大概只是 1 EB 的 1/4000。“大”是相对而言的概念，对于搜索引擎，EB 属于比较大的规模，但是对于各类数据库或数据分析软件而言，其规模量级会有比较大的差别。

大数据的第二个特征是数据类型多样化。数据按生成类型分为交易数据、交互数据、传感数据；按数据来源分为社交媒体、传感器数据、系统数据；按数据格式分为文本、图片、音频、视频、光谱等；按数据关系分为结构化数据、半结构化数据、非结构化数据；按数据所有者分为公司数据、政府数据、社会数据等。尤其需要关注的是，随着互联网多媒体应用的出现，声音、图片和视频等非结构化的数据所占的比重日益增多。IDC 统计数据表明，非结构化数据的增长率是 63%，相对而言结构化数据增长率只有 32%。2014 年，非结构化数据在整个互联网数据中的占比在 80%～90%之间。

大数据的第三个特征是快速化，表现为：一方面数据的增长速度快，另一方面要求数据访问、处理、交付等速度快。

大数据的第四个特征是其具有巨大的价值。尽管我们拥有大量数据，但是发挥价值的数据仅是其中非常小的部分。而大数据背后潜藏的价值其实非常大，这在商业应用领域显得尤为关键。据统计，美国社交网站 Facebook 有 10 亿用户，网站对这些用户信息进行分析后，广告商可根据分析结果精准投放广告。对广告商而言，10 亿用户的数据价值上千亿美元。据资料报道，2012 年，运用大数据的世界贸易额已达 60 亿美元，但这些只是冰山一角，如何构建强大的计算平台，通过机器学习和高级分析等技术更迅速地完成数据价值的“挖掘”和“提纯”，仍是大数据应用背景下待解决的难题。

小拾遗

关于大数据第 4 个 V 特征的另一种观点

在普遍认同大数据的数据体量(Volume)大，数据类别(Variety)多，产生速度快，要求数据处理速度(Velocity)快的 3V 特征后，关于最后一个特征的另一种观点是：第 4 个 V 指对数据的真实性(Veracity)要求高，随着社交数据、企业内容、交易与应用数据等新数据源的兴起，传统数据源的局限被打破，企业愈发需要有效的信息以确保其真实性及安全性。这从一方面说明关于大数据的认识是多角度和多样化的。

小知识

数据大小的量级

数据量的大小是用计算机存储容量的单位来计算的，基本单位是字节(Byte)，其他单位与 Byte 的换算和解释如下所示：

1Byte(B)	相当于一个英文字母
1Kilobyte(KB)=1024 B (千)	相当于一则短篇故事的内容
1Megabyte(MB)=1024 KB (兆)	相当于一则短篇小说的文字内容
1Gigabyte(GB)=1024 MB (吉)	相当于贝多芬第五交响曲的乐谱内容
1Terabyte(TB)=1024 GB (太)	相当于一家大型医院中所有的 X 光图片内容
1Petabyte(PB)=1024 TB (拍)	相当于 50%全美学术研究图书馆的藏书信息
1Exabyte(EB)=1024 PB(艾)	5 EB 相当于人类有历史记载的所有信息

1Zettabyte(ZB)=1024 EB(泽)　相当于全世界海滩上的沙子数量的总和
1YottaByte(YB)=1024 ZB(尧)　相当于1024个像地球一样的星球上的海滩上沙子数量的总和

结构化和非结构化数据

按数据结构将数据分为结构化数据和非结构化数据。

1. 结构化数据

结构化数据一般是指可以存储在数据库中，用二维表结构来逻辑表达实现的数据。其示例如表1-1所示。

表1-1　结构化数据示例

客户号	客户姓名	商品单价	商品名称	商品数量
2014111001	汪伟	1000.0	冰箱	1
2015120602	李萍	508.0	电磁炉	1

2. 非结构化数据

相对于结构化数据，一般将不方便用二维表结构来表现的数据称为非结构化数据。非结构化数据包括半结构化数据和无结构化数据。

(1) 半结构化数据：指介于完全结构化数据和完全无结构化数据之间的数据，半结构化数据格式较规范，一般是纯文本数据，可以通过某种方式解析得到每项数据。最常见的是日志数据、XML、JSON等格式数据。

(2) 无结构化数据：指非纯文本类数据，没有标准格式，无法直接解析出相应的值。常见的有富文本文档(Rich Text Format，RTF)和多媒体(图像、声音、视频等)。

1.6　大数据的作用与挑战

1.6.1　大数据的作用

1. 大数据对企业影响深远

国际国内一些知名企业充分认识到大数据技术对业务经营的重要性，比如全球著名的零售商沃尔玛公司，原来需要5天的时间处理超过100万客户交易，其借助大数据技术之后分析用时仅为一个小时，极大地提高了企业的生产效率。再比如Facebook公司，其借助大数据技术可以在一个星期内实现对400亿张照片的处理，而放在以前，则需要花上10年的时间。正是大数据技术的应用，使得Facebook公司在市场竞争中始终处于领先地位。

大数据技术不仅对科研组织和企业组织的研究和生产有着极大的价值，而且还催生出新的商机、新的领域和新的岗位。一些IT企业专门成立了面向企业提供大数据管理和分析服务的公司，并着重培养大数据分析师。比如甲骨文、IBM、微软和SAP，这些著名的IT企业都投入巨资成立了软件智能数据管理和分析的专业公司。据相关咨询机构预测，大数据行业自身市场规模将超过1000亿美元，且市场规模还将以每年近10%的速度增长。

大数据的影响力除了经济方面以外，还包括政治、文化等方面。大数据可以帮助人们开启循“数”管理的模式，这也是当下“大社会”的集中体现。“三分云计算技术，七分分布式管理，十二分大数据”将是未来企业的信息系统建设的指导思想，而那些善于使用数据的企业将赢得未来。

2. 大数据是一种新商品

谷歌搜索记录、Facebook 的帖子和微博消息使得人们的行为和情绪的细节化测量成为可能。挖掘用户的行为习惯和喜好，从凌乱纷繁的数据背后找到更符合用户兴趣和习惯的产品和服务，并对产品和服务进行针对性的调整和优化，这就是大数据的价值。

大数据也日益显现出对各个行业的推进力。以往大数据通常用来形容一个公司创造的大量非结构化和半结构化数据，而现在提及“大数据”，通常是指解决问题的一种方法，即收集、整理生活中方方面面的数据，并对其进行分析挖掘，进而从中获得有价值的信息，最终衍化出一种新的商业模式。

目前，虽然大数据在国内仍处于不够成熟的发展阶段，但是其商业价值已经在很多领域显现出来。基于数据的交易可能产生很好的效益，手中握有数据的公司等同于站在金矿上。此外，基于数据进行挖掘会诞生很多定位角度不同的商业模式：或侧重数据分析(如帮企业做内部数据挖掘)；或侧重优化(如帮企业更精准地找到用户，降低营销成本，提高企业销售率，增加利润)。

未来，数据很可能成为最大的交易商品，但数据量大并不能算是大数据，大数据的特征是数据量大、数据种类多、非标准化数据的价值最大化。因此，大数据的价值在于通过数据共享、交叉复用后获取最大的数据价值。未来的大数据将会如基础设施一样，有数据提供方、管理者、监管者，数据的交叉复用会使大数据变成一大产业。

3. 精准营销需要大数据

有这样一个真实案例在微博上流传很广。美国一名男子闯入他家附近的 Target 店铺(一家美国零售连锁超市)进行抗议：“你们竟然给我 17 岁的女儿发婴儿尿片和童车的优惠券。”店铺经理立刻向来者致歉，其实经理并不知道这是公司运行大数据系统的结果。一个月后，这位父亲来道歉，因为他的女儿的确怀孕了。这个案例就是基于数据分析的精准营销的结果。通过分析用户在网络上的消费行为数据，可以帮助电商企业实现“千人千面”的精准营销。基于数据分析的精准营销是对来自不同平台的数据进一步挖掘和分析，找到这些数据相对应的人群，再将这些群体进行个性化的对比，并以此开展个性化的营销服务。大数据时代，营销将更多地依赖数据，以便更精准地找到用户。

大数据应用的一个重要趋势就是数据服务方式的变革。通过大数据应用能将人分成很多群体，为每个群体给予不同的服务。以电子商务为例，在数据爆炸的年代，人们经常会淹没在海量的商品和资讯之中，却不知道自己真正想要什么。传统的电子商务运营中常用的关联规则算法不能发现客户的个性化需求。比如，依据关联规则，对大部分客户而言，白酒和花生米的关联度都很高。如果客户购买白酒，则会向他推荐花生米，而不会考虑客户的真实想法。其实，电子商务活动会产生非常丰富的大数据资源，包括客户的登录、单击、浏览以及购买记录等，这些数据需要硬件来存储，需要人员来管理，这些数据如果发挥不了使用价值，就成为了负资产。依赖大数据的个性化推荐则能通过全网客户行为的挖掘分析，知道客户喜欢什么，能够根据客户需求精准地提供商品推荐信息，显然，这种“导购”模式无疑更能刺激客户产生购买行为，帮助商家获得更大的商业利益。

电子商务网站都有非常丰富的顾客历史数据，包括登录、单击、浏览以及购买等，这些数据需要硬件来存储，需要人员来管理，如果发挥不了任何使用价值，它们就是一项负资产。因此，企业必然需要利用这些数据，比如能够通过数据分析出消费者的购买意图进行全网行为的挖掘分析等，以实现个性化推荐的精准运营。

4. 工业互联网让大数据产生更大价值

工业互联网是数字技术和物理技术、大数据与大机器的融合。通过部署电子传感器和云分析，工业互联网将传统工业机器转变为互联资产，开创功能与效率的全新局面。由大数据分析得出的洞察可以实现预测性维护，如提前处理潜在故障以避免意外停机等。从根本上讲，人与机器，机器与机器之间通过数据无缝连接后，将能依据大数据找到运营当中的瓶颈，从而降低成本，提升效率，实现整个核心竞争力的提升。

1.6.2 大数据的挑战

1. 业务视角变化带来的挑战

以往，企业通过内部企业资源计划(ERP)、客户关系管理(CRM)、供应链管理(SCM)、商业智能(BI)等信息系统建设来建立高效的企业内部统计报表、仪表盘等决策分析工具，在企业的业务敏捷决策中发挥了很大的作用。但是，这些数据分析只是冰山一角，这些报表和仪表盘其实是“残缺”的，更多潜在的有价值的信息被企业束之高阁。在大数据时代，企业的业务部门必须改变他们看数据的视角，更加重视以往被放弃的交易日志、客户反馈、社交网络等数据。这种转变需要一个接受过程，但实现转变的企业则已经从中获得巨大收益。据有关统计，电子商务企业亚马逊近三分之一的收入来自基于大数据相似度分析的推荐系统的贡献。花旗银行新产品创新的创意很大程度来自各个渠道收集到的客户反馈数据。因此，大数据时代下，业务部门需要以新的视角来面对大数据，接受和利用好大数据，以创造更大的业务价值。

2. 技术架构变化带来的挑战

传统的关系数据库(RDBMS)和结构化查询语言(SQL)面对大数据已经力不从心，更高性价比的数据计算与存储技术和工具正在不断涌现。但对于已经熟练掌握和使用传统技术的信息技术人员来说，学习、接受和掌握新技术需要一个过程。因为他们从内心会认为现在的技术和工具足够好，从而对新技术产生一种排斥的心理，怀疑它只是一个新的噱头；另外，新技术本身的不成熟性、复杂性和对用户的不友好性也会加深这种印象。但大数据时代的技术变革已经不可逆转，企业信息技术人员必须积极迎接这种挑战，以包容的态度迎接新技术，以集成的方式实现新老系统的整合。

3. 管理范畴变化带来的挑战

大容量和多种类的大数据处理将为企业带来信息基础设施的巨大改变，也会为企业带来信息技术管理、服务、投资和信息安全治理等方面的新挑战。如何利用公有云服务来实现企业外部数据的处理和分析？对大数据架构采取什么样的管理和投资模式？对大数据可能涉及的数据隐私如何进行保护？这些都是企业应用大数据时需要面对的挑战。

1.7 大数据和云计算的关系

随着大数据的价值日益受到重视，人们对数据处理的实时性和有效性的要求也在不断提高。大数据的意义并不在于大容量、多样性等特征，而在于我们如何对大数据进行管理和分析，以及如何利用从中发掘出的价值。如果在分析处理上缺少相应的技术支撑，大数据的价值将无从谈起。

具体到企业，处于大数据时代的经营决策过程已经具备了明显的数据驱动特点，这种特点给企业的IT系统带来的是海量待处理的历史数据、复杂的数学统计和分析模型、数据之间的强关联性以及频繁的数据更新产生的重新评估等挑战。这就要求底层的数据支撑平台具备强大的通信(数据流动和交换)能力、存储(数据保有)能力以及计算(数据处理)能力，从而保证海量的用户访问、高效的数据采集和处理、多模式数据的准确实时共享以及面对需求变化的快速响应。

传统的处理和分析技术在这些需求面前开始遭遇瓶颈，而云计算的出现，不仅为我们提供了一种挖掘大数据价值并使其得以凸显的工具，也使大数据的应用具有了更多的可能性。在大数据时代，云计算为大数据分析提供了潜在的自助计算模型。云计算是虚拟化技术和网格计算模型的延伸，使得运营成本可以远低于传统数据平台，且提供灵活业务支持的数据平台。

从技术上看，大数据与云计算的关系就像一枚硬币的正反面一样密不可分。如图1-6所示，大数据无法使用单台的计算机进行处理，必须采用分布式计算架构。它的特色在于对海量数据的挖掘，但它必须依托云计算的分布式处理、分布式数据库、云存储和虚拟化技术。

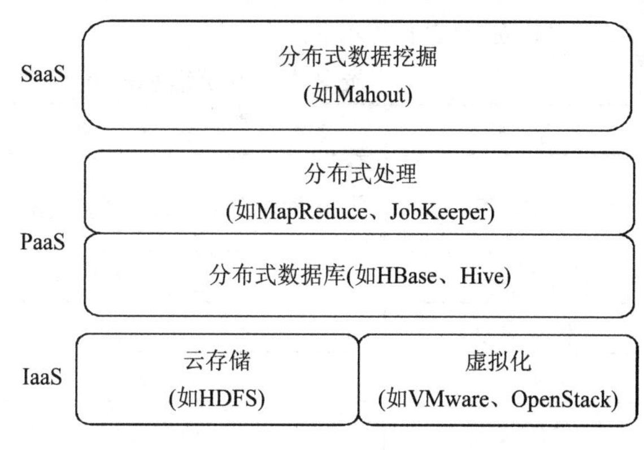

图1-6 大数据与云计算的关系

云计算包含两方面的内容：服务和平台，所以云计算既是商业模式，也是计算模式。比如美国加州大学伯克利分校在一篇关于云计算的报告中，就认为云计算既指在互联网上以服务形式提供的应用，也指在数据中心里提供这些服务的硬件和软件。

就从目前的技术发展来看，云计算以数据为中心，以虚拟化技术为手段来整合服务器、存储、网络、应用等在内的各种资源，并利用SOA架构为用户提供安全、可靠、便捷的各种应用数据服务；它完成了系统架构从组件走向层级然后走向资源池的过程，实现了IT系统不同平台(硬件、系统和应用)层面的“通用”化，打破了物理设备障碍，实现了集中管理、动态调配和按需使用的目的。

借助“云”的力量，可以实现对多格式、多模式的大数据的统一管理、高效流通和实时分析，使我们可以通过挖掘大数据的价值来发挥大数据的真正作用。

第 2 章　大数据环境下的云计算架构

从第 1 章中我们了解了云计算与大数据的起源和概念，在本章中我们将阐述大数据的环境特征，说明云计算如何支持大数据，重点阐明云计算运用中必须要注重的标准化问题，并列举云计算框架，说明云计算的运用情况。

2.1　大数据环境的技术特征

大数据来源于互联网、企业系统和物联网等信息系统。传统的信息系统一般定位为面向个体信息生产，进行局部简单查询和统计应用，其输入是个体的少量信息，处理方式是移动数据到系统后对数据进行加工，输出是个体信息或某一主题的统计信息。而大数据信息系统定位为面向全局，进行复杂统计分析和数据挖掘，其输入会是 TB 级的数据，处理方式是移动逻辑到数据存储后对数据进行加工，输出是与主题相关的各种关联信息。两种系统的对比如表 2-1 所示。

表 2-1　传统信息系统与大数据信息系统对比

项　目	传统信息系统	大数据信息系统
系统目的	依据现实事务的生产及数据管理	基于已有传统信息系统所积累数据基础上的应用
构建前提	结构化设计	分析与挖掘模型建立
依赖对象	人、物	信息系统
加工结果	事务数据	业务规则及逻辑
处理模式	线性处理	并行处理
数据采集范围	局部	全局
存储	集中存储	分布式存储
价值	记录历史事务信息	发现问题、科学决策
效果	数据生产、简单应用	统计挖掘、复杂应用
呈现	局部个体的信息展现	个体在全局中的展现
表现形态	ERP、OA 等系统	宏观决策信息系统
作用	企业信息化	企业智慧“大脑”

大数据信息系统要求数据经过其分析挖掘后产生新的知识，以支撑决策或业务的自动智能化运转。从数据在信息系统中的生命周期看，大数据从数据源经过分析挖掘到最

终获得价值一般需要经过 5 个主要环节，包括数据准备、数据存储与管理、计算处理、数据分析和知识展现，每个环节都面临不同程度的技术上的挑战。大数据技术架构如图 2-1 所示。

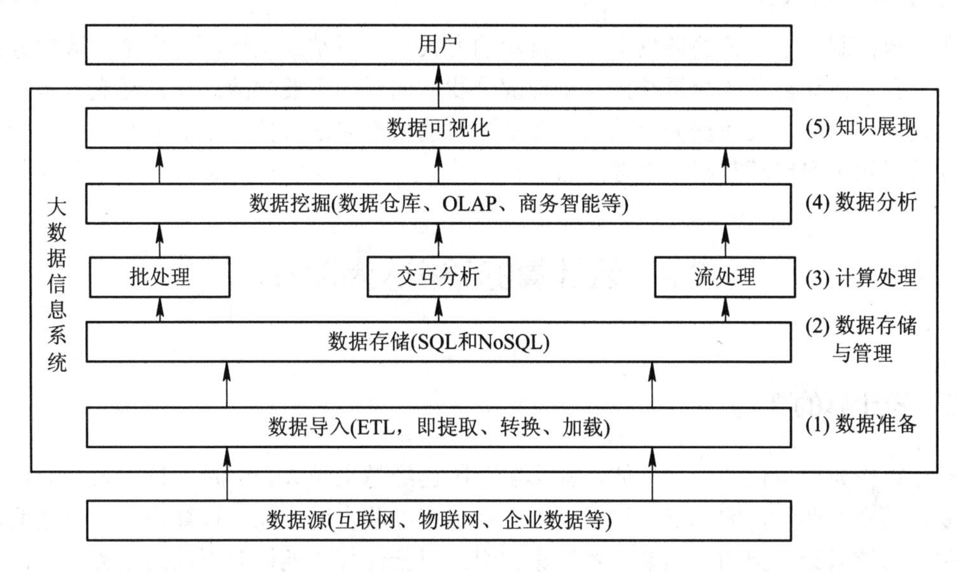

图 2-1　大数据技术架构

1．数据准备环节

在进行存储和处理之前，需要对数据进行清洗、整理，在传统数据处理体系中此过程称为 ETL(Extracting Transforming Loading)过程。与以往的数据分析相比，大数据的来源多种多样，包括企业内部数据库、互联网数据和物联网数据，其不仅数量庞大，格式不一，质量也良莠不齐。这就要求数据准备环节一方面要规范格式，便于后续存储管理，另一方面要在尽可能保留原有语义的情况下消除噪声，去粗取精。

2．数据存储与管理环节

当前，全球的数据量正以每年超过 50%的速度增长，存储技术的成本和性能面临着非常大的压力。大数据存储系统不仅需要以极低的成本存储海量数据，还要适应多样化的非结构化数据管理需求，具备数据格式上的可扩展性。

3．计算处理环节

计算处理环节需要根据处理的数据类型和分析目标，采用适当的算法模型快速处理数据。海量数据处理要消耗大量的计算资源，对于传统单机或并行计算技术来说，其在速度、可扩展性和成本上都难以适应大数据计算分析的新需求。分而治之的分布式计算成为大数据的主流计算架构，但在一些特定场景下，计算的实时性还需要大幅提升。

4．数据分析环节

数据分析环节需要从纷繁复杂的数据中发现规律并提取新的知识，是挖掘大数据价值的关键所在。传统的数据挖掘对象多是结构化、对象单一的小数据集，对其进行挖掘更侧重于根据先验知识人工建立模型，然后依据既定模型进行分析。对于非结构化、多源异构的大数据集的分析往往缺乏先验知识，很难建立显式的数学模型，这就需要发展更加智能的数据挖掘技术。

5. 知识展现环节

在大数据服务于决策的场景下，以直观的方式将分析结果呈现给用户是大数据分析的重要环节。如何让复杂的分析结果易于理解是我们面对的主要挑战。在已经嵌入多业务的闭环大数据应用中，大数据分析结果一般是由机器根据算法直接应用而无须人工干预，在这种场景下知识展现环节则不是必需的。

2.2　云计算的架构及标准化

2.2.1　云计算的架构

云计算作为虚拟化的一种延伸，其影响范围已经越来越大。但是，目前云计算还不能支持复杂的企业环境，因此云计算架构呼之欲出。经验表明，在云计算走向成熟之前，更应该关注系统云计算架构的细节。各厂家和组织对云计算的架构有不同的分类方式，但总体趋势是一致的，概括起来如图 2-2 所示。

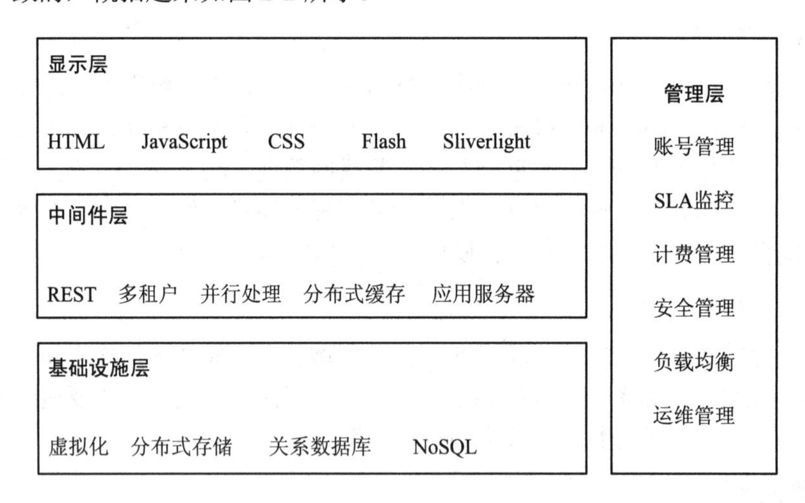

图 2-2　云计算架构

云计算架构主要可分为四层，其中三层是横向的，分别是显示层、中间件层和基础设施层，通过这三层技术能够提供非常强大的云计算能力和友好的用户界面，还有一层是纵向的，称为管理层，它是为了更好地管理和维护横向的三层而存在的。

1. 显示层

云计算架构的显示层主要用于以友好的方式展现用户所需的内容，并利用下面的中间件层提供的多种服务。该层主要有如下五种技术。

HTML：标准的 Web 页面技术，HTML5 是 HTML 最新的修订版本，其标准于 2014

年 10 月由万维网联盟(W3C)制定完成。它专门为承载丰富的 Web 内容而设计，拥有新的语义、图形以及多媒体元素，且是跨平台的，能够在不同类型的硬件(如 PC、平板、手机、电视机等)上运行。

JavaScript：一种用于 Web 页面的动态语言，通过 JavaScript 能够极大地丰富 Web 页面的功能，并且用以 JavaScript 为基础的 AJAX 创建更具交互性的动态页面。

CSS：主要用于控制 Web 页面的外观，而且能使页面的内容与其表现形式实现高效地分离。

Flash：业界最常用的 RIA(Rich Internet Applications)技术，能够在现阶段提供 HTML 等技术所无法提供的基于 Web 的富应用，而且它在用户体验方面的表现也非常不错。

Silverlight：来自微软的 RIA 技术，虽然其现在的市场占有率稍逊于 Flash，但由于其可以使用 C#来进行编程，所以对开发者非常友好。

在显示层，大多数云计算产品都比较倾向于 HTML、JavaScript 和 CSS 的黄金组合，但 Flash 和 Sliverlight 等 RIA 技术也有用武之地，如 VMware vCloud 就采用了基于 Flash 的 Flex 技术，而微软的云计算产品也使用了 Sliverlight。

2. 中间件层

此层是承上启下的，它在下面的基础设施层所提供资源的基础上提供了多种服务，比如缓存服务和 REST(Representational State Transfer)服务等，而且这些服务既可用于支撑显示层，也可以直接让用户调用。该层主要有以下五种技术。

REST：通过 REST 技术能够非常方便且高效地将中间件层所支撑的部分服务提供给调用者。

多租户：让一个单独的应用实例可以为多个组织服务，并保持良好的隔离性和安全性。通过这种技术能有效地降低应用的购置和维护成本。

并行处理：为了处理海量的数据，需要利用庞大的计算集群进行规模巨大的并行处理，Google 的 MapReduce 是这方面的代表之作。

分布式缓存：通过分布式缓存技术不仅能有效地降低对后台服务器的压力，还能加快相应的反应速度。最著名的分布式缓存例子莫过于 Memcached。

应用服务器：在原有的应用服务器的基础上为云计算做了一定程度的优化，比如用于 Google App Engine 的 Jetty 应用服务器。

3. 基础设施层

此层的作用是为上面的中间件层或者用户准备其所需的计算和存储等资源。该层主要有如下四种技术。

虚拟化：虚拟化也可以理解成基础设施层的“多租户”，因为通过虚拟化技术，能够在一个物理服务器上生成多个虚拟机，并且能在这些虚拟机之间实现全面的隔离，这样不仅能降低服务器的购置成本，同时还能降低服务器的运维成本。成熟的 X86 虚拟化技术有 VMware 的 ESX 和开源的 Xen。

分布式存储：为了承载海量的数据，同时也要保证这些数据的可管理性，需要一整套分布式存储系统。

关系数据库：基本是在原有的关系数据库的基础上做了扩展和管理等方面的优化，使其更适应于在云计算中使用。

NoSQL：为了满足一些关系数据库中无法满足的目标，比如支撑海量的数据存储等，有的公司特地设计的一些不基于关系模型的数据库。

4. 管理层

管理层为其他三层提供多种管理和维护方面的技术，主要有以下六个方面。

账号管理：通过良好的账号管理技术，能够让用户在安全的条件下方便地登录，也方便管理员对账号进行管理。

SLA 监控：对各个层次运行的虚拟机、服务和应用等进行性能方面的监控，以使它们都能在满足预先设定的 SLA(Service Level Agreement)的情况下运行。

计费管理：是对每个用户所消耗的资源进行统计，再准确地向用户索取费用。

安全管理：对数据、应用和账号等 IT 资源进行全面保护，使其免受犯罪分子和恶意程序的侵害。

负载均衡：通过将流量分发给多个应用或者服务的多个实例来应对突发情况。

运维管理：主要是使运维操作尽可能地专业化和自动化，从而降低云计算中心的运维成本。

2.2.2 云计算标准化情况

云计算标准化是云计算真正大范围推广和应用的前提。目前，关注云计算的国内外组织及科研单位非常多，行业内的厂家也很活跃。在没有标准的情况下，云计算产业难以规范、健康地发展，从而难以形成规模化和产业化的发展集群。各国政府在积极推动云计算的同时，也积极推动云计算标准的制定工作。

1. 国际云计算标准化工作概述

国外共有 33 个标准化组织和协会从各个角度开展云计算标准化工作。这 33 个国外标准化组织和协会既有知名的标准化组织，如 ISO/IEC JTC1 SC27、DMTF，也有新兴的标准化组织，如 ISO/IEC JTC1 SC38、CSA；既有国际标准化组织，如 ISO/IEC JTC1 SC38、ITU-T SG13，也有区域性标准化组织，如 ENISA；既有基于现有工作开展云标准研制的，如 DMTF、SNIA，也有专门开展云计算标准研制的，如 CSA、CSCC。按照标准化组织的覆盖范围对 33 个标准化组织进行分类，结果如表 2-2 所示。

总的来说，目前参与云计算标准化工作的国外标准化组织和协会呈现以下几个特点。

(1) 三大国际标准化组织从多角度开展云计算标准化工作。

三大国际标准化组织 ISO、IEC 和 ITU 的云计算标准化工作的开展方式大致分为两类：一类是已有的分技术委员会，如 ISO/IEC JTC1 SC7(软件和系统工程)、ISO/IEC JTC1 SC27(信息技术安全)，它们将原有标准化工作逐步渗透到云计算领域；另一类是新成立的分技术委员会，如 ISO/IEC JTC1 SC38(分布式应用平台和服务)、ISO/IEC JTC1 SC39(信息技术可持续发展)和 ITU-T SG13(原 ITU-T FGCC 云计算焦点组)，它们开展云计算领域新兴标准的研制。

表 2-2 国外 33 个标准化组织和协会分布表

序号	标准化组织和协会	个数	覆盖范围
1	ISO/IEC JTC1 SC7、SC27、SC38、SC39，ITU-T SG13	5	国际标准化组织
2	DMTF、CSA、OGF、SNIA、OCC、OASIS、TOG、ARTS、IEEE、CCIF、OCM、Cloud Use Case、A6、OMG、IETF、TM Forum、ATIS、ODCA、CSCC	19	国际标准化协会
3	ETSI、EuroCloud、ENISA	3	欧洲
4	GICTF、ACCA、CCF、KCSA、CSRT	5	亚洲
5	NIST	1	美洲

(2) 知名标准化组织和协会积极开展云计算标准研制。

知名标准化组织和协会，包括 DMTF、SNIA、OASIS 等，在其已有标准化工作的基础上纷纷开展云计算标准工作的研制。其中，DMTF 主要关注虚拟资源管理，SNIA 主要关注云存储，OASIS 主要关注云安全和 PaaS 层标准化工作。截至 2014 年 1 月，DMTF 的 OVF(开放虚拟化格式规范)和 SNIA 的 CDMI(云数据管理接口规范)均已通过 PAS 通道提交给 ISO/IEC JTC1，正式成为 ISO 国际标准。

(3) 新兴标准化组织和协会有序推动云计算标准研制。

新兴标准化组织和协会，包括 CSA、CSCC 和 Cloud Use Case 等，正有序开展云计算标准化工作。这些新兴的标准化组织和协会常常从某一方面入手，开展云计算标准研制工作。例如，CSA 主要关注云安全标准研制，CSCC 主要从客户使用云服务的角度开展标准研制。

2. 国外云计算标准化工作分析

国外标准化组织和协会开展的云计算标准化工作，从早期的标准化需求收集和分析到云计算词汇与参考架构等通用和基础类标准研制，从计算资源与数据资源的访问和管理等 IaaS 层标准的研制到应用程序部署和管理等 PaaS 层标准的研制，从云安全管理标准的研制到云客户如何采购和使用云服务，均取得了实质性进展。

总的来说，33 个标准化组织和协会的云计算标准化工作的分类情况如表 2-3 所示。这 33 个组织和协会的标准化工作主要集中在以下 5 个方面。

1) 应用场景和案例分析

ISO/IEC JTC1 SC38、ITU-T FGCC(云计算焦点组，后转换成 SG13)、Cloud Use Case 等多个组织纷纷开展云计算应用场景和案例分析。其中，SC38 将用户案例和场景分析文档作为其常设文件。该文件对目前已有的案例和场景从 IaaS、PaaS 等角度进行了分类和总结，并分析提出：目前案例主要集中在云运营以及提供商和消费者交互之间；尽管安全是一个非常重要的因素，但目前没有一个安全应用的实例；目前有关提供商和消费者之间的管理系统的集成、云服务中内部系统的集成等方面的案例缺少。目前，SC38 将基于用户案例和场景分析的方法作为评估新工作项目是否合理的方法之一。随着云服务的逐步应用推广，人们正在进行相应的用户案例与应用场景的补充和完善工作。

表 2-3　云计算标准化工作的分类

关注点		相关标准组织
应用场景和案例分析		ISO/IEC JTC1、ITU-T、Cloud Use Case 等
通用和基础标准		ISO/IEC JTC1、ITU-T、ETSI、NIST、ITU-T、TOG 等
互操作和可移植标准	虚拟资源管理	ISO/IEC JTC1、DMTF、SNIA、OGF 等
	数据存储与管理	SNIA、DMTF 等
	应用移植与部署	OASIS、DMTF、CSCC 等
服务标准		ISO/IEC JTC1、DMTF、GICTF 等
安全标准		ISO/IEC JTC1、ITU-T、CSA、NIST、OASIS、ENISA 等

2) 通用和基础标准

云计算通用和基础标准旨在对云计算一些基础共性的标准进行制定，包括云计算术语、云计算基本参考模型和云计算标准化指南等。ISO/IEC JTC1 SC38 和 ITU-T SG13 通过成立联合工作组(CT)开展云计算术语和云计算参考架构两项标准的研制。其中，云计算术语主要包括云计算涉及的基本术语，用于在云计算领域交流规范用语、明晰概念；云计算基本参考模型主要描述云计算的利益相关者群体，明确基本的云计算活动和组件，描述云计算活动和组件之间以及它们与环境之间的关系，为定义云计算标准提供一个技术中立的参考点。

3) 互操作和可移植标准

互操作和可移植标准主要针对云计算中用户最为关心的资源按需供应、数据锁定、供应商锁定、分布式海量数据存储和管理等问题，以构建互连互通、高效稳定的云计算环境为目标，对基础架构层、平台层和应用层的核心技术和产品进行规范。目前，以 DMTF、SNIA 为代表的标准化组织和协会纷纷开展 IaaS 层标准化工作，OASIS 开展了 PaaS 层标准化工作。

4) 服务标准

服务标准主要针对云服务生命周期管理的各个阶段，覆盖服务交付、服务水平协议、服务计量、服务质量、服务运维和运营、服务管理及服务采购，包括云服务通用要求、云服务级别协议规范、云服务质量评价指南、云运维服务规范和云服务采购规范等。目前，ISO/IEC JTC1 SC38、NIST、CSCC 等组织和协会正在开展云服务水平协议(SLA)相关标准的研制，已有 1 项标准处于国际标准草案阶段。

5) 安全标准

安全标准方面主要关注数据的存储安全和传输安全、跨云的身份鉴别、访问控制、安全审计等方面。目前，ISO/IEC JTC1 SC27、CSA、ENISA、CSCC 从多个方面开展云安全标准与指南的编制工作，已有 3 项云安全国际标准处于委员会草案(CD)和国际标准草案(DIS)阶段。

3. 国内云计算标准化工作概述

中国电子技术标准化研究院于 2009 年就启动了云计算的标准化研究，并积极参与云计算国际标准的研制工作。中国和美国提交的文档共同称为 SC38《云计算参考架构》工作项目的基础文档，中国还争取到该工作项目的联合编辑职位，成为推动该国际标准的主要贡献国之一。2014 年公布的《云计算标准化白皮书》分析了当时中国国内外云计算发展的现状及主要问题，梳理了国际标准组织及协会的云计算标准化工作，同时还从基础、软件技术、产品、存储、管理以及安全等几个方面对云计算标准进行了研究。

2014 年 10 月，由中国等国家成员体推动立项并重点参与的两项云计算国际标准——《信息技术 云计算 概述和词汇》ISO/IEC 17788:2014 和《信息技术 云计算 参考架构》ISO/IEC 17789:2014 正式发布。这是国际标准化组织(ISO)、国际电工委员会(IEC)与国际电信联盟(ITU)三大国际标准化组织首次在云计算领域联合制定标准，由 ISO/IEC JTC1 与 ITU-T 组成的联合项目组共同研究制定。这两项标准规范了云计算的基本概念和常用词汇，从用户角度和功能角度阐述了云计算参考架构，不仅为云服务提供者和开发者搭建了基本的功能参考模型，也为云服务的评估和审计人员提供了相关指南，有助于统一对云计算的认识。

此外，自美国“棱镜门”事件发生后，我国正着手建立党政机关云计算服务安全管理制度，其中基础标准之一的《信息安全技术云计算服务安全能力要求》已于 2015 年 4 月 1 日正式颁布实施。这份文件对政府部门和重要行业使用的云计算服务规定了应具备的基本安全能力，对云服务商提出了一般要求和增强要求，这标志着我国云计算国家标准化工作进入了一个新阶段。

4．国内云计算标准化工作体系

针对目前云计算的发展现状，结合用户需求、国内外云计算应用情况和技术发展情况，同时按照工信部对我国云计算标准化工作的综合布局，2014 年中国电子技术标准化研究院推出的《中国云计算标准化白皮书》建议我国云计算标准体系建设从“基础”“网络”“整机装备”“软件”“服务”“安全”和“其他”7 个方面展开。云计算标准体系框架如图 2-3 所示，图中列出了 7 个方面的标准体系可能涉及的主要领域。下面针对这 7 个方面做一简单介绍，详细内容可参考中国电子技术标准化研究院《中国云计算标准化白皮书》。

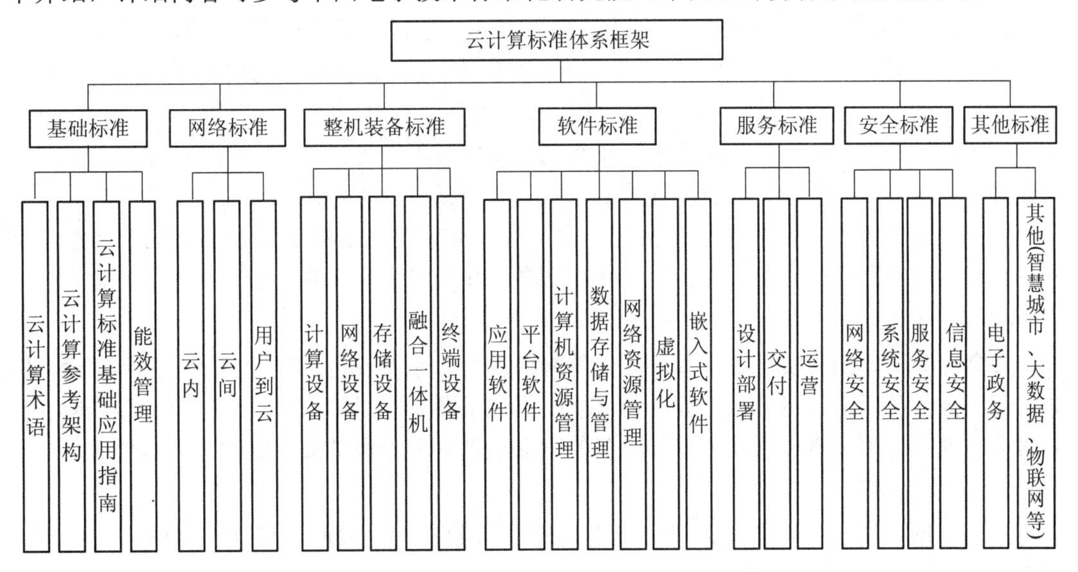

图 2-3　云计算标准体系框架

1) 基础标准

基础标准用于统一云计算及相关概念，为其他各部分标准的制定提供支撑。其主要包括云计算术语、参考架构、指南、能效管理等方面的标准。

2) 网络标准

网络标准用于规范网络连接、网络管理和网络服务。其主要包括云内、云间、用户到云等方面的标准。

3) 整机装备标准

整机装备标准用于规范适用于云计算的计算设备、存储设备、终端设备的生产和使用管理。其主要包括整机装备的功能、性能、设备互联和管理等方面的标准，包括《基于通用互联的存储区域网络(IP-SAN)应用规范》《备份存储和备份技术应用规范》《附网存储设备通用规范》《分布式异构存储管理规范》《模块化存储系统通用规范》《集装箱式数据中心通用规范》等标准。

4) 软件标准

软件标准用于规范云计算相关软件的研发和应用，指导实现不同云计算系统间的互联、互通和互操作。其主要包括虚拟化、计算机资源管理、数据存储和管理、平台软件等方面的标准。比如虚拟化软件标准中的“开放虚拟化格式”和“弹性计算应用接口”主要从虚拟资源管理的角度出发，实现虚拟资源的互操作。数据存储与管理软件中的“云数据存储和管理接口总则”“基于对象的云存储应用接口”“分布式文件系统应用接口”“基于Key-Value的云数据管理应用接口”主要从海量分布式数据存储和数据管理的角度出发，实现数据级的互操作。从国际标准组织和协会对云计算标准的关注程度来看，他们对虚拟资源管理、数据存储和管理的关注度比较高。其中，“开放虚拟化格式规范”和“云数据管理接口”已经成为ISO/IEC 国际标准。

5) 服务标准

服务标准即云服务标准，具体用于规范云服务设计、部署、交付、运营和采购，以及云平台间的数据迁移。服务标准主要是以软件标准、整机装备等标准为基础，依据各类服务的设计与部署、交付和运营整个生命周期过程来制定。服务标准包括云服务分类、云服务设计与部署、云服务交付、云服务运营、云服务质量管理等方面的标准。云计算中各种资源和应用最终都是以服务的形式体现出来的。如何对形态各异的云服务进行系统分类是梳理云服务体系、帮助消费者理解和使用云服务的先决条件。服务设计与部署关注构建云服务平台所需要的关键组件和主要操作流程。服务运营和交付是云服务生命周期的重要组成部分，对服务运营和交付的标准化有助于对云服务提供商的服务质量和服务能力进行评估。

6) 安全标准

安全标准用于指导实现云计算环境下的网络安全、系统安全、服务安全和信息安全。例如，云服务安全标准描述了云计算服务可能面临的主要安全风险，提出了政府部门采用云计算服务的安全管理基本要求及云计算服务的生命周期内各阶段的安全管理和技术要求。

7) 其他标准

其他标准主要包括与电子政务、智慧城市、大数据、物联网、移动互联网等具体应用相衔接的标准。

2.3　国内外的云计算架构

2.3.1　国外的云计算架构

目前，几乎所有的国际主流 IT 企业都已参与云计算领域，各公司根据自己的传统技术领域和市场策略从各个方向进军云计算。不同的企业凭借自己不同的技术背景，将以前的产品和技术中的云计算特征(如软件的虚拟化、分布式存储系统)挖掘出来，提出自己的云计算产品线。国际主流公司有实力参与 IaaS 的竞争并获得垄断地位，而中小企业很难参与。PaaS 发展潜力巨大，年复合增长率高，是未来云计算产业链的关键环节。目前国际各大厂商都在积极构建和推广自己的 PaaS，以期在云计算产业链中占据有利地位。SaaS 市场规模最大，利润空间最大。基于 PaaS 进行各种服务、内容和应用的开发、运营和销售是 SaaS 的发展趋势。传统软件巨头也已开始进入 SaaS 领域。现在的云计算方案日趋成熟，在医疗、交通、电子商务、社交媒体等领域都有了成功应用。表 2-4 为每一层次上对应的一些典型国际云计算服务。

表 2-4　典型国际云计算架构

层次	典型云计算服务
SaaS	Google Apps、Salesforce CRM 等
PaaS	Google App Engine、force.com、Microsoft Azure 等
IaaS	Amazon EC2、Amazon S3、Rackspace cloudserver 等

实际上，越来越多的 IT 企业都将自己的传统业务逐渐转移到云计算平台上。目前国际上云计算产业在 IaaS、SaaS 领域已经有相对完善的服务，并得到了企业的认可。PaaS 由于其特殊性仍处于起步阶段，但也有很大的发展空间。

2.3.2　国内的云计算架构

“十二五”期间，我国已开始重点推进云计算技术研发的产业化，组织开展云计算应用试点示范，着力完善产业发展环境。我国已将云计算列为新一代信息技术产业的重点领域，并出台了一系列规划和政策措施给予支持。具体措施包括加快云计算技术研发的产业化，组织开展云计算应用试点示范，着力完善产业发展环境等。

从产业支持上看，国家发改委、工信部、财政部等部委带头扶持云计算产业发展。2011 年，国家发改委和工信部已联合发文在北京、上海、深圳、杭州、无锡 5 个城市开展云计算服务创新应用试点示范。财政部表示，要积极探索云计算等新型业态的政府采购工作，不断拓展服务类采购领域，国内各地方政府与企业已经开始尝试合作，将云计算纳入地方政府采购目录。

国内企业对云计算的认知和采用逐年提升。在 2013 年工信部的调查中显示，我国公有云服务市场约为 47.6 亿元人民币，增长率达 36%，有 8%受访企业已经开始了云计算应用，其中公有云服务占 29.1%，私有云占 2.9%，混合云占 6%，更有 76.8%的受访者表示会将更多的业务迁移至云环境。

国内云计算业务比较领先的企业也多从 IaaS 切入，其中既有互联网原生企业，也有 IT/ICT 企业及电信运营商。虽然大家都在做云计算，却因为企业性质不同而导致切入口不同， ICT 企业和原生互联网公司逐渐分化出了不同的发展策略和方向，形成了两股不同的力量。

在 PaaS 领域，国内和国际的情况类似，都已取得了长足的发展，但是相对其他两个领域仍然处于弱势，虽然包括腾讯、百度、新浪、阿里云等各大云提供商都已发布 PaaS 服务，但其所占的市场份额却并不大，且提升较为缓慢。

SaaS 可以说是当下国内最成熟的云服务，可以说是繁花似锦。八百客、金蝶、用友、云知声等企业已形成稳固的市场格局，部分公司的云服务营业额已超过 1 亿元人民币。

表 2-5 给出了我国云计算典型的服务架构。

表 2-5 典型国内云计算服务架构

层次	典型云计算服务
SaaS	电子商务云、中小企业云、医疗云、教育云等
PaaS	App 开发环境、App 测试环境、应用引擎等
IaaS	虚拟机租用服务、存储服务、负载均衡服务、防火墙服务等

国内云计算服务主要集中在 SaaS 层，PaaS 和 IaaS 的服务还在不断地发展中。总体来说，我国云计算的市场发展空间巨大，也将对我国的互联网产业、软件和服务产业以及通信产业的发展产生较大的影响。在当前情况下，云计算产业能否在我国得到健康快速的发展是从政策层面到市场层面都需要重视的一个问题。

2.4 云计算应用领域

随着云计算的不断发展，云计算的应用将越来越广泛，下面列举一些云计算的应用。

1. 电子邮箱服务

作为最为流行的通信服务，电子邮箱的不断发展为人们提供了更快和更可靠的交流方式。传统的电子邮箱使用物理内存来存储通信数据，而云计算使得电子邮箱可以使用云端的资源来检查和发送邮件，用户可以在任何地点、任何设备和任何时间访问自己的邮件，企业可以使用云技术让他们的邮箱服务系统变得更加稳固。

2. 云呼叫应用

云呼叫中心是基于云计算技术而搭建的呼叫中心系统，企业无须购买任何软、硬件系统，只需具备人员、场地等基本条件，就可以快速拥有属于自己的呼叫中心，软硬件平台、通信资源、日常维护与服务由服务器商提供。云呼叫中心具有建设周期短、投入少、风险低、部署灵活、系统容量伸缩性强、运营维护成本低等众多特点；无论是电话营销中心还是客户服务中心，企业只需按需租用服务，便可建立一套功能全面、稳定、可靠，座席可分布全国各地，全国可呼叫接入的呼叫中心系统。

3．私有云应用

私有云(Private Cloud)将云基础设施与软硬件资源创建在防火墙内，以供机构或企业内各部门共享数据中心内的资源。创建私有云，除了硬件资源外，一般还有云设备(IaaS)软件；现时商业软件有 VMware 的 vSphere 和 Platform Computing 的 ISF，开放源代码的云设备软件主要有 Eucalyptus 和 OpenStack。至 2013 年，可以提供私有云的平台有 Eucalyptus、3A Cloud、minicloud 安全办公私有云、联想网盘和 OATOS 企业网盘等。

云创存储推出的 minicloud 安全办公私有云，用最小的成本为企业部署云存储以及企业办公应用软件，为企业打造安全的办公环境，在满足企业办公需求的基础上大幅度地降低了企业 IT 建设的门槛与风险，并同时全面保障了企业数据安全。

私有云计算同样包含云硬件、云平台、云服务三个层次。不同的是，云硬件是用户自己的个人电脑或服务器，而非云计算厂商的数据中心。云计算厂商构建数据中心的目的是为千百万用户提供公有云服务，因此需要拥有几十台甚至上百万台服务器。私有云计算对个人来说只服务于亲朋好友，对企业来说只服务于本企业员工以及本企业的客户和供应商，因此个人或企业自己的个人电脑或服务器已经足够用来提供云服务。

4．云游戏应用

云游戏是以云计算为基础的游戏方式，在云游戏的运行模式下，所有游戏都在服务器端运行，并将渲染完毕后的游戏画面压缩后通过网络传送给用户。在客户端，用户的游戏设备不需要任何高端处理器和显卡，只需要基本的视频解压能力就可以了。就现今来说，云游戏还没有成为家用机和掌机间的联网模式。但是几年后或十几年后，云计算取代这些东西成为其网络发展的终极方向的可能性非常大。如果这种构想能够成为现实，那么主机厂商将变成网络运营商，他们不需要不断投入巨额的新主机研发费用，而只需要拿这笔钱中的很小一部分去升级自己的服务器就行，能达到的效果也是相差无几的。对于用户来说，他们可以省下购买主机的开支，但是能够得到顶尖的游戏画面(此时处理视频输出方面的硬件必须过硬)。你可以想象一台掌机和一台家用机拥有同样的画面，家用机和我们今天用的机顶盒一样简单，甚至家用机可以取代电视的机顶盒而成为下一代的电视收看方式。

5．云教育应用

视频云计算是云教育应用的实例，它的流媒体平台采用分布式架构部署，分为 Web 服务器、数据库服务器、直播服务器和流服务器。如有必要，我们可在信息中心架设采集工作站搭建网络电视或实况直播应用，在各个学校已经部署录播系统，或在直播系统的教室里配置流媒体功能组件，这样录播实况可以实时传送到流媒体平台管理中心的全局直播服务器上，同时录播的学校也可以将录播的内容上传到信息中心的流存储服务器上，方便今后的检索、点播、评估等各种应用。

6．云会议应用

目前国内云会议应用主要集中在以 SaaS 模式为主体的服务内容，包括视频、网络、电话等服务形式。

云会议是基于云计算技术的一种高效、便捷、低成本的视频会议形式，是视频会议与云计算的完美结合，为使用者带来了最便捷的远程会议体验。使用者只需要通过互联网界面进行简单易用的操作，便可快速高效地与全球各地团队及客户同步分享语音、数据文件及视频，而会议中数据的传输、处理等复杂技术可由云会议服务商帮助使用者完成。

例如，及时语移动云电话会议是云计算技术与移动互联网技术的完美融合，通过移动终端进行简单的操作，便可以随时随地高效地召集和管理会议。

7. 云社交服务

云社交(Cloud Social)是一种物联网、云计算和移动互联网交互应用的虚拟社交应用模式，它是以建立著名的“资源分享关系图谱”为目的，进而开展的网络社交。云社交的主要特征就是把大量的社会资源进行统一整合和评测，构成一个资源有效池向用户按需提供服务。参与分享的用户越多，能够创造的利用价值就越大。

小知识

世界著名大数据企业与云计算

Google 公司拥有世界上最强大的搜索引擎，此外还有 Google Maps、Google Earth、Gmail、YouTube 等业务。这些应用的共性在于数据量巨大，而且需要向全球用户提供实时服务，因此 Google 采用 4 个相互独立又紧密结合在一起的系统：分布式文件系统 Google File System，分布式计算编程模型 MapReduce，分布式的锁机制 Chubby 以及大规模分布式数据库 BigTable 来解决海量数据存储和快速处理问题。

IBM 于 2009 年初发布了“智慧地球”理念。云计算是 IBM 智慧地球动态架构中的重要组成部分。它的 BlueCloud 方案提供了先进的企业基础架构管理平台，能够帮助企业实现硬件和软件资源的统一管理、统一分配、统一部署、统一备份，从而能够大大降低企业的运营成本。

微软通过微软运营、伙伴运营和客户自建为客户和合作伙伴提供了三种不同的云计算运营模式，微软云计算战略的典型特点是：软件+服务、平台战略和自由选择。微软提供优秀平台，亦提供自由选择的可能，让企业既会从云中获取必需的服务，也会自己部署相关的 IT 系统。

Amazon 公司不是 IT 系统制定者，而是 IT 系统的应用者，它提供开发的弹性虚拟平台，采用 Xen 虚拟化技术作为核心，提供包括弹性计算云 EC2、简单存储服务 S3 和数据库服务 SimpleDB，成为最大的网上零售商和最早提供远程云计算平台服务的公司。

Oracle 公司在云计算领域可谓煞费苦心，先后收购了多家知名企业。通过 BEA 获取了先进的中间件(WebLogic)技术，通过 Sun 获取了先进的服务器和存储技术，加上自身的 Oracle 数据库构建了云计算的雏形并逐步发展。

备注：上述知识的详细内容会在 6.3 节中介绍。

第二篇　技术与应用篇

大数据关键技术

大数据应用

云存储

云服务与云安全

云计算应用

第 3 章　大数据关键技术与应用

大数据技术的发展是因需求驱动的，大数据的应用最终使云计算模式落地。大数据除了具有多达一拍字节(PB)的量级，还有数据的复杂性，其中包括了结构化数据、非结构化数据、垃圾数据、实时数据、时间序列数据等，但其中的小数据(如一条微博)就可能具有颠覆性的价值，因此大数据表现出典型的数据稀疏性特点。此外，软件的发展亦是大数据的重要驱动力，大数据技术中包含有很多新的技术，像机器学习、人工智能等。

本章首先介绍大数据技术总体框架，再在此基础上分别说明大数据采集与预处理、存储、处理和分析及可视化技术。

3.1　大数据技术总体框架

3.1.1　总体目标

由于大数据与传统数据相比具有不同的 4V 特征，大数据应用在数据产生、聚集、分析和利用的各阶段都有特定的需求，并通过大数据技术加以实现，即从架构层面实现业务需求向技术需求的逻辑映射，如表 3-1 所示。

表 3-1　大数据应用的业务-技术的逻辑映射

业务环节	业 务 需 求	技 术 实 现
产生	大数据操作 数据容量：每 18 个月翻一番。 数据类型：多于 80%的数据来自于非结构化数据。 数据速度：数据来源不断变化，数据流通速度快	采用一个统一的大数据处理方法，使得企业用户能够快速处理和加载海量数据，能够在统一平台上对不同类型的数据进行处理和存储
聚集	管理大数据的复杂性，需要分类、同步、聚合、集成、共享、转换、剖析、迁移、压缩、备份、保护、恢复、清洗、淘汰各种数据	一个数据集成和管理平台，集成各种工具和服务来管理异构存储环境下的各类数据
分析	当前数据仓库和数据挖掘擅长分析结构化的事后数据，在大数据环境下要求能够分析非结构化数据，包括流文件，并能进行实时分析和预测	建立一个实时预测分析解决方案，整合结构化的数据仓库和非结构化的分析工具
利用	满足不同的用户对大数据的实时的多种访问方式	任何时间、任何地点、任何设备上的集中共享和协同
	需要理解大数据怎样影响业务，怎样转化为行动	对大数据影响业务和战略进行建模，并利用技术来实现这些模型

3.1.2　架构设计原则

企业级大数据应用框架需要满足业务的需求：一是要求能够满足基于数据容量大、数据类型多、数据流通快的大数据基本处理要求，能够支持大数据的采集、存储、处理和分析；二是能够满足企业级应用在可用性、可靠性、可扩展性、容错性、安全性和保护隐私等方面的基本准则；三是能够满足用原始技术和格式来实现数据分析的基本要求。大数据架构设计的原则如图 3-1 所示。

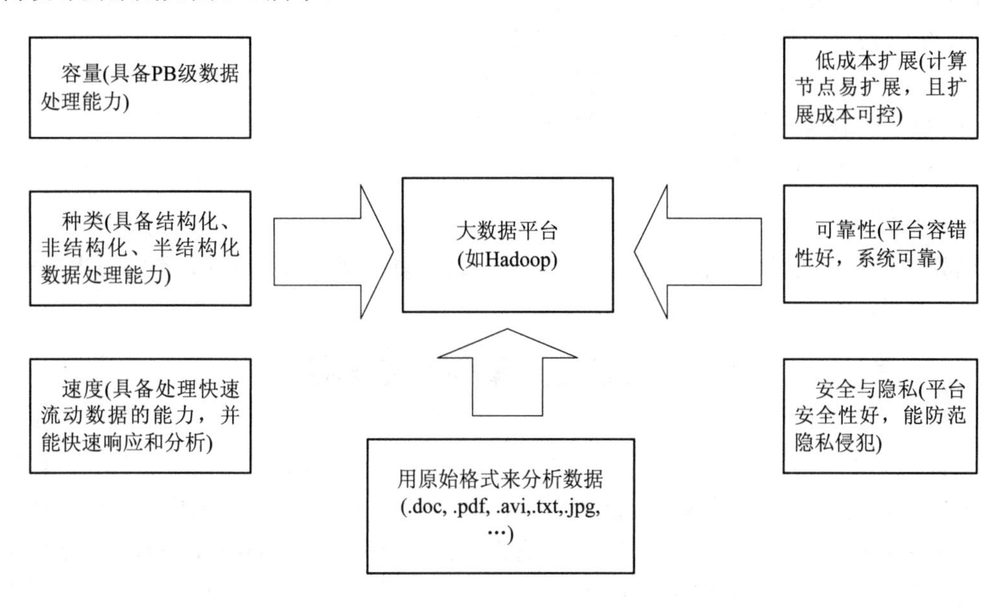

图 3-1　大数据架构设计的原则

3.1.3　总体架构的特点

大数据技术架构具备集成性、低成本可扩展性、实时性和可靠性等特点。下面详细进行介绍。

1．统一、开发、集成的大数据平台

(1) 可基于开源软件实现 Hadoop 基础工具的整合；

(2) 能与关系数据库、数据仓库通过 JDBC/ODBC 连接器进行连接；

(3) 能支持地理分布的在线用户和程序，并可以执行从查询到战略分析的请求；

(4) 能给用户提供友好的管理平台，包括 HDFS 浏览器和类 SQL 查询语言等；

(5) 提供存储、调度和高级安全服务等企业级应用的功能。

2．低成本的可扩展性

(1) 支持到 PB 级数据源的大规模可扩展性；

(2) 支持极大的各种数据类型的混合工具负载，各种数据类型包括任意层次的数据结构、图像、日志等；

(3) 具有节点间无共享(shared-nothing)的集群数据库体系结构；
(4) 具有可编程和可扩展的应用服务器；
(5) 具备简单的配置、开发和管理能力；
(6) 以线性成本扩展并提供一致的性能；
(7) 具有标准的普通硬件。

3. 实时地分析执行

(1) 在声明或发现数据结构之前装载数据；
(2) 能以数据全载入的速度准确更新数据；
(3) 可在数百个节点上调度和执行较复杂的工作流；
(4) 可在刚装载的数据上，可实时执行流分析查询；
(5) 能以大于 1 GB/s 的速率来分析数据。

4. 可靠性

当处理节点失效时，大数据技术架构能够自动恢复并保持流程连续，不需要中断操作。

3.2 大数据采集与预处理技术

大数据采集与预处理是获取大数据价值的首要步骤。通过大数据采集与预处理将收集和整理出适合的数据作为后期大数据分析和获取价值的基础。大数据采集与预处理技术主要涉及网络爬虫技术和 ETL 技术等，ETL 是英文 Extract(抽取)-Transform(转换)-Load(加载)的缩写。在 ETL 的三个阶段中，Transform 占据了 2/3 的工作量。通常 ETL 操作将采集到的分散的、异构数据源中的数据如关系数据、平面数据文件等转换为大数据应用中所需要的专家数据。

3.2.1 大数据采集

1. 大数据来源

目前大数据的主要数据来源有三个途径，分别是物联网系统、互联网 Web 系统和传统信息系统。下面分别加以介绍。

(1) 物联网的发展是导致大数据产生的重要原因之一，物联网的数据占据了整个大数据 90%以上的份额，可以说没有物联网就没有大数据。物联网的数据大部分是非结构化数据和半结构化数据，采集的方式通常有两种：一种是报文，另一种是文件。在采集物联网数据的时候往往需要制订一个采集的策略，重点有两方面：一个是采集的频率(时间)，另一个是采集的维度(参数)。

(2) Web 系统是另一个重要的数据采集渠道。随着 Web 2.0 的发展，整个 Web 系统涵盖了大量的价值化数据，而且这些数据与物联网的数据不同，Web 系统的数据往往是结构化数据，而且数据的价值密度比较高，所以通常科技公司都非常注重 Web 系统的数据采集过程。目前，针对 Web 系统的数据采集通常通过网络爬虫来实现，可以通过 Python 或者

Java 语言来完成爬虫的编写，通过在爬虫上增加一些智能化的操作，爬虫可以模拟人工自动而高效地完成一些数据爬取过程。

(3) 传统信息系统也是大数据的一个数据来源。虽然传统信息系统的数据占比较小，但是由于传统信息系统的数据结构清晰，同时具有较高的可靠性，所以传统信息系统的数据往往也是价值密度最高的。传统信息系统的数据采集往往与业务流程紧密关联，未来行业大数据的价值将随着产业互联网的发展进一步得到体现。

在新一代数据分类体系中，将传统数据体系中没有考虑过的新数据源进行归纳与分类，可将其分为线上数据与线下数据两大类。线上数据也称为热数据、流动数据，包括页面数据、交互数据、表单数据、会话数据等。线下数据也称冷数据、静态数据，包括应用日志、电子文档、机器数据、语音数据、社交媒体数据等。

不同数据源中产生的不同类型的数据有各自的特点，在数据采集过程中没有可以以一概全的通用的采集模式或方法，必须根据应用问题的需要确定采集对象，采用相应的数据采集技术以获取到适合的数据资源。下面以 Web 网络数据爬取为例，介绍数据采集过程。

2. Web 网络数据的爬取

1) 预备知识

爬虫是利用 HTTP 协议读取网站上公开的数据，因此编写爬虫首先需要粗略了解 HTTP 请求和网页结构，这是爬虫编程的要素之一。

利用浏览器上网时，用户首先在地址栏输入 URL 地址，然后浏览器向服务器发出 HTTP 请求，服务器处理请求形成响应信息后再向浏览器返回结果，浏览器获取并解析结果显示给用户。URL 格式的详细解读如图 3-2 所示，其中方括号里的内容是可选的。例如，想要浏览 URL 为 http://www.ahpu.edu.cn/8/list.htm 的信息，操作如图 3-3 所示。

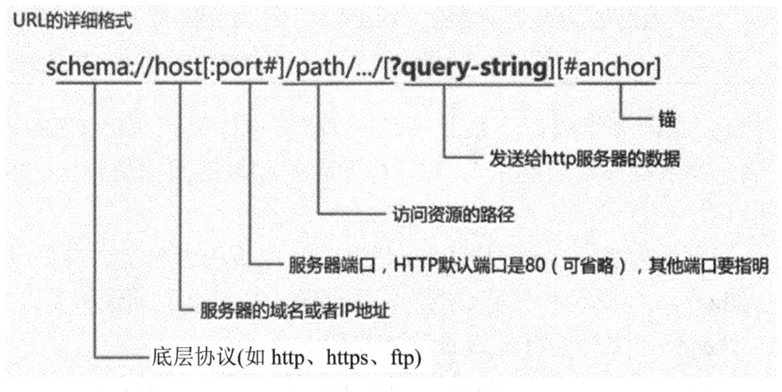

图 3-2　URL 格式解读

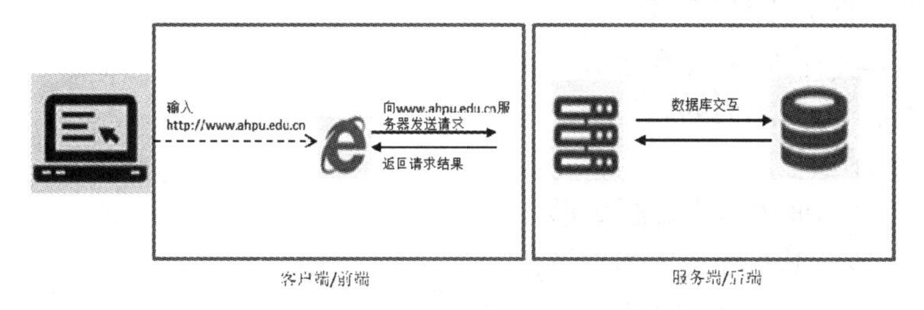

图 3-3　URL 浏览过程

爬取超级链接

爬虫通过 URL 请求获取 Web 服务器响应的数据信息，从技术角度理解就是模拟浏览器发送请求 Request，接收服务器响应 Response，解析响应结果后通过定位提取所用的数据，为了永久性存储数据，把数据存放于数据库或文件中。编写爬虫需要区分清楚向服务器发出的请求类型，这里涉及的 HTTP 请求类型主要是 Get 和 Post 类型，Get 和 Post 类型对比如表 3-2 所示；同时需要程序员了解返回结果的组织结构，依据结构模板找出想要爬取数据的定位标识。

表 3-2　Get 与 Post 对比

操作类型	Get	Post
后退按钮/刷新	数据不被处理	数据会被重新提交(浏览器应该告诉用户数据会被重新提交)
书签	可收藏为书签	不可收藏为书签
缓存	能被缓存	不能缓存
编码类型	application/x-www-form-urlencoded	Application/x-www-form-urlencoded 或 multipart/form-data，为二进制数据使用多重编码
历史	参数保留在浏览器历史中	参数不会保留在浏览器历史中
对数据长度的限制	当发送数据时，GET 方向 URL 添加数据；URL 的长度受限制(URL 的最大长度为 2048 个字符)	无限制
对数据类型的限制	只允许 ASCII 字符	没有限制。也允许二进制数据
安全性	安全性较差，所发送的数据是 URL 的一部分	安全性好于 Get。参数不会保存在浏览器历史或 Web 服务器日志中

结果网页一般由三部分组成，分别是 HTML(超文本标记语言)、CSS(层叠样式表)和 JScript(脚本语言)，爬虫程序需要利用 HTML 标签定位爬取的数据信息，CSS 和 JScript 一般不常用。

(1) HTML：网页的内容，主要由标签嵌套组成，标签成对出现，常见标签如下：

◆ <html>..</html>，标记中间的元素是网页元素，是网页的顶级标签。

◆ <head>..</head>，文档的标题或设置信息等。

◆ <body>..</body>，其内部包含用户可见的内容，属于二级标签。

◆ <div>..</div>，表示框架分区。

◆ <p>..</p>，表示其里面内容为段落显示。

◆ <li>..</li>，表示其里面内容为列表显示。

◆ <img>..</img>，表示图片。

◆ <h1>..</h1>，表示其里面内容为标题显示。

◆ <a href="">..</a>，表示其里面内容为超链接。

(2) CSS：定义 HTML 中显示内容的外观。

(3) JScript：交互的功能和内容的动态特效。动态网页的层次结构如图 3-4 所示。

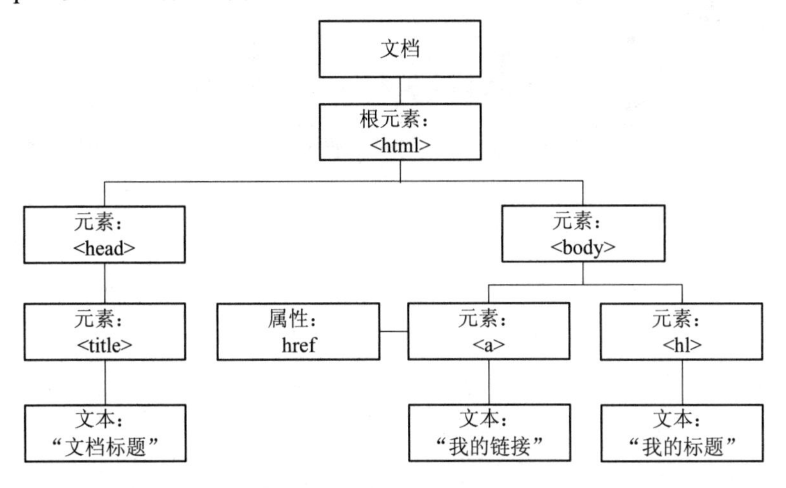

图 3-4　动态网页的层次结构

下面是一个 html 文档的简单例子。

```
<html>
<head>
    <meta charset="UTF-8">
    <title>Python3 爬虫实战</title>
</head>
<body>
<div>
    <p> Python3 爬虫实战</p>
</div>
<ul>
    <li><a href="http://www.baidu.com">百度爬虫</a></li>
    <li>数据清洗</li>
</ul>
</body>
</html>
```

以上数据存储成 3.1-1.html 文件，可用浏览器打开。根据观察可以知道每一个数据的标签组织定位信息，如"数据清洗"的定位为 body > ul > li，但是实际网页会非常复杂庞大，通过观察文档找到数据及其定位非常困难，这时需要借助浏览器的开发者工具。浏览器的开发者工具窗口可以显示文档的树状组织结构，同时获取定位数据的信息。例如，获取选取"数据清洗"的定位信息，将光标停在网页的"数据清洗"处，点击鼠标右键选择"查看"，点击"数据清洗"所属的标签<li>，再次点击鼠标右键，选择"copy"下的"copy selector"，可粘贴获取定位标识信息为 body > ul > li:nth-child(2)。所有操作如图 3-5 所示。

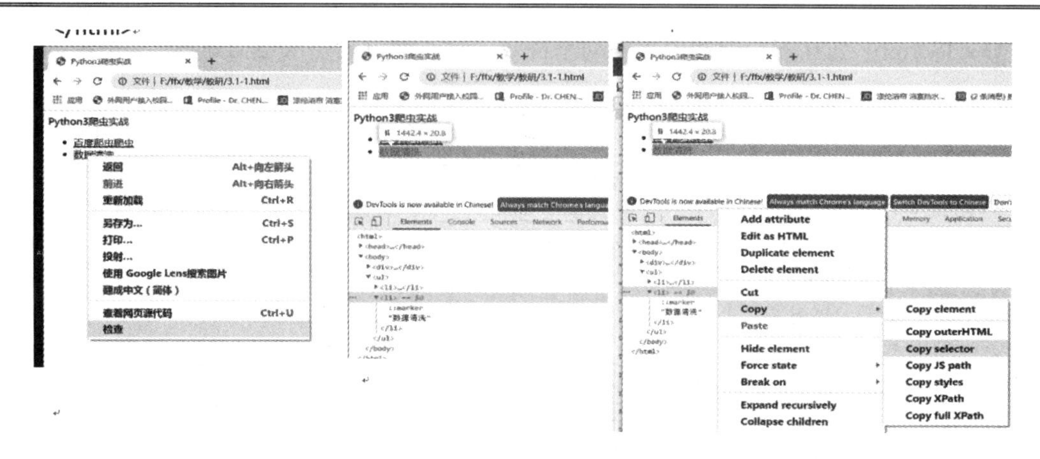

图 3-5　网页结构解析

2) 爬虫编程

爬虫程序首先需要向 Web 服务器提出 Request 请求，接收服务器响应后根据返回结果的类型进行不同的处理，通常返回结果为 html 文档，html 文档需要解析出组织结构以后才可以定位检索所需数据。以下的讲解是利用 Python 的 requests、BeautifulSoup 库实现以上爬虫程序的需求，requests 实现在 Python 程序中发出标准的 HTTP 请求，它将请求背后的复杂性抽象成一个简单的 API；BeautifulSoup 实现对接收到程序里的响应数据的结构解析，并提供 selector 标识定位获取数据，实现简单的 API 封装使用形式。Beautiful Soup 目前已经被移植到 bs4 库中，也就是说在导入 Beautiful Soup 时需要先安装 bs4 库。安装好 bs4 库以后，还需安装 lxml 库。安装好 Python 后，在 CMD 下用 pip install 命令分别安装 requests、BeautifulSoup、lxml 库，如图 3-6 所示。

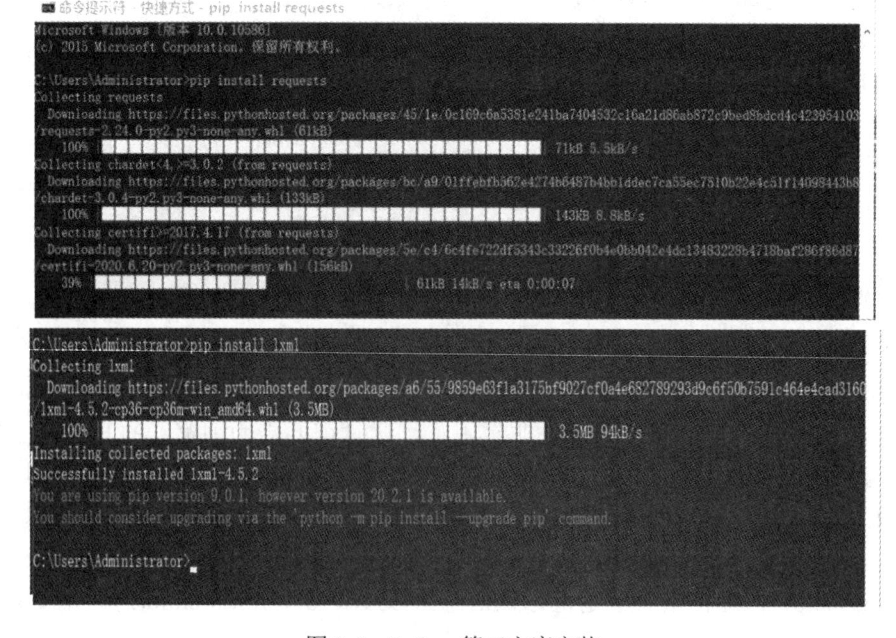

图 3-6　Python 第三方库安装

例如，爬取安徽工程大学“学校简介”的内容。编程前首先找到 URL https://www.ahpu.edu.cn/8/list.htm，其次，分析获取数据信息的定位 div #wp_content_w2_0。目标主页及数据爬取结果如图 3-7 所示，代码如下：

```
import requests
from bs4 import BeautifulSoup
import re
def fRahpu():
    response = requests.get('http://www.ahpu.edu.cn/8/list.htm')#发送 get 请求
    soup = BeautifulSoup(response.text,'lxml')      # lxml 解析网页文档
    data = soup.select(' div #wp_content_w2_0')
#获取数据，data=soup.select('#wp_content_w2_0')也可以，只要起到精准定位即可
    n=1
    file = open('学校简介.txt', 'a+')#把爬取的数据存储到学校简介.txt
    file.write("  内容        数据" )
    for item in data:   #soup 匹配到的有多个数据，用 for 循环取出
        print(n,end=' ')
        print(':'+item.get_text())
        print(re.findall('\d+',item.get_text()))#提取数字信息，并在屏幕输出
        file.write(item.get_text())#把获取的学校简介信息存入文件中
        for d in re.findall('\d+',item.get_text()):
            file.write(d+'    ') #把学校简介中的数字信息依次存入文件中
        n=n+1
fRahpu()
```

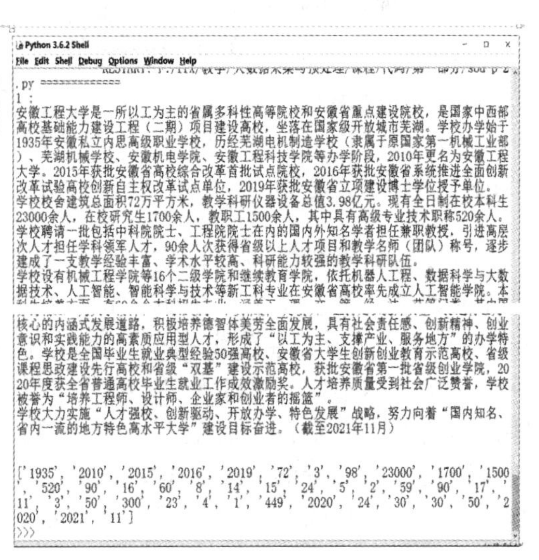

图 3-7　目标主页及数据爬取结果

爬虫编程工作主要分为以下两个阶段。

(1) 分析准备阶段。

① 首先在浏览器中浏览网站，显示所要爬取的数据页面，再按下 F12 键进入开发者窗口。

② 分析出爬取数据所在的网页或其他格式文体的 URL，有时需要分析请求需要的其他相关信息。

③ 分析数据所在文体中的组织模式结构，找到数据的定位标识信息，通常根据解析方式不同分为 selector 和 Xpath。

(2) 编程阶段。

① 引入所需库。例如：

```
import requests
from bs4 import BeautifulSoup
```

② 提出请求，解析结果。例如：

```
response = requests.get('http://www.ahpu.edu.cn/8/list.htm')
soup = BeautifulSoup(response.text,'lxml')
```

③ 定位获取具体的数据。例如：

```
data = soup.select(' div #wp_content_w2_0')
```

④ 显示或存储。例如：

```
for item in data
    print(':'+item.get_text())
    print(re.findall('\d+',item.get_text()))#提取数字信息
    file.write(item.get_text())
    for d in re.findall('\d+',item.get_text()):
    file.write(d+'    ')
```

3.2.2　数据预处理

经过数据采集阶段后，我们根据大数据应用的需求采集了大量的数据，但是现实世界的数据很多是“脏”数据，即数据不完整(缺少属性值或仅仅包含聚集数据)、含噪声(包含错误或存在偏离期望的离群值等错误数据)、不一致(不同采集源得到的数据可能存在量纲不同、属性含义不同等问题)等。而我们在使用数据过程中对数据有一致性、准确性、完整性、时效性、可信性、可解释性等要求。如何将这些“脏”数据有效地转换成高质量的专家数据，就涉及数据预处理(Data Preprocessing)工作。有统计表明，在一个完整的大数据分析与数据挖掘过程中，数据预处理工作要花费 60%～70% 的时间。

在数据预处理阶段采用的技术可分为数据清洗、数据集成、数据转换和数据规约，如图 3-8 所示。

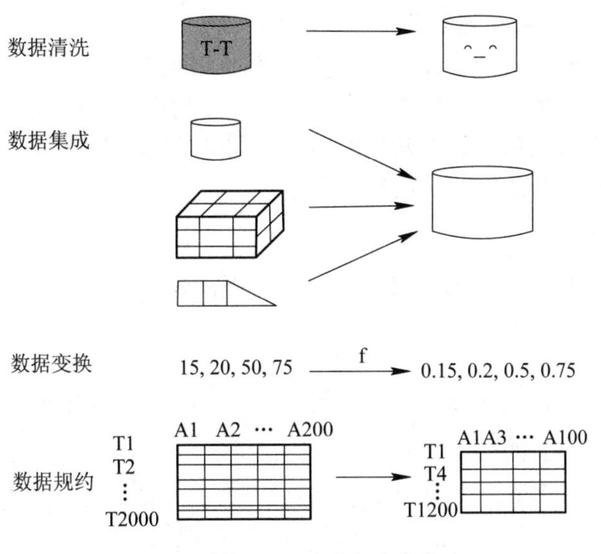

图 3-8 数据预处理阶段中的技术

1. 数据清洗

数据清洗(Data Cleaning)过程包括遗漏数据处理、噪声数据处理以及不一致数据处理。

1) 遗漏数据处理

假设在分析一个商场销售数据时，发现有多个记录中的属性值为空，如顾客的收入属性。当属性值为空时，可以采用以下方法进行遗漏数据处理。

(1) 忽略该条记录。

若一条记录中有属性值被遗漏了，则将此条记录忽略，尤其是没有类别属性值而又要进行分类数据挖掘时经常使用这种方法。当然，这种方法并不是总有效，尤其是在属性遗漏值的记录占比较大时。

(2) 手工填补遗漏值。

一般情况下，这种方法比较耗时，尤其对于存在许多遗漏情况的大规模数据集而言，可行性较差。

(3) 利用默认值填补遗漏值。

对一个属性的所有遗漏的值均利用一个事先确定好的值来填补，如都用“OK”来填补。但当一个属性的遗漏值较多时，若采用这种方法就可能误导后续数据的使用。因此，这种方法虽然简单，但并不推荐使用，或使用时需要仔细分析填补后的情况，以尽量避免对最终挖掘结果产生较大误差。

(4) 利用均值填补遗漏值。

计算一个属性值的平均值，并用此值填补该属性所有遗漏的值。例如，若顾客的平均收入为 10 000 元，则用此值填补“顾客收入”属性中所有被遗漏的值。

(5) 利用同类别均值填补遗漏值。

这种方法尤其适合在进行分类挖掘时使用。例如，若要对商场顾客按信用风险进行分类挖掘时，就可以用在同一信用风险类别(如良好)下的“顾客收入”属性的平均值来填补所有在同一信用风险类别下“顾客收入”属性的遗漏值。

(6) 利用最可能的值填补遗漏值。

可以利用回归分析、贝叶斯计算公式或决策树推断出该条记录特定属性的最大可能的取值。例如，利用数据集中其他顾客的属性值，可以构造一个决策树来预测“顾客收入”属性的遗漏值。这种方法是一种较常用的方法，与其他方法相比，它最大程度地利用了当前数据所包含的信息来帮助预测所遗漏的数据。

2) 噪声数据处理

噪声是指被测变量的一个随机错误和变化。下面通过给定一个数值型属性(如价格)来说明平滑去噪的具体方法。

(1) 分箱方法。

分箱方法通过利用应被平滑数据点的周围点(近邻)，对一组排序数据进行平滑，达到数据去噪的目的。排序后的数据被分配到若干桶(称为 Bin)中。

如图 3-9 所示，对 Bin 的划分方法一般有两种：一种是等高方法，即每个 Bin 中的元素的个数相等；另一种是等宽方法，即每个 Bin 的取值间距(左右边界之差)相同。

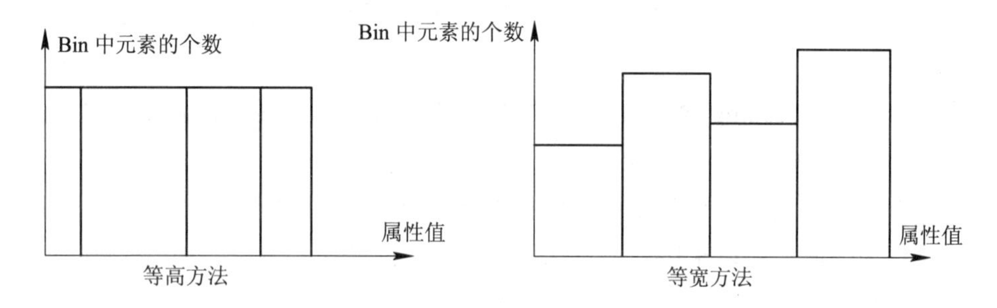

图 3-9　两种典型分箱划分方法

图 3-10 描述了分箱方法。首先，对价格数据进行排序；然后，将其划分为若干等高度的 Bin，即每个 Bin 包含 3 个数值；最后，既可以利用每个 Bin 的均值进行平滑，也可以利用每个 Bin 的边界进行平滑。利用均值进行平滑时，第一个 Bin 中 4、8、15 均用该 Bin 的均值替换；利用边界进行平滑时，对于给定的 Bin，其最大值与最小值就构成了该 Bin 的边界，利用每个 Bin 的边界值(最大值或最小值)可替换该 Bin 中的所有值。

- 排序后价格：4, 8, 15, 21, 21, 24, 25, 28, 34
- 划分为等高度Bin：
  —Bin1：4, 8, 15
  —Bin2：21, 21, 24
  —Bin3：25, 28, 34
- 根据Bin均值进行平滑：
  —Bin1：9, 9, 9
  —Bin2：22, 22, 22
  —Bin3：29, 29, 29
- 根据Bin边界进行平滑：
  —Bin1：4, 4, 15
  —Bin2：21, 21, 24
  —Bin3：25, 25, 34

图 3-10　分箱方法示例

一般来说，每个 Bin 的宽度越宽，其平滑效果越明显。

(2) 聚类分析方法。

通过聚类分析方法可帮助我们发现异常数据。相似或相邻近的数据聚合在一起形成了各个聚类集合，而那些位于这些聚类集合之外的数据对象自然而然就被认为是异常数据，如图 3-11 所示。聚类分析方法的具体内容将在后续大数据分析中详细介绍。

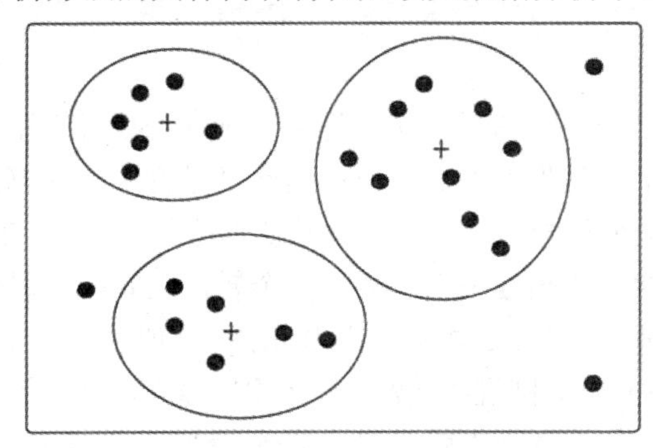

图 3-11　基于聚类分析方法的异常数据监测

(3) 人机结合检查方法。

通过人机结合检查方法，可以帮助我们发现异常数据。例如，利用基于信息论的方法可帮助识别手写符号库中的异常模式，所识别出的异常模式可输出到一个列表中，然后由人对这一列表中的各异常模式进行检查，并最终确认无用的模式(真正异常的模式)。这种人机结合检查方法比手工方法的手写符号库检查效率要高许多。

(4) 回归方法。

我们可以利用拟合函数对数据进行平滑。例如，借助线性回归方法，包括多变量回归方法，就可以获得多个变量之间的拟合关系，从而达到利用一个(或一组)变量值来预测另一个变量取值的目的。

利用回归分析方法所获得的拟合函数能够帮助平滑数据及除去其中的噪声。

3) 不一致数据处理

现实世界的数据库常出现数据记录内容不一致的问题，其中的一些数据可以利用它们与外部的关联进行手工解决。例如，数据录入错误一般可以通过与原稿进行对比来加以纠正。此外，还有一些方法可以帮助纠正使用编码时所发生的不一致问题。利用知识工程工具也可以帮助发现违反数据约束条件的情况。

此外，由于同一属性在不同数据库中的取名不规范，常常导致数据集成时不一致情况的发生。

2. 数据集成

数据集成(Data Integration)是将来自多个数据源(如数据库、数据仓库或普通文件等)的数据结合在一起，形成一个统一数据集合，从而为后续数据处理工作提供完整和一致的数据。数据集成时可能出现实体识别、属性冗余、数据值冲突以及元组重复等问题。

1) 实体识别

当实体数据来源于多个数据源时，会出现虽然数据属性的标识不同但实际为实体的同一个属性的情况。这时可以通过在属性的元数据中设计模式匹配原则，以识别出不同数据源的同一个实体。属性的元数据包括属性标识、含义、类型、属性允许范围和空值规则等内容。比如，当数据库 A 中的 cust_id 和数据库 B 中的 customer_no 指的是同一个属性时，可以设计模式匹配规则如下：

```
A.cust-id=B.customer_no
```

2) 数据冗余

一个属性如果能由另一个或另一组属性导出，则这个属性可能是冗余的。例如，一个顾客数据表中的属性“平均月收入”可以根据属性“月收入”计算出来。

有些冗余可以被相关分析检测到。例如，给定两个属性 A 和 B，则根据这两个属性的数值可分析出这两个属性间的相互关系。如果两个属性之间的关联值 $r > 0$，则说明两个属性之间是正关联。也就是说，若 A 增加，则 B 增加。r 值越大，说明属性 A、B 的正关联关系越紧密。如果关联值 $r = 0$，则说明属性 A、B 相互独立，两者之间没有关系。如果 $r < 0$，则说明属性 A、B 之间是负关联。也就是说，若 A 增加，则 B 减少。r 的绝对值越大，说明属性 A、B 的负关联关系越紧密。

当数据冗余出现后，可以只保留使用较多的属性，将与其相关的冗余属性删去。

3) 数据值冲突

对于一个现实世界实体，来自不同数据源的属性值或许不同。产生这种情况的原因包括表示差异、比例尺度不同或编码差异等。例如，重量属性在一个系统中采用公制，而在另一个系统中却采用英制。又如，对于同样的价格属性，不同地点采用不同货币单位。

数据值冲突出现时可以通过冲突检测和数据变换两步迭代执行来解决。此外，一些商业工具如数据迁移工具(Data Migration Tool)可以支持一些简单的变换以解决数据冲突问题。

3．数据变换

数据变换(Data Transformation)就是将数据进行转换或归并，从而构成一个适合数据处理的描述形式，使后续的数据处理更有效。数据变换包含以下几种处理形式：

1) 平滑处理

平滑处理可以除去数据中的噪声，其主要技术方法有分箱、聚类和回归。

2) 合计处理

合计处理是指对数据进行总结或合计操作。例如，每天的数据经过合计操作可以获得每月或每年的总额。这一操作常用于构造数据立方或对数据进行多粒度的分析。

3) 数据泛化处理

数据泛化用更抽象(更高层次)的概念来取代低层次的数据概念。例如，街道属性可以泛化到更高层次的概念，如城市、国家。再如，数值性的年龄属性可以映射到更高层次的概念，如青年、中年和老年。数据泛化也是数据规约的一种形式，它简化了原始数据，使后续的处理任务更有效。

4) 属性数值化

属性数值化是将非数值的类别属性转化为数值属性。常用方法包括标签编码(Label Encoding)和独热编码(One-Hot Encoding)。属性数值化使原先无法运算的标称值可以方便地参与距离计算，简化了分类或聚类过程，使后续的处理分析变得更简捷。

5) 规格化处理

规格化处理将数值性属性按比例投射到特定的数据范围之中，以避免属性量纲的影响。例如，将工资收入属性值映射到 0～1 的范围内。

6) 属性构造处理

属性构造处理是根据已有属性集构造新的属性，以帮助后续数据处理过程。例如，进行供电系统效率分析时，通过“供入电量”和“供出电量”两个属性构造出新属性“线损率”将加快检索出有效信息的速度。

4. 数据规约

数据规约(Data Reduction)的主要目的就是从原有巨大数据集中获得一个精简的数据集，并使这一精简数据集保持原有数据集的完整性。这样在精简数据集上进行数据分析处理时会提高效率，并且能够保证处理出来的结果与使用原有数据集所获得的结果基本相同。

数据规约的主要方法如表 3-3 所示。

表 3-3　数据规约的主要方法

名　称	说　明
数据立方合计	主要用于构造数据立方(数据仓库操作)
维数消减	主要用于检测和消除无关、弱相关或冗余的属性或维(数据仓库中的属性)
数据压缩	利用编码技术压缩数据集的大小
数据块消减	利用更简单的数据表达形式来取代原有的数据，如使用参数模型、非参数模型(聚类、采样、直方图等)
离散化与概念层次生成	所谓离散化，就是利用取值范围或更高层次的概念来替换初始数据。利用概念层次可以挖掘和分析不同抽象层次的相关知识

以上简单介绍了数据预处理的几种形式。需要说明的是，各种预处理方法实际上是综合应用的，没有一个统一的数据过程或单一的技术能够用于多样化的数据集。实践应用时要考虑数据集的特性、需要解决的问题、性能需求等综合因素选择合适的数据预处理方案，尤其是面对大数据应用场景，问题会更复杂。例如，大数据有数据量大、数据维度多等的特点，在进行大数据预处理时会结合数据降维等更复杂的特征工程技术。限于篇幅，对特征工程的技术细节感兴趣的读者请参阅相关书籍。

5. Python 数据预处理编程

pandas 是基于 numpy 的一种工具，或者说 pandas 与 numpy 是相辅相成的两个进行数据处理与分析的工具，pandas 提供了大量的便捷处理数据的方法。pandas 的安装程序如图 3-12 所示。

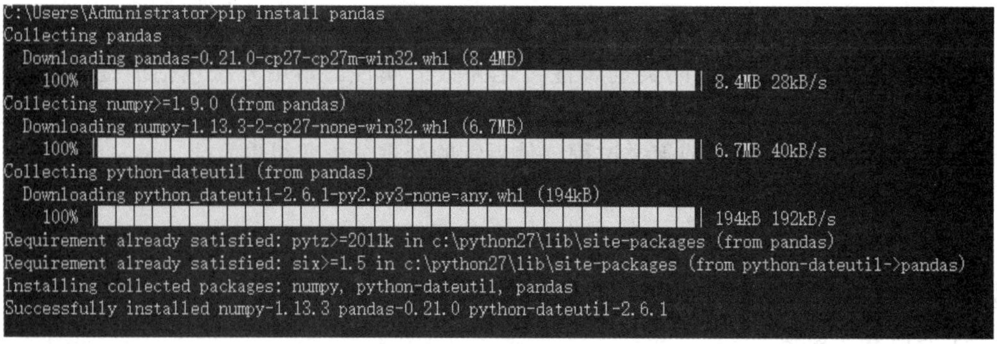

```
C:\Users\Administrator>pip install pandas
Collecting pandas
  Downloading pandas-0.21.0-cp27-cp27m-win32.whl (8.4MB)
    100% |████████████████████████████████| 8.4MB 28kB/s
Collecting numpy>=1.9.0 (from pandas)
  Downloading numpy-1.13.3-2-cp27-none-win32.whl (6.7MB)
    100% |████████████████████████████████| 6.7MB 40kB/s
Collecting python-dateutil (from pandas)
  Downloading python_dateutil-2.6.1-py2.py3-none-any.whl (194kB)
    100% |████████████████████████████████| 194kB 192kB/s
Requirement already satisfied: pytz>=2011k in c:\python27\lib\site-packages (from pandas)
Requirement already satisfied: six>=1.5 in c:\python27\lib\site-packages (from python-dateutil->pandas)
Installing collected packages: numpy, python-dateutil, pandas
Successfully installed numpy-1.13.3 pandas-0.21.0 python-dateutil-2.6.1
```

图 3-12　Python 的 pandas 安装

pandas 提供的常用预处理有查看数据维度以及类型、缺失值处理、查看数据统计信息及属性数值化等。

以 test2.csv 数据集为例，主要数据见图 3-13。

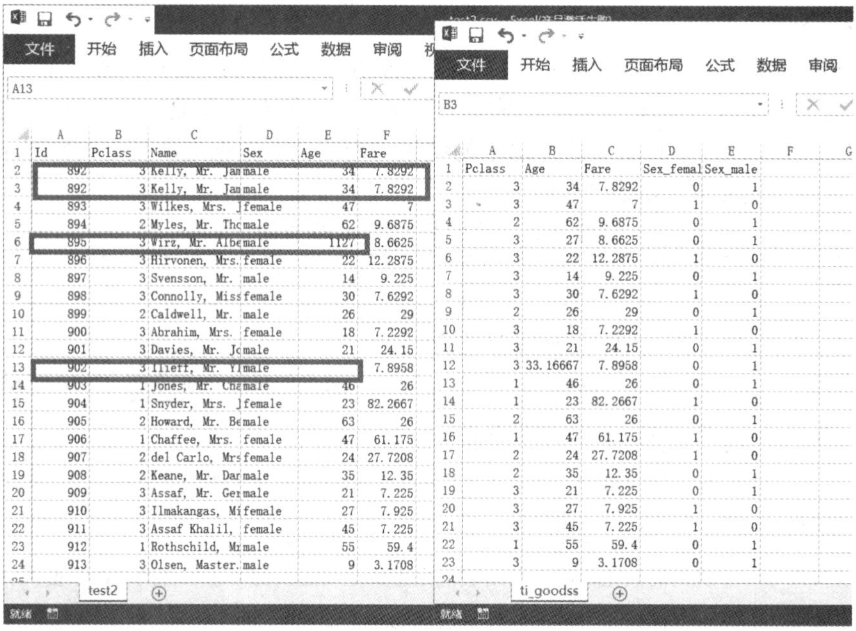

	Id	Pclass	Name	Sex	Age	Fare
2	892	3	Kelly, Mr. Jan	male	34	7.8292
3	892	3	Kelly, Mr. Jan	male	34	7.8292
4	893	3	Wilkes, Mrs. J	female	47	7
5	894	2	Myles, Mr. Thc	male	62	9.6875
6	895	3	Wirz, Mr. Albe	male	1127	8.6625
7	896	3	Hirvonen, Mrs.	female	22	12.2875
8	897	3	Svensson, Mr.	male	14	9.225
9	898	3	Connolly, Miss	female	30	7.6292
10	899	2	Caldwell, Mr.	male	26	29
11	900	3	Abrahim, Mrs.	female	18	7.2292
12	901	3	Davies, Mr. Jc	male	21	24.15
13	902	3	Ilieff, Mr. Yl	male		7.8958
14	903	1	Jones, Mr. Cha	male	46	26
15	904	1	Snyder, Mrs. J	female	23	82.2667
16	905	2	Howard, Mr. Be	male	63	26
17	906	1	Chaffee, Mrs.	female	47	61.175
18	907	2	del Carlo, Mrs	female	24	27.7208
19	908	2	Keane, Mr. Dar	male	35	12.35
20	909	3	Assaf, Mr. Ger	male	21	7.225
21	910	3	Ilmakangas, Mi	female	27	7.925
22	911	3	Assaf Khalil,	female	45	7.225
23	912	1	Rothschild, Mr	male	55	59.4
24	913	3	Olsen, Master.	male	9	3.1708

test2

	Pclass	Age	Fare	Sex_femal	Sex_male
2	3	34	7.8292	0	1
3	3	47	7	1	0
4	2	62	9.6875	0	1
5	3	27	8.6625	0	1
6	3	22	12.2875	1	0
7	3	14	9.225	0	1
8	3	30	7.6292	1	0
9	2	26	29	0	1
10	3	18	7.2292	1	0
11	3	21	24.15	0	1
12	3	33.16667	7.8958	0	1
13	1	46	26	0	1
14	1	23	82.2667	1	0
15	2	63	26	0	1
16	1	47	61.175	1	0
17	2	24	27.7208	1	0
18	2	35	12.35	0	1
19	3	21	7.225	0	1
20	3	27	7.925	1	0
21	3	45	7.225	1	0
22	1	55	59.4	0	1
23	3	9	3.1708	0	1

ti_goodss

图 3-13　待预处理数据集示例

1) 读取数据

读取数据到 data。

```
data = pd.read_csv(r'f:\test2.csv')
```

2) 查看数据维度以及类型

观察数据的质量，以确定此数据集需要的预处理。

```
#查看前五条数据
data.head(5)
#查看每列数据的类型以及出现空值的情况
data.info()
#查看数据集的描述性统计信息，如最大值、均值、标准差等。
```

```
data.describe()
```

3) 缺失值处理

如果数据集的行或列有缺失值时，可以采用丢弃行或列数值填充等方法来处理，参考代码如下：

```
# 直接丢弃缺失数据列的行
data.dropna(axis=1,subset=['Age'])  # 丢弃含空值的行, subset 指定查看哪几列空值
data.dropna(axis=0)  # 丢弃含空值的列
 # 采用其他值填充
 data ['Sex'] = dataset['Age'].fillna('male')
 data['Age'] = dataset['Age'].fillna(25)
 # 采用出现最频繁的值填充
 freq_age= data.Age.dropna().mode()[0]
 data ['Age'] = data['Age'].fillna(freq_port)
# 采用中位数或者平均数填充
data['Age'].fillna(data['Age'].dropna().median(), inplace=True)
data['Age'].fillna(test_df['Age'].dropna().mean(), inplace=True)
```

4) sex属性的数值化

sex 属性的取值是标称值 male 或 famale，以下代码可将 sex 属性数值化。

数据预处理

```
# 建立 object 属性映射字典
title_mapping = {"male": 1, "female": 0 }
#用 map 方法实现数值化
data['Sex'] = data['Sex '].map(title_mapping)
#用 One-Hot Encoding 方法实现数值化
pd.get_dummies(data=data,columns=['Sex'])
```

例如，图 3-13 左图中，Id 为 892 的数据行出现了重复，Id 为 895 的年龄异常，Id 为 902 的年龄为空，Sex 列需要数值化，Id 和 Name 列在数据分析中为无价值列，则预处理主要代码如下所示。

```
import pandas as pd
def Pre(ti):
    ti.info()
    ti.drop(['Name'，'Id],axis=1,inplace=True)#去掉无用列
    #去掉重复值 行 2
    sum_age=ti ['Age'].sum()-ti[(ti['Age']>120)|(ti['Age']<0)].sum()[4]
    count_age=ti ['Age'].count()-ti[(ti['Age']>120)|(ti['Age']<0)].count()[0]
    mean_age=sum_age/count_age
    ti.drop_duplicates(inplace=True)
    #空值填充或去掉
    ti ['Age']=ti ['Age'].fillna(ti ['Age'].mean())
```

```
        #ti=ti.dropna()
        ti=pd.get_dummies(data=ti,columns=['Sex']) #数值化
        ti.loc[(ti['Age']>120)|(ti['Age']<0), 'Age']=mean_age#异常值处理
        ti.info()
        return ti
    data = pd.read_csv(r'f:\test2.csv')
    res_data= Pre(data)
    res_data.to_csv("ti_goodss.csv",index=False)#预处理结果存储
```

经过预处理后的数据集如图 3-13 右图所示。

以上是最基本的数据预处理，根据算法的要求或应用场景，往往还需要数据的规范化、数据的约简、数据的选择或抽取等，可能会用到较复杂的数据挖掘或机器学习算法，如聚类、分类、PCA、数据预测填充等。

3.3 大数据存储技术

3.3.1 大数据时代对数据存储的挑战

大数据存储通常指的是将那些数量巨大且难于收集、处理、分析的数据集以及那些在传统基础设施中长期保存的数据持久化到计算机中。大数据在推动技术变革的同时，给当前数据存储、访问以及管理均带来了前所未有的挑战，企业对海量数据的存储和并发访问要求越来越高。大数据存储和传统的数据存储有所不同，由于传统关系数据库的 ACID 原则、结构规整以及表连接操作等特性成为制约海量数据存储和并发访问的瓶颈，因此大数据时代必须解决海量数据的高效存储问题。

1. 高并发读写需求

对于实时性、动态性要求很高的社交网站，如论坛、微博等，其并发度往往需要达到每秒上万次的读写请求，这种很高的并发度对数据库的并发负载相当大，传统关系数据在面对海量数据的存储和操作时会存在严重的磁盘 I/O 瓶颈。

2. 海量数据的高效率存储和访问需求

Web 2.0 网站要根据用户的个性化信息来实时生成动态页面并提供动态信息，基本上无法使用动态页面静态化技术，因此数据库的并发负载非常高，往往每秒要处理上万次的读写请求。关系数据库处理上万次 SQL 查询已经很困难了，若要处理上万次 SQL 写数据请求，硬盘 I/O 实在无法承受。另外，在大型的社交网站中，用户每天产生海量的动态数据，关系数据库难以存储如此多的半结构化数据。如果在一张上亿条记录的表里面进行 SQL 查询，其效率会非常低。

3. 高扩展性需求

关系数据库很难实现水平扩展，当数据量和访问量多到需要增加硬件和服务器节点来

扩大其容量和负载量时，关系数据库往往需要停机维护和数据迁移，这对一个需要 24 小时不停顿服务的网站是非常不可取的。

4．存储和处理半结构化/非结构化数据需求

现在开发者可以通过腾讯、微博和阿里等第三方网站获取与访问数据，如个人用户信息、地理位置数据、社交图谱、用户产生的内容、机器日志数据及传感器生成的数据等。对这些数据的使用正在快速改变着通信、购物、广告、娱乐及关系管理的特质。开发者希望使用非常灵活的数据库，轻松容纳新的数据类型，并且不被第三方数据提供商内容结构的变化所限制。很多新数据都是非结构化或半结构化的，因此开发者还需要能够高效存储这种数据的数据库。但是，关系数据库所使用的定义严格，基于模式的方式是无法快速容纳新的数据类型的，对于非结构化或半结构化的数据更是无能为力。

大数据要求数据管理系统既能实现海量数据存储，又能高效率地并发读写，同时必须支持扩展性。

3.3.2　分布式文件系统

相对于传统的本地文件系统而言，分布式文件系统(Distributed File System)是一种通过网络实现文件在多台主机上进行分布式存储的文件系统。分布式文件系统的设计一般采用客户机/服务器(Client/Server)模式，客户端以特定的通信协议通过网络与服务器建立连接，当提出访问请求时，客户端和服务器可以通过设置访问权来限制请求方对底层数据存储块的访问。目前，已得到广泛应用的分布式文件系统主要包括 GFS(Google File System)和 HDFS(Hadoop Distributed File System)等，后者是针对前者的开源实现。

分布式文件系统把文件分布存储到多个计算机节点上，成千上万的计算机节点构成计算机集群。与之前使用多个处理器和专用高级硬件的并行化处理装置不同的是，目前的分布式文件系统所采用的计算机集群都是由普通硬件构成的，这就大大降低了硬件上的开销。

分布式文件系统在物理结构上由计算机集群中的多个节点构成的，这些节点分为两类：一类叫主节点(Master Node)，也被称为名称节点(NameNode)；另一类叫从节点(Slave Node)，也被称为数据节点(DataNode)。

Hadoop 分布式文件系统(HDFS)是适合运行在通用硬件(commodity hardware)上的分布式文件系统(Distributed File System)。HDFS 是一个高度容错性的系统，适合部署在廉价的机器上。HDFS 能提供高吞吐量的数据访问，非常适合在大规模数据集上应用。

HDFS 采用 Master/Slave 架构。一个 HDFS 集群是由一个 NameNode 和一定数目的 DataNode 组成的。NameNode 是一个中心服务器，其负责管理文件系统的名字空间(namespace)以及客户端对文件的访问。集群中一般是一个节点就是一个 DataNode，负责管理它所在节点上的存储。从内部看，一个文件其实被分成一个或多个数据块，这些数据块存储在一组 DataNode 上。NameNode 执行文件系统的名字空间操作，比如打开、关闭、重命名文件或目录，确定数据块到具体 DataNode 节点的映射。DataNode 负责处理文件系统客户端的读写请求。在 NameNode 的统一调度下，HDFS 进行数据块的创建、删除和复制。

HDFS 支持大文件存储，文件大小通常可以达到 GB 甚至 TB 的级别。一个集群中可以支持数百个节点以及千万级别的文件。

HDFS 能够在一个大集群中跨机器可靠地存储超大文件。它将每个文件存储成一系列数据块，除了最后一个，所有数据块的大小都是相同的。为了能够容错，文件的所有数据块都会有副本。每个文件的数据块大小和副本数目都是可配置的。应用程序可以指定某个文件的副本数目。副本数目可以在文件创建的时候指定，在之后还可以改变。HDFS 中的文件都是一次性写入的，并且严格要求在任何时候只能有一个写入者。

HDFS 为应用提供了多种访问方式。用户可以通过 Java API 接口访问，也可以通过 C 语言的封装 API 访问，还可以通过浏览器的方式访问 HDFS 中的文件。

3.3.3　NoSQL 数据库

NoSQL(Not only SQL)泛指非关系数据库，它的含义是“不仅仅是 SQL”。NoSQL 数据库最初是为了满足互联网的业务需求而诞生的，随着 Web 2.0 技术的兴起，传统的关系数据库已经无法适应 Web 2.0 网站，特别是 Web 2.0 的超大规模和高并发的社交类型的纯动态网站，非关系型的数据库则由于其本身的特点得到了非常迅速的发展。互联网数据具有大量化、多样化、快速化等特点，数据集合规模已经实现了从 GB、PB 到 ZB 的飞跃。数据不仅仅是传统的结构化数据，还包含了大量的非结构化和半结构化数据，关系数据库无法满足海量数据的管理需求、数据高并发的需求以及高扩展和高可用性的需求。因此，很多互联网公司研发了新型的、非关系的数据库，这类非关系数据库统称为 NoSQL 数据库。

NoSQL 主要用于解决大规模数据集下数据种类多样性带来的挑战，尤其是大数据存储与应用难题。NoSQL 是一种不同于关系数据库的数据库管理系统设计方式，它所采用的数据模型并非关系数据库的关系模型，而是类似键值、列族、文档等的非关系模型。它打破了长久以来关系数据库与 ACID(原子性(Atomicity)、一致性(Consistency)、隔离性(Isolation)和持久性(Durability))理论大一统的局面。

NoSQL 数据存储不需要固定的表结构，每一个元组可以有不一样的字段，每个元组可以根据需要增加一些自己的键值对，这样就不会局限于固定的结构，可以减少一些时间和空间的开销。

NoSQL 在大数据存取上具备关系数据库无法比拟的性能优势。通常 NoSQL 数据库具有以下特点：

(1) 具有灵活的数据模型，可以处理半结构化/非结构化的大数据。

关系模型是关系数据库的基础，它以完备的关系代数理论为基础，具有规范的定义，遵守各种严格的约束条件，虽然保证了业务系统对数据一致性的需求，但是无法满足各种新兴的业务需求。对于大型的生产性的关系数据库来讲，变更数据模型是一件很困难的事情，即使只对一个数据模型做很小的改动，也许就需要停机或降低服务水平。

NoSQL 数据库在数据模型约束方面更加宽松，无须事先为要存储的数据建立字段，可以随时存储自定义的数据格式。NoSQL 数据库可以让应用程序在一个数据元素里存储任何结构的数据，包括半结构化/非结构化数据。NoSQL 摈弃了流行多年的关系数据模型，采用了键/值、列族等非关系模型，允许在一个数据元素里存储不同类型的数据，各种应用可以通过这种灵活的数据模型存储数据而无须修改表，或者只需增加更多的列，无须进行数据的迁移。NoSQL 数据库就是以牺牲一定的数据一致性为代价，追求灵活性、扩展性的数据库。

(2) 具有灵活的可扩展性。

传统的关系数据库由于自身设计机制的原因，通常很难实现“横向扩展”，往往需要升级硬件来实现“纵向扩展”，而配置高端的高性能服务器往往价格很高。NoSQL 数据库在设计之初就面向“横向扩展”的需求，非常适合互联网应用分布式的特性。在互联网应用中，当数据库服务器无法满足数据存储和数据访问的需求时，只需要增加多台服务器，将用户请求分散到多台服务器上，即可解决单台服务器出现性能瓶颈的问题。

(3) 数据量大，性能高。

NoSQL 数据库都具有非常高的读写性能，尤其在大数据量下能够同样保持高性能，这主要得益于 NoSQL 数据库的无关系性，数据库的结构简单。Web 2.0 时代通常短时间内会有大量数据进行频繁的交互应用，关系数据库 MySQL 使用 Query Cache，每更新一次数据表后，Cache 就会失效，所以 Cache 的性能和效率就不会高。而 NoSQL 的 Cache 是记录级的，是一种细粒度的 Cache，所以 NoSQL 在这个层面上来说性能就要高很多。

(4) 可用性高。

NoSQL 数据库在不太影响性能的情况下，就可以方便地实现高可用的架构，如 HBase 高可用集群和 MongoDB 副本集，通过复制模型也能实现高可用。

3.3.4 NoSQL 数据库的分类

据统计，目前已经产生了 50～150 个 NoSQL 数据库系统。但是，归结起来可以将典型的 NoSQL 划分为 4 种类型，分别是键值数据库、列式数据库、文档数据库和图形数据库。

1. 键值数据库

键值数据库起源于 Amazon 开发的 Dynamo 系统，我们可以把它理解为一个分布式的 HashMap，支持 SET/GET 元操作。它使用一个哈希表，表中的 Key(键)用来定位 Value(值)，即存储和检索具体的 Value。数据库不能对 Value 进行索引和查询，只能通过 Key 进行查询。Value 可以用来存储任意类型的数据，包括整型、字符型、数组、对象等。

键值存储的值也可以是比较复杂的结构，如一个新的键值对封装成的一个对象。一个完整的分布式键值数据库会将 Key 按策略尽量均匀地散列在不同的节点上，其中，一致性哈希函数是比较优雅的散列策略，它可以保证当某个节点挂掉时，只有该节点的数据需要重新散列。

在存在大量写操作的情况下，键值数据库比关系数据库具有明显的性能优势，这是因为关系数据库需要建立索引来加速查询，当存在大量写操作时，索引会发生频繁更新，从而会产生高昂的索引维护代价。键值数据库具有良好的伸缩性，理论上讲可以实现数据量的无限扩容。

键值数据库可以进一步划分为内存键值数据库和持久化键值数据库。内存键值数据库把数据保存在内存中，如 Memcached 和 Redis。持久化键值数据库把数据保存在磁盘中，如 BerkeleyDB、Voldmort 和 Riak。

键值数据库也有自身的局限性，主要是条件查询。如果只对部分值进行查询或更新，效率会比较低下。在使用键值数据库时，应该尽量避免多表关联查询。此外，键值数据库在发生故障时不支持回滚操作，所以无法支持事务。

大多数键值数据库通常不会关心存入的 Value 到底是什么，在它看来，那只是一堆字节而已，所以开发者也无法通过 Value 的某些属性来获取整个 Value。

2. 列式数据库

列式数据库起源于Google的BigTable，其数据模型可以看作一个行列数可变的数据表。列式存储(Column-based)是相对于传统关系数据库的行式存储(Row-based)来说的。简单来说，两者的区别就是如何组织表。

将表放入存储系统中的方法有行存储与列存储两种，其中行存储是采用较多的一种方法。行存储法是将各行放入连续的物理位置，这很像传统的记录和文件系统。列存储法是将数据按照列存储到数据库中，与行存储法类似。在行式数据库中查询时，无论需要哪一列都需要将每一行扫描完。如果给某些特定列建索引，那么可以显著提高查找速度，但是索引会带来额外的开销，而且数据库仍在扫描所有列。而列式数据库可以分别存储每个列，从而在列数较少的情况下能更快速地进行扫描。

列式数据库能够在其他列不受影响的情况下轻松添加一列，但是如果要添加一条记录就需要访问所有表，所以行式数据库要比列式数据库更适合联机事务处理过程(OLTP)，因为 OLTP 要频繁地进行记录的添加或修改。

列式数据库更适合执行分析操作，如进行汇总或计数。实际交易的事务(如销售类)通常会选择行式数据库。列式数据库采用高级查询执行技术，以简化的方法处理列块(称为批处理)，从而减少了 CPU 的使用率。

随着列式数据库的发展，列式存储与行式存储不断融合，形成了具有两种存储方式的数据库系统。目前流行的面向列的 NoSQL 数据库有 Bigtable、Cassandra、HBase 等。

3. 文档数据库

文档数据库是通过键来定位一个文档的，所以是键值数据库的一种衍生品，可以看作键值数据库的升级版。在文档数据库中，文档是数据库的最小单位。文档数据库可以使用模式来指定某个文档结构。

文档数据库是 NoSQL 数据库类型中出现得最自然的类型， 因为它们是按照日常文档的存储来设计的，并且允许对这些数据进行复杂的查询和计算。

尽管每一种文档数据库的部署各有不同，但是大多假定文档以某种标准化格式进行封装，并对数据进行加密。

文档格式包括 XML、YAML、JSON 和 BSON 等，也可以使用二进制格式，如 PDF、Microsoft Office 文档等。一个文档可以包含复杂的数据结构，并且不需要采用特定的数据模式，每个文档可以具有完全不同的结构。

文档数据库既可以根据键来构建索引，也可以基于文档内容来构建索引。基于文档内容的索引和查询能力是文档数据库不同于键值数据库的主要方面，因为在键值数据库中，值对数据库是透明不可见的，不能基于值构建索引。

文档数据库主要用于存储和检索文档数据，非常适合那些把输入数据表示成文档的应用。从关系数据库的存储方式的角度来看，每一个事物都应该存储一次，并且通过外键进行连接，而文件存储不关心规范化，只要数据存储在一个有意义的结构中就可以。

MongoDB 是目前最为流行的 NoSQL 数据库，它是一种面向集合，与模式无关的文档型数据库。其中数据以“集合”的方式进行分组，每个集合都有单独的名称并可以包含无限数量的文档。这里的集合同关系数据库中的表(table)类似，唯一的区别就是它并没有任何明确的 schema。

MongoDB 以一系列键值对集合的方式存储数据，其中键(Key)是字符串，值(Value)是任何一种数据类型的集合，包括数组和文档。

其他文档型数据库有 CouchDB、SequoiaDB、OrientDB 等。

4. 图形数据库

图形数据库以图论为基础，用图来表示一个对象集合，包括顶点及连接顶点的边。图形数据库使用图作为数据模型来存储数据，可以高效地存储不同顶点之间的关系。

图形数据库是 NoSQL 数据库类型中最复杂的一个，旨在以高效的方式存储实体之间的关系。图形数据库适用于高度相互关联的数据，可以高效地处理实体间的关系，尤其适合于社交网络、依赖分析、模式识别、推荐系统、路径寻找、科学论文引用以及资本资产集群等场景。

图形或网络数据主要由节点和边两部分组成。节点是实体本身，如果是在社交网络中，那么代表的就是人。边代表两个实体之间的关系，用线来表示，并具有自己的属性。另外，边还可以有方向，箭头指向谁，谁就是该关系的主导方。

图形数据库在处理实体间的关系时具有很好的性能，但是应用在其他领域时，其性能不如其他 NoSQL 数据库。

典型的图形数据库有 Neo4J、OrientDB、InfoGrid、Infinite Graph 和 GraphDB 等。有些图形数据库(如 Neo4J)，完全兼容 ACID 特性。

NoSQL 数据库的比较如表 3-4 所示。

表 3-4　NoSQL 数据库的比较

数据库分类	数据类型	常见数据库	应用场景示例
键值数据库	Key 指向 Value 的键值对	Redis、Voldemort、Oracle BDB	会话存储、网站购物车等
列式数据库	以列簇式存储，将同一列族数据存在一起	Cassandra、Hbase、Riak	日志记录、博客网站等
文档数据库	Key-Value 对应的键值对，Value 为结构化数据，BSON 类型(Binary BSON，二进制 JSON)	CouchDB、MongoDB	内容管理应用程序、电子商务应用程序等
图形数据库	图结构	Neo4J、InfoGrid、Infinite Graph	社交网络、推荐系统等。专注于构建关系图谱

3.3.5　NoSQL 数据库面临的挑战

虽然 NoSQL 数据库的前景很被看好，但是要应用到主流的企业还面临许多困难。如下所述的是几个首先需要解决的问题。

1. 成熟度

关系数据库系统由来已久，技术相当成熟。对于大多数情况来说，关系数据库系统是稳定且功能丰富的。相比较而言，大多数 NoSQL 数据库则还有很多特性有待实现。

2. 支持

企业需要的是系统安全可靠，如果关键系统出现了故障，他们需要获得即时的支持。大多数 NoSQL 系统都是开源项目，虽然每种数据库都有一些公司提供支持，但这些公司大多是小的初创公司，没有全球支持资源，也没有 Oracle 或是 IBM 那种令人放心的公信力。

3. 分析与商业智能

NoSQL 数据库的大多数特性都是面向 Web 2.0 应用的需要而开发的，然而，应用中的数据对于业务来说是有价值的，企业数据库中的业务信息可以帮助其改进效率并提升竞争力，商业智能对于大中型企业来说是个非常关键的 IT 问题。

NoSQL 数据库缺少即席查询和数据分析工具，即便是一个简单的查询都需要专业的编程技能，并且传统的商业智能(Business Intelligence，BI)工具不提供对 NoSQL 的连接。

4. 管理

NoSQL 的设计目标是提供零管理的解决方案，不过目前还远远没有达到这个目标。现在的 NoSQL 需要很多技巧才能用好，并且需要不少的人力和物力来维护。

5. 专业

大多数 NoSQL 开发者还处于学习模式。这种状况会随着时间而改进，但现在找到一个有经验的关系数据库程序员或管理员要比找到一个 NoSQL 专家更容易。

3.4 大数据处理技术

3.4.1 大数据处理模式

根据数据源的信息和分析目标的不同，大数据的处理可分为离线/批量和在线/实时两种模式。所谓离线/批量是指数据积累到一定程度后再进行批量处理，这种模式多用于事后分析，比如分析用户的消费模式。所谓在线/实时处理是指数据产生后立刻需要进行分析，比如分析用户在网络中发布的微博或其他消息。这两种模式的处理技术完全不一样。离线模式需要强大的存储能力配合，在分析先前积累大量数据时，容许的分析时间也相对较宽。而在线分析要求实时计算能力非常强大，容许的分析时间也相对较窄，基本要求在新的数据到达前处理完前期的数据。两种处理模式导致了目前两种主流的平台 Hadoop 和 Storm，前者是强大的离线数据处理平台，后者是强大的在线数据处理平台。

3.4.2 大数据处理 Storm 平台

Storm 是由 BackType 开发的实时处理系统，BackType 现在已在 Twitter 麾下，GitHub 上的最新版本是 Storm 2.3.0，其基本是用 Clojure(一种运行在 Java 上的 Lisp 方言)写的。

Storm 为分布式实时计算提供了一组通用原语，可用于流处理之中实时处理消息并更新数据库。这是管理队列及工作者集群的另一种方式。Storm 也可用于连续计算(Continuous Computation)，对数据流做连续查询，在计算时就将结果以流的形式输出给用户。它还可用于分布式 RPC，以并行的方式运行昂贵的运算。Storm 可以方便地在一个计算机集群中编写与扩展复杂的实时计算，Storm 保证每个消息都会得到处理，而且速度很快，在一个小集群中，每秒可以处理数以百万计的消息，且可以使用任意编程语言，采用不同编程范式来做开发。

1. Storm 的主要特点

(1) 简单的编程模型。类似于 MapReduce 降低了并行批处理的复杂性，Storm 降低了实时处理的复杂性。

(2) 可以使用各种编程语言。可以在 Storm 之上使用各种编程语言。默认支持 Clojure、Java、Ruby 和 Python。如果要增加它对其他语言的支持，只需一个简单的 Storm 通信协议即可实现。

(3) 容错性。Storm 会管理工作进程和节点的故障。

(4) 水平扩展。计算是在多个线程、进程和服务器之间并行进行的。

(5) 可靠的消息处理。Storm 保证每个消息至少能得到一次完整处理。任务失败时，它会负责从消息源重试消息。

(6) 快速。系统的设计保证了消息能得到快速的处理，使用 ZeroMQ 作为其底层消息队列。

(7) 本地模式。Storm 有一个“本地模式”，可以在处理过程中完全模拟 Storm 集群。这让使用者可以快速进行开发和单元测试。

可以和 Storm 相提并论的系统有 Esper、Streambase、 HStreaming 和 Yahoo S4。其中和 Storm 最接近的就是 S4。两者最大的区别在于 Storm 会保证消息得到处理。这些系统中有的拥有内建数据存储层，这是 Storm 所没有的，如果需要持久化，使用一个类似于 Cassandra 或 Riak 这样的外部数据库即可。

在开发过程中，可以用本地模式来运行 Storm，这样就能实现在本地开发，在进程中测试 Topology。一切就绪后，以远程模式运行 Storm，提交用于在集群中运行的 Topology。Maven 用户可以使用 clojars.org 提供的 Storm 依赖，其网址是 http://clojars.org/repo。

2. Storm 集群的组件

Storm 集群非常类似于 Hadoop 集群。Hadoop 上运行的是 MapReduce Jobs，而 Storm 运行的是 Topologies。Jobs 和 Topologies 本身是不同的，其中一个最大的不同就是 MapReduce Job 最终会结束，而 Topology 则会持续地处理消息，直到终止它。

Storm 集群由一个主节点和多个工作节点组成：master 节点和 worker 节点。master 节点运行一个守护进程，叫 Nimbus，类似 Hadoop 1.0 中的 JobTracker；Nimbus 负责在集群中分发代码，分配任务，以及故障检测。

每个 worker 节点运行一个守护进程，叫 Supervisor。Supervisor 监听分配到该服务器的任务，开始和结束工作进程。每个 worker 进程执行 Topology 的一个子集；一个运行中的 Topology 由许多分布在多台机器上的 worker 进程组成。

Nimbus 和 Supervisors 之间是通过 Zookeeper 协调的。此外，Nimbus 和 Supervisor 是

能快速失败(fail-fast)和无状态的(stateless)；所有的状态都保存在 Zookeeper 或者在本地磁盘中。当 Nimbus 或者 Supervisors 出现问题后，只要重启就会自动恢复，好像什么也没发生过一样。这项设计使得 Storm 集群变得非常稳定健壮。

Storm 的集群架构如图 3-14 所示。

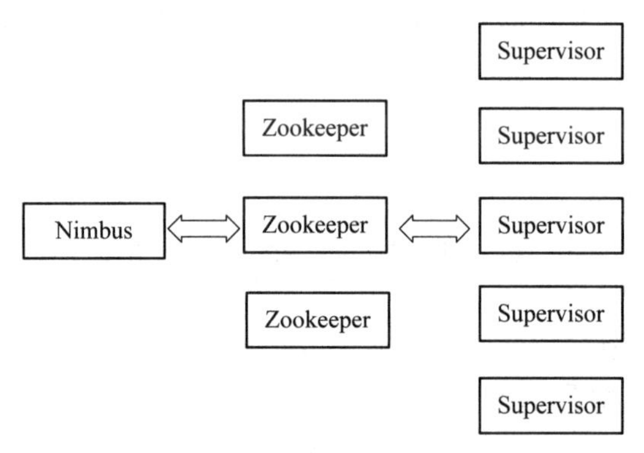

图 3-14　Storm 集群架构

3．Storm 的术语解释

Storm 的术语包括 Stream、Spout、Bolt、Task、Worker、Stream Grouping 和 Topology。Stream 是被处理的数据；Spout 是数据源；Bolt 处理数据；Task 是运行于 Spout 或 Bolt 中的线程；Worker 是运行这些线程的进程；Stream Grouping 规定了 Bolt 接收什么作为输入数据，数据可以随机分配(术语为 Shuffle)，或者根据字段值分配(术语为 Fields)，或者广播(术语为 All)，或者总是发给一个 Task(术语为 Global)，也可以不关心该数据(术语为 None)，或者由自定义逻辑来决定(术语为 Direct)；Topology 是由 Stream Grouping 连接起来的 Spout 和 Bolt 节点网络。在 Storm Concepts 页面里对上述这些术语有更详细的描述。

1) 计算拓扑(Topologies)

计算拓扑用于封装一个实时计算应用程序的逻辑，类似于 Hadoop 的 MapReduce Job。但是它们之间的关键区别在于：一个 MapReduce Job 总会结束，而一个 Storm 的 Topology 会一直运行。

2) 消息流(Stream)

消息流是 Storm 最关键的抽象，一个消息流就是一个没有边界的 tuple 序列，tuple 是一种 Storm 中使用的数据结构，它可以看作没有方法的 Java 对象。这些 tuple 序列会被以一种分布式的方式并行地在集群上创建和处理。对消息流的定义主要就是对消息流中的 tuple 进行定义，为了更好地使用 tuple，需要给 tuple 里的每个字段取一个名字。不同 tuple 的相应字段的类型要相同。

3) 消息源(Spouts)

Spouts 是 Storm 集群中一个计算任务(Topology)中消息流的生产者，Spouts 一般从别的数据源(例如数据库或文件系统)加载数据，然后向 Topology 中发射消息。在一个 Topology 中存在两种 Spouts：一种是可靠的 Spouts，一种是非可靠的 Spouts。可靠的 Spouts 在一个 tuple 没有成功处理时会重新发射该 tuple，以保证消息被正确处理。不可靠的 Spouts 在发射一个 tuple 之后不会再重新发射该 tuple，即使该 tuple 处理失败。

4) 消息处理者(Bolts)

所有的消息处理逻辑被封装在 Bolts 里面，Bolts 可以处理输入的数据流并产生输出的新数据流，可执行过滤，聚合，查询数据库等操作。

5) 任务(Tasks)

每一个 Spout 和 Bolt 会被当作很多 task 在整个集群里面执行，每一个 task 对应到一个线程。

6) 消息分组策略(Stream Groupings)

定义一个 Topology 的其中一步是定义每个 Bolt 接收什么样的流作为输入。Stream Grouping 就是用来定义一个 Stream 应该如何给 Bolts 分配多个 Tasks。

7) 工作进程(Worker)

一个 Topology 可能会在一个或多个工作进程里面执行，每个工作进程执行整个 Topology 的一部分。

4. Storm 的缺点

Storm 的缺点如下所述。

(1) 编程门槛对普通用户来说较高。Storm 使用 Clojure 语言编写，Clojure 是一种基于 JVM 但类似于 Lisp 的函数式语言(编程范型的概念在本章小知识中简单介绍)。使用 Storm，特别是查看 Storm 源码时需要开发者掌握 Clojure 语言。另外，Storm 虽然支持多种编程语言，但是直接使用 Java、Python 等编程接口很难理解 Storm 内部的执行机制。

(2) 框架本身不提供持久化存储。Storm 没有像 Hadoop 一样提供 HDFS 来持久化数据存储，所以需要程序员自己负责数据的加载和保存。

(3) 框架不提供消息接入模块。Storm 不能直接和一些广泛使用的消息中间件产品进行对接，因此在消息的接入上需要用户自己编写代码来完成。

(4) Storm UI 功能过于简单。Storm 虽然也提供类似 Hadoop 的一个 http 接口来监控计算拓扑的运行状态，但是其功能过于简单。

(5) Bolt 复用困难。Storm 目前还不支持多个 Topology 中的 Bolt 复用。

(6) 存在 Nimbus 单点失效问题。这个类似于 Hadoop 的 NameNode，存在单点失效问题。

(7) Topology 不支持动态部署。Storm 中的数据流不能在不同的 Topology 之间进行流动，只能在同一个 Topology 的不同组件之间进行流动。

总之，Storm 作为出色的流式实时计算框架，其优点被许多企业认同，但许多方面还有待进一步完善和提高。

3.5　大数据分析技术

3.5.1　大数据分析特点及技术路线

1. 大数据分析特点

从前面的介绍我们容易发现越来越多的应用涉及大数据，而这些大数据的属性，包括数量，速度，多样性等都呈现了大数据不断增长的复杂性。大数据已经不简简单单是数据大的事实了，最重要的现实应用是对大数据进行分析。现今，在人类全部数字化数据中，仅有非常小的一部分(约占总数据量的 1%)数值型数据得到了深入分析和挖掘(如回归、分类、聚类)，大型互联网企业对网页索引、社交数据等半结构化数据进行了浅层分析(如排序)，而占总量近 60%的语音、图片、视频等非结构化数据还难以进行有效分析。因此，对大数据的分析日益成为企业利润必不可少的支撑点。根据 TDWI(中国商业智能网)对大数据分析的报告可知，企业已经不满足于对现有数据的分析和监测，而是能对未来趋势有更多的分析和预测，如图 3-15 所示。大数据分析技术的发展需要在两个方面取得突破：一是对体量庞大的结构化和半结构化数据进行高效深度分析，挖掘隐性知识，如从自然语言构成的文本网页中理解和识别语义、情感、意图等；二是对非结构化数据进行分析，将海量复杂多源的语音、图像和视频数据转化为机器可识别的、具有明确语义的信息，进而从中提取有用的知识。

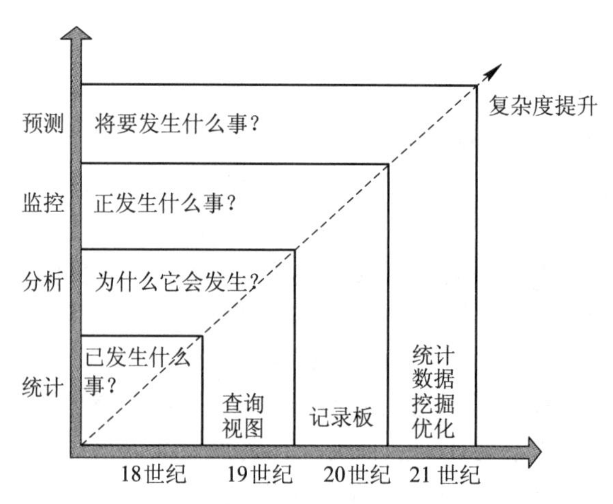

图 3-15　大数据分析的趋势图

具体归纳，大数据分析具有以下五个特点：

(1) 大数据分析应是可视化分析。

大数据分析的使用者有大数据分析专家，同时还有普通用户，但是他们二者对于大数据分析最基本的要求就是可视化分析，因为可视化分析能够直观地呈现大数据的特点，同时非常容易被读者所接受，就如同看图说话一样简单明了。

(2) 大数据分析的理论核心是数据挖掘算法。

由于各种数据挖掘算法基于不同的数据类型和格式才能更加科学地呈现出数据本身具备的特点，因此被全世界统计学家所公认的各种统计方法(可以称之为真理)才能深入数据内部，挖掘出公认的价值。另外一个方面也是因为有这些数据挖掘算法，人们才能更快速地处理大数据。如果一个算法得花上好几年才能得出结论，那大数据的价值也就无从说起了。

(3) 大数据分析最重要的应用领域之一就是预测性分析。

从大数据中挖掘出特点，科学地建立模型之后便可以通过模型代入新的数据，从而预测未来的数据。

(4) 大数据分析广泛应用于网络数据挖掘。

可从用户的搜索关键词、标签关键词或其他输入语义分析、判断用户需求，从而实现更好的用户体验和广告匹配。

(5) 大数据分析离不开数据质量和数据管理。

无论是在学术研究还是在商业应用领域，高质量的数据和有效的数据管理都能够保证分析结果的真实和有价值。大数据分析的基础就是以上五个方面，当然，要更加深入地进行大数据分析的话，还有很多更有特点、更深入、更专业的大数据分析方法。

2. 大数据分析技术路线

目前的大数据分析主要有两条技术路线：一是凭借先验知识人工建立数学模型来分析数据；二是通过建立人工智能系统，使用大量样本数据进行训练，让机器代替人工获得从数据中提取知识的能力。由于占大数据主要部分的非结构化数据往往模式不明且多变，因此难以靠人工建立数学模型去挖掘深藏其中的知识。通过人工智能和机器学习技术分析大数据被业界认为具有很好的前景。2006 年谷歌等公司的科学家根据人脑认知过程的分层特性，提出增加人工神经网络层数和神经元节点数量，加大机器学习的规模，构建深度神经网络，可提高训练效果，并在后续试验中得到了证实。这一事件引起了工业界和学术界的高度关注，使得神经网络技术重新成为数据分析技术的热点。目前，基于深度神经网络的机器学习技术已经在语音识别和图像识别方面取得了很好的效果，但未来深度学习要在大数据分析上广泛应用还有大量理论和工程问题需要解决，主要包括模型的迁移适应能力以及超大规模神经网络的工程实现等。

3.5.2　大数据分析过程

数据分析过程的主要活动由识别信息需求、收集数据、分析数据、评价并改进数据分析的有效性组成。

1. 识别信息需求

识别信息需求是确保数据分析过程有效性的首要条件，可以为收集数据、分析数据提供清晰的目标。识别信息需求是管理者的职责，管理者应根据决策和过程控制的需求提出对信息的需求。就过程控制而言，管理者应识别需求要利用哪些信息支持评审过程输入、过程输出、资源配置的合理性、过程活动的优化方案和过程异常变异的发现。

2. 收集数据

有目的地收集数据是确保数据分析过程有效的基础。组织需要对收集数据的内容、渠道、方法进行策划。策划时应考虑以下几点：

(1) 将识别的需求转化为具体的要求，如评价供方时，需要收集的数据可能包括其过程能力、测量系统不确定度等相关数据；

(2) 明确由谁在何时何处，通过何种渠道和方法收集数据；

(3) 记录表应便于使用；

(4) 采取有效措施，防止数据丢失和虚假数据对系统的干扰。

3. 分析数据

分析数据是将收集的数据通过加工、整理和分析、使其转化为信息。常用方法有以下两种。

(1) 老七种工具，即排列图、因果图、分层法、调查表、散步图、直方图、控制图。

(2) 新七种工具，即关联图、系统图、矩阵图、KJ 法、计划评审技术、PDPC 法、矩阵数据图。下面重点说明 KJ 法和 PDPC 法。

KJ 法又称 A 型图解法、亲和图法，它的创始人是东京工业大学教授川喜田二郎，KJ 是他的姓名的英文 Jiro Kawakita 的缩写。KJ 法将未知的问题、未曾接触过领域的问题的相关事实、意见或设想之类的语言文字资料收集起来，并利用其内在的相互关系作成归类合并图，以便从复杂的现象中整理出思路，抓住实质，从而找出解决问题的途径。

PDPC 法是英文原名 Process Decision Program Chart 的缩写，中文称之为过程决策程序图。PDPC 法是针对为了达成目标的计划，尽量导向预期理想状态的一种手法。该方法在制订计划阶段或进行系统设计时，事先预测可能发生的障碍(不理想事态或结果)，从而设计出一系列对策措施以最大的可能引向最终目标(达到理想结果)。该法可用于防止重大事故的发生，因此也称之为重大事故预测图法。

4. 过程改进

数据分析是质量管理体系的基础。组织的管理者应通过对以下问题的分析来评估其有效性：

(1) 提供决策的信息是否充分、可信，是否存在因信息不足、失准、滞后而导致决策失误的问题；

(2) 信息对持续改进质量管理体系、过程、产品所发挥的作用是否与期望值一致，是否在产品实现过程中有效运用数据分析；

(3) 收集数据的目的是否明确，收集的数据是否真实和充分，信息渠道是否畅通；

(4) 数据分析方法是否合理，是否将风险控制在可接受的范围内；

(5) 数据分析所需资源是否得到保障。

3.5.3 大数据分析方法

数据分析是指用适当的统计分析方法对收集来的大量数据进行分析，再将它们加以汇总和理解并消化，以求最大化地开发数据的功能，发挥数据的作用。数据分析是为了提取有用信息和形成结论而对数据加以详细研究和概括总结的过程。数据也称观测值，是实验、测量、观察、调查等的结果。数据分析中所处理的数据分为定性数据和定量数据。只能归入某一类而不能用数值进行测度的数据称为定性数据。定性数据中表现为类别但不区分顺序的是定类数据，如性别、品牌等；定性数据中表现为类别但区分顺序的是定序数据，如年龄(老、中、青)、获奖等级(一等奖、二等奖、三等奖)等。

大数据分析的研究对象是大数据，它侧重于在海量数据中的分析挖掘出有用的信息。对应于大数据分析的两条技术路线其分析方法可分为两类：一是统计分析方法，另一个是数据挖掘方法。

1. 统计分析方法

统计分析方法有以下几种。

1) 描述性统计分析

描述性统计分析(Description Statistics)是通过图表或数学方法对数据资料进行整理、分析，并对数据的发布状态、数字特征和随机变量之间的关系进行估计和描述的方法。描述性统计分析分为集中趋势分析、离中趋势分析和相关分析。

集中趋势分析主要靠平均数、中数、众数等统计指标来表示数据的集中趋势。例如，测试班级的平均成绩是多少？是正偏分布还是负偏分布？

离中趋势分析主要靠全距、四分差、平均差、方差、标准差等统计指标来研究数据的离中趋势。例如，当想知道两个教学班的语文成绩哪个班级的成绩分布更分散时，可以用两个班级的四分差或百分点来比较。

相关分析是研究现象之间是否存在某种依存关系，并对具体依存关系的现象进行其相关方向及相关程度的研究。这种关系既可以包括两个数据之间的单一相关关系，如年龄与个人领域空间之间的关系，也包括多个数据之间的多重相关关系，如年龄、抑郁症发生率和个人领域空间之间的关系；既可以是A、B变量同时增大的正相关关系，也可以是A变量增大时B变量减少的负相关关系；还包括两变量同时变化的紧密程度——相关系数。实际上，相关关系唯一不研究的数据关系就是数据系统变化的内在根据，因果关系。

2) 回归分析

回归分析(Regression Analysis)是确定两种或两种以上变数间相互依赖的定量关系的一种统计分析方法。它是研究一个随机变量Y对另一个(X)或一组(X_1，X_2，…，X_k)变量的相依关系的统计分析方法，其应用十分广泛。回归分析按照涉及的自变量的多少，可分为一元回归分析和多元回归分析；按照自变量和因变量之间的关系类型，可分为线性回归分析和非线性回归分析。

3) 因子分析

因子分析(Factor Analysis)是指研究从变量群中提取共性因子的统计技术。其基本目的就是用少数几个因子去描述许多指标或因素之间的联系，再将比较密切相关的几个变量归在同一类中，每一类变量就成为一个因子，以较少的几个因子反映原资料的大部分信息，从而可以减少决策的困难。因此，因子分析中因子变量的数量远远少于原始变量的个数；因子变量并非原始变量的简单取舍，而是一种新的综合；因子变量之间没有线性关系；因子变量具有可解释性，可以最大限度地发挥专业分析的作用。

因子分析的方法约有10多种，如重心法、影像分析法，最大似然解、最小平方法、阿尔发抽因法和拉奥典型抽因法等。这些方法本质上大都属近似方法，是以相关系数矩阵为基础的，所不同的是相关系数矩阵对角线上的值。

4) 方差分析

方差分析(Analysis of Variance，ANOVA)又称“变异数分析”或“F检验”，是R. A. Fisher发明的用于两个及两个以上样本均数差别的显著性检验。由于各种因素的影响，研究所得的数据呈现波动状。造成波动的原因可分成两类：一类是不可控的随机因素，另一类是研究中施加的对结果形成影响的可控因素。方差分析是从观测变量的方差入手，研究诸多控制变量中哪些变量是对观测变量有显著影响的变量。

2. 数据挖掘方法

1) 分类和预测

分类是应用已知的一些属性数据去推测一个未知的离散型的属性数据，而这个被推测的属性数据的可取值是预先定义的。要很好地实现这种推测，就需要事先在已知的一些属性和未知的离散型属性之间建立一个有效的模型，即分类模型。可用于分类的算法有决策树、朴素贝叶斯分类、神经网络、Logistic 回归和支持向量机等。

预测也被称为回归，或统称为回归预测，是应用已知的一些属性数据去推测一个未知的连续型属性数据。为了很好地实现这种推测，也需要事先在已知的一些属性和未知的连续型属性之间建立一个有效的模型，即预测模型。用于预测的算法有神经网络、支持向量机和广义非线性模型等。

2) 关联规则

关联规则是在数据库和数据挖掘领域中被发明并广泛研究的一种重要模型，关联规则分析的主要目的是找出数据集中的频繁模式，即多次重复出现的模式和并发关系。

应用关联规则最经典的案例是购物篮分析，通过分析顾客购物篮中商品之间的关联，可以挖掘顾客的购物习惯，从而帮助零售商更好地制订有针对性的营销策略。

关联规则算法不但在数值型数据集的分析中有很重要的用途，而且在纯文本文档和网页文件中也有重要用途。比如发现单词之间的并发关系及 Web 使用模式等。

3) 聚类

聚类分析指将物理或抽象对象的集合分组成为由类似的对象组成的多个类似的分析过程。聚类是将数据分类到不同的类或者簇的过程，所以同一个簇中的对象有很大的相似性，而不同的簇之间有很大的相异性。聚类分析是一种探索性的分析，在分类的过程中，人们不必事先给出一个分类的标准，聚类分析能够从样本数据出发，自动进行分类。由于聚类分析所使用方法的不同，常常会得到不同的结论。因此，不同研究者对于同一组数据进行聚类分析所得到的聚类数也未必一致。

3. 统计分析和数据挖掘的联系与区别

1) 统计分析和数据挖掘的联系

从两者的理论来源来看，它们都源于统计基础理论，因此它们的许多方法在很多情况下都是同根同源的。比如，概率论和随机事件是统计学的核心理论之一，统计分析中的抽样估计需要应用该理论，而使用数据挖掘技术的贝叶斯分类也是这些统计理论的发展和延伸。

2) 统计分析和数据挖掘的区别

普遍的观点认为数据挖掘是统计分析技术的延伸和发展，如果一定要将二者加以区分，它们又有哪些区别呢？

统计分析的基础之一是概率论。在对数据进行统计分析时，分析人员常常需要对数据分布和变量间的关系做假设，确定用什么概率函数来描述变量间的关系，以及如何检验参数的统计显著性；但是在数据挖掘的应用中，分析人员不需要对数据分布做任何假设，数据挖掘的算法会自动寻找变量间的关系。因此，相对于海量、杂乱的数据，数据挖掘技术有明显的应用优势。

虽然统计分析与数据挖掘有区别，但在实际应用中，我们不应该将两者硬性地割裂开来，其实它们也无法割裂。在实际应用中，通常的思路是针对具体的业务分析需求，先确定分析思路，然后根据这个分析思路去挑选和匹配合适的分析算法、分析技术，而且一个具体的分析需求一般会有两个以上不同的思路和算法可以去探索，最后可根据验证的效果和资源匹配等一系列的因素来进行综合权衡，从而决定最终的思路、算法和解决方案。

小知识

编程范式(Programming Paradigm)指的是计算机编程的基本风格或典范模式。借用哲学的术语，如果说每个编程者都在创造虚拟世界，那么编程范式就是他们置身其中采用的世界观和方法论。编程范式是抽象的，我们必须通过具体的编程语言来体现。它代表的世界观往往体现在语言的核心概念中，代表的方法论往往体现在语言的表达机制中。一种范式可以在不同的语言中实现，一种语言也可以同时支持多种范式。比如，PHP可以面向过程编程，也可以面向对象编程。任何语言在设计时都会倾向某些范式，同时回避某些范式，由此形成了不同的语法特征和语言风格。常用的编程范式包括过程化(命令式)编程、事件驱动编程、面向对象编程和函数式编程。

· 过程化编程，也被称为命令式编程。它是最原始的、也是我们最熟悉的一种传统的编程方式之一。从本质上讲，它是“冯·诺伊曼机”运行机制的一种抽象，其编程思维方式源于计算机指令的顺序排列。也就是说，过程化语言模拟的是计算机机器的系统结构，而并不是基于语言的使用者的个人能力和倾向。比如我们最早曾经使用过的单片机的汇编语言。

· 事件驱动编程：在图形用户界面(GUI)出现很久前就已经被应用于程序设计中，只是当图形用户界面广泛流行时，它才逐渐演变为一种广泛使用的程序设计范式。在过程化的程序设计中，代码本身就给出了程序执行的顺序，只是执行顺序可能会受到程序输入数据的影响。在事件驱动的程序设计中，程序中的许多部分可能在完全不可预料的时刻被执行。这些程序的执行往往是由用户与正在执行的程序的互动激发所致。

· 面向对象编程：面向对象编程以对象为基本要素，面向对象的程序设计包括了三个基本概念：封装性、继承性、多态性。通过类、方法、对象和消息传递来支持面向对象的程序设计范式。

· 函数式编程：将电脑运算视为函数的计算。其最重要的基础是λ演算(lambda calculus)。λ演算的函数可以接收函数当作输入(参数)和输出(返回值)。函数式编程强调函数的计算比指令的执行重要，强调函数的计算可随时调用。

数据分析示例

3.6 大数据可视化技术

大数据可视化这种新的视觉表达形式是应信息社会蓬勃发展而出现的。因为我们不仅要呈现真实世界，更要通过这种呈现来处理更庞大的数据，理解各种各样的数据集，表现多维数据之间的关联。大数据可视化既涉及科学也涉及设计，它的艺术性实际上是使用独特方法展示大千世界的某个局部。大数据可视化是位于科学、设计和艺术三学科的交叉领域，在各个应用领域蕴含无限的可能性。

本节首先从数据可视化简史和功能角度出发，对大数据可视化技术的基本概念、可视化流程、可视化编码和可视化设计进行简要介绍。然后，介绍一些大数据可视化的应用领域，包括文本可视化、社交网络可视化、日志数据可视化、地理信息可视化和数据可视化交互等应用。最后，介绍大数据可视化的一些软件和工具。

3.6.1　大数据可视化技术概述

众所周知，我们在描述日常行为、行踪、喜欢做的事情等时，这些无法量化的数据量是大得惊人的。很多人说大数据是由数字组成的，而有些时候数字是很难看懂的。大数据可视化可以让我们与数据交互，其超越了传统意义上的数据分析。大数据可视化给我们的生活带来了向这个世界展示的机会，让人们对枯燥的数字产生了兴趣。下面介绍数据可视化的简史、功能以及大数据可视化的简介。

1. 数据可视化简史

数据可视化发展史与人类现代文明的启蒙以及测量、绘图等科技发展一脉相承。在地图、科学计算、统计图表和工程制图等领域，数据可视化的技术已经发展应用了数百年。

16 世纪的时候，人类已经开发了能够精确观测的物理仪器和设备，同时开始手工制作可视化图表。图表萌芽的标志是几何图表和地图的生成，其目的是展示一些重要的信息。17 世纪最重要的科技进展是物理基本量测量理论和仪器的完善。它们被广泛应用于测绘、制图、国土勘探和天文领域。同时制图学理论、真实测量数据等技术的发展也加速了人类对可视化的新思考。

进入 18 世纪，制图学家不再满足仅仅在地图上展现几何信息，他们发明了新的图形形式和其他物理信息的概念图。这个时期是统计图形学的繁荣时期，陆续出现了折线图、柱状图、显示整体与局部关系的饼状图和圆图等。

19 世纪是统计图形的黄金时期，包括柱状图、饼图、直方图、折线图、时间线、轮廓线等统计图形和概念图得到迅猛发展。最著名的是法国人 Charles Joseph Minard 于 1869 年发布的描述 1812～1813 年拿破仑进军俄国首都莫斯科大败而归的历史事件的流图。

20 世纪前半段，统计图形的主流化使得数据可视化在商业、政府、航空、生物等领域提供了新的发现机会。心理学和多维数据可视化的加入是这个时期的重要特点。1967 年，法国人 Jacques Berlin 写的《图形符号学》一书描述了关于图形设计的框架。这套理论奠定了数据可视化的理论基础。20 世纪 70 年代以后，随着计算机技术的发展，人们处理数据从简单统计数据发展成更大规模的文本、网络、数据库、层次等非结构化数据和高维数据。大数据的计算分析开始走上历史舞台，这也对数据分析和大数据可视化提出了更高的要求。这个时期，非几何数据如金融交易、社交网络、文本数据、地理信息等大量产生，促生了多维、时变、非结构信息的大数据可视化需求。大量研究与应用都指向数据可视化交互功能。

进入 21 世纪，原有的数据可视化技术已经难以应对海量、高维、多源、动态数据的分析挑战，我们需要综合数据可视化、计算机图形学、数据挖掘等理论与方法，研究新的理论模型、可视化方法和交互方法，辅助用户在大数据或不完整数据环境下快速挖掘有用的信息以便做出有效决策，这就产生了可视分析学这一新兴学科。可视分析的基础理论和方法正在形成的过程中，需要大量研究人员进行深入探讨，而实际的应用也在迅速发展中。

2. 数据可视化的功能

从应用的角度来看，数据可视化有多个目标：有效地呈现重要特征、揭示数据的客观规律、辅助理解事物概念、对测量进行质量监控等。从宏观的角度分析，数据可视化具有如下的三个功能。

(1) 信息记录。

将大规模的数据记录下来，最有效的方式就是将信息成像或采用草图记载。不仅如此，可视化呈现还能激发人的洞察力，帮助人们验证科学假设。20 世纪的三大发现之一——DNA 分子结构就起源于对 DNA 结构的 X 射线衍射照片的分析。

(2) 信息分析与推理。

将信息以可视化的方式呈献给用户，使得用户可以从可视化结果分析和推理出有效的信息，提高认识信息的效率。数据可视化在对上下文的理解和数据推理中有独到的作用。19 世纪欧洲霍乱大流行的时候，英国医生 John Snow 绘制了一张伦敦的街区地图，如图 3-16 所示，该图标记了每个水井的位置和霍乱致死的病例地点。该图清晰显示有 73 个病例集中分布在布拉德街的水井附近，这就是著名的伦敦鬼图。在拆除布拉德街水井摇把之后不久，霍乱就平息了。

图 3-16　伦敦鬼图

(3) 信息传播与协同。

视觉感知是人类最主要的信息通道，人靠视觉获取了 70%以上的信息。俗话说的“一图胜千言”或“百闻不如一见”就是这个意思。将复杂信息传播与发布给公众的最有效途径就是将数据进行可视化，达到信息共享、信息协作、信息修正和信息过滤等目的。

3. 大数据可视化简介

在大数据时代，人们不仅处理着海量的数据，同时还要对这些海量数据进行加工、传播、分析和分享。实现这些目标最好的方法就是大数据可视化。大数据可视化让数据变得更加可信、直观和具有美感。它就像文学家写出的诗歌里的美妙的文字一般，为不同的用户讲述各种各样的故事。

人们常见的那些柱状图、饼状图、直方图、散点图、折线图等都是最基本的统计图表，也是数据可视化最常见和基础的应用。因为这些原始统计图表只能呈现数据的基本统计信息，所以当面对复杂或大规模结构化、半结构化和非结构化数据时候，数据可视化的设计与编码就要复杂得多。因此，大数据可视化可以理解为数据更加庞大、结构更加复杂的数据可视化。大数据可视化侧重于发现数据中蕴含的规律特征，其表现形式也多种多样。所以在数据海量增加的背景下，大数据可视化将推动大数据技术实现更为广泛的应用。

从大数据可视化呈现形式来划分，大数据可视化的表达主要有下面几个方面。

(1) 指标的可视化。

数据可视化的核心是对原始数据采用什么样的可视化元素来表达。在大数据可视化过程中，采用可视化元素的方式将指标可视化，会使可视化的效果增彩很多。

(2) 数据关系的可视化。

数据关系往往也是大数据可视化核心表达的主题宗旨。图 3-17 是对自然科学领域 1431 种杂志的文章之间的 217 287 个相互引用关系网络的聚类可视化结果。所有的 1431 个节点被分割聚合为 54 个模块，每个模块节点是一个聚类，而模块的大小则与聚类中原来节点的数目相对应。

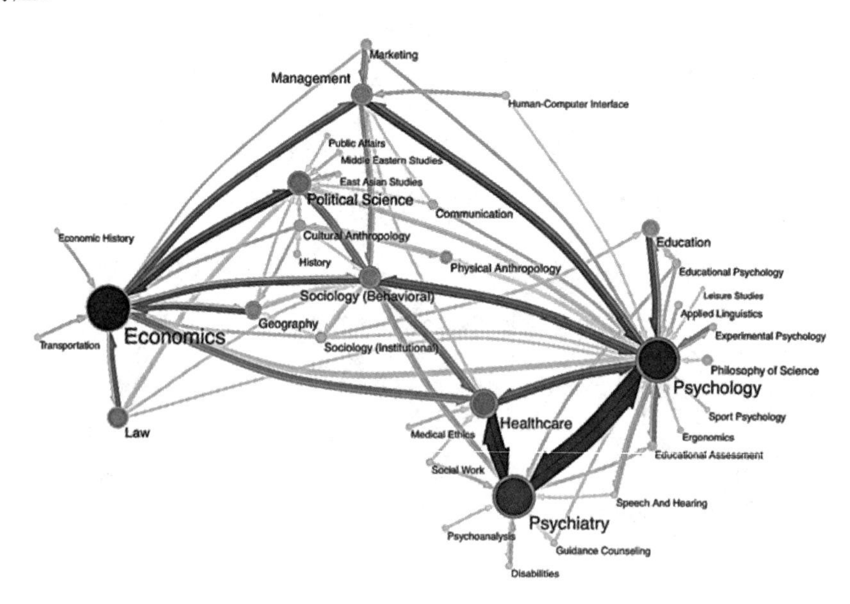

图 3-17　自然科学领域的 1431 种杂志互相引用关系的聚类可视化

(3) 背景数据的可视化。

很多时候光有原始数据是不够的，因为数据没有价值，而信息才有价值。设计师马特·罗宾森和汤姆·维格勒沃斯用不同的圆珠笔和字体写“Sample”这个单词。因为不同字体使用墨水量不同，所以每支笔所剩的墨水也不同。在马特·罗宾森和汤姆·维格勒沃斯的字体测量图中不再需要标注坐标系，因为不同的笔及其墨水含量已经包含了这个信息。

(4) 转换成便于接受的形式。

大数据可视化完成基本功能后可能还需要优化。优化包括按照人的接收模式、习惯和能力，甚至还需要考虑显示设备的能力，然后进行综合改进，这样才能更好地达到被接受的效果。

(5) 强化。

大数据可视化必须要采用强化。因为是大数据很多时候使得数据、信息、符号对于接受者而言是过载的，导致结果无法分辨，这时我们就需要在原来的可视化结果的基础上再进行强化。

(6) 修饰。

修饰是为了让可视化的细节更为精准甚至优美，比较典型的工作包括设置标题，表明数据来源，对过长的可视化元素进行缩略处理，进行表格线的颜色设置，对各种字体、图素粗细、颜色进行设置等。

(7) 完美风格化。

所谓风格化，就是标准化基础上的特色化，最典型的做法如增加企业、个人的LOGO，让人们知道这个可视化产品属于哪个企业、哪个人。而要做到真正完美的风格化还需要很多不同的操作。例如布局、颜色、图标、标注、线型，甚至动画的持续时间、过渡等方面，从而让人们更直观地理解和接受。

3.6.2 大数据可视化技术基础

尽管不同的应用领域的数据可视化将面对不同的数据，面对不同的挑战，但数据可视化的基本步骤、体系和流程是相同的。本节首先简要地介绍数据可视化的基本流程和步骤，再阐述数据可视化编码和设计的基本理论。

1. 数据可视化流程

数据可视化不是一个单独的算法，而是由多个算法集成的一个流程。除了基本的视觉映射以外，还需要设计并实现其他关键环节。例如，对前端的数据采集和处理，后端的用户交互。这些环节是解决实际可视化问题中必不可少的，并且直接影响可视化呈现的效果。

数据可视化流程一般以数据流向为主线，主要分为数据采集、数据处理、可视化映射和用户感知这四大模块。整个数据可视化流程可以看成数据流经过一系列处理模块并得到转换的过程。用户可以通过可视化交互与其他模块进行互动，通过向前面模块反馈而提高数据可视化的效果。具体的数据可视化流程有很多种，图3-18是一个数据可视化流程的概念模型。

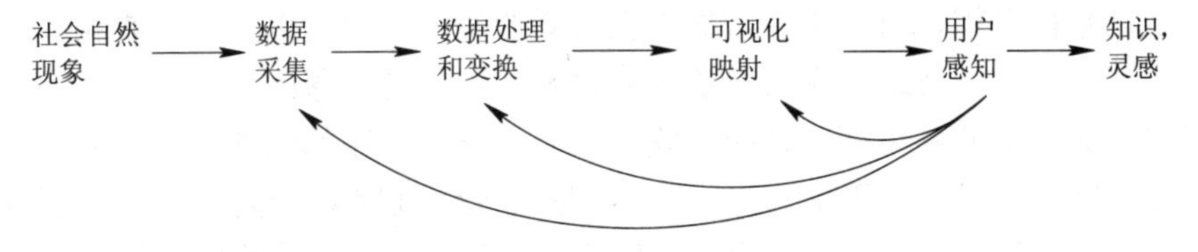

图3-18 数据可视化流程的概念模型

1) 数据采集

大数据是大数据可视化操作的对象。数据可以通过调查记录、仪器采样和计算模拟等方式进行采集。数据采集的方式直接决定了数据的类型、维度、大小、格式、精确度和分辨率等重要性质，而且在很大程度上决定了数据可视化的呈现效果。只有了解数据的来源、采集方法和数据属性，才能有的放矢地解决问题并形成完善的可视化解决方案。例如，在医学图像可视化中，了解 CT 和 MRI 数据成像原理、数据来源和信噪比有助于设计更有效的可视化方法。

2) 数据处理和变换

数据处理和变换一般被认为是数据可视化流程中的前期处理。因为原始数据在采集完成后不可避免地含有误差和噪声，并且数据的特征和模式也可能被隐藏。而数据可视化需要将用户难以理解的原始数据变换成用户容易理解的模式或特征并呈现出来。这个过程包括滤波、去噪、数据清洗和特征提取等，为后面进行可视化映射做准备。

随着科学技术、工程技术和社会经济的高速发展，无论是仪器采集、调查记录还是计算机模拟产生的数据都越来越有海量、高维、高分辨率和高精度的趋势，对原始数据直接进行数据可视化不仅可能超出了计算机系统的处理器和内存的极限，也超出了人类感知的极限。从数据可视化的角度来看，信息也并非越多越好。只有通过数据处理和变换使数据简化，才能使用户从数据中获得有用的知识和灵感。

数据处理和变换的应用范围十分广泛。计算机科学和数学领域中的很多学科都涉及数据处理和变换。例如，计算机科学领域的数据挖掘、机器学习、模式识别和计算机视觉都属于利用人工智能分析理解数据的学科，它们采用诸如聚类、统计、滤波和贝叶斯分析等方法进行数据处理和变换。数据可视化与这些学科的区别在于，数据可视化更加注重发掘人类的视觉以及其他感知能力、直觉、顿悟和经验来分析数据。

3) 可视化映射

可视化映射是整个数据可视化流程中的核心。该步骤将数据的类型、数值、空间坐标、不同位置数据间的联系等映射成可视化通道中诸如位置、标记、颜色、形状和大小等不同元素。这种映射的最终目的是让用户通过数据可视化观察数据和数据背后隐含的规律和现象。因此，可视化映射并不是一个孤立的过程，而是和数据、感知、心理学、人机交互等方面相互依托，共同实现的。

4) 用户感知

用户感知是从数据可视化结果中提取信息、灵感和知识。可以说数据可视化与其他数据分析处理方法最大的不同就是用户起到的关键作用。可视化映射后的结果只有通过用户感知才能转换成知识和灵感。用户进行可视化的目标任务主要有三种：生成假设、验证假设和视觉呈现。数据可视化可用于在数据中探索新的假设，也可以用于证实相关假设与数据是否吻合，还可以用于帮助专家向公众展示数据中隐含的信息。

数据可视化流程中的各个模块之间的联系并不是依照顺序的线性联系，而是任意两个模块之间都存在联系。例如，可视化交互是在数据可视化过程中，用户控制修改数据采集、数据处理和变换、可视化映射各模块而产生新的可视化结果并反馈给用户的过程。

2. 数据可视化编码

数据可视化编码(Visual Encoding)是数据可视化的核心内容。它指将数据信息映射成可视化元素，映射结果通常具有表达直观、易于理解和记忆等特性。可视化元素由可视化空间、标记和视觉通道等三方面组成。

1) 标记和视觉通道

数据的组织方式通常是属性和值。与之对应的可视化元素就是标记和视觉通道。其中，标记是数据属性到可视化元素的映射，用以直观地表示数据的属性归类；视觉通道是数据属性的值到标记的视觉呈现参数的映射，用于展现数据属性的定量信息。两者的结合可以完整地将数据信息进行可视化表达，从而完成可视化编码这一过程。

高效的数据可视化可以使用户在较短的时间内从原始数据中获取更多、更完整的信息，而其设计的关键因素是标记和视觉通道的合理运用。标记通常是一些几何图形元素，如点、线、面、体等。视觉通道用于控制标记的视觉特征，可用的视觉通道通常包括标记的位置、大小、形状、颜色、方向、色调、饱和度、亮度等。

标记的选择通常基于人们对于事物理解的直觉。然而，不同的视觉通道在表达信息的作用和能力方面可能具有截然不同的特性。为了更好地分析视觉通道编码数据信息的潜能并用以完成数据可视化的任务，可视化设计人员首先必须了解和掌握每个视觉通道的特性以及它们可能存在的相互影响。

2) 可视化编码元素的优先级

在设计数据可视化方法时有很多选择。例如，在对地图上的温度场或气压场数据进行可视化时，可以选择颜色、线段的长度或圆形的面积等多种可视化元素。

数据可视化的有效性取决于用户的感知。Cleveland等研究人员发现，当数据映射为不同的可视化元素时，人们对不同可视化元素的感知准确性是不同的。尽管不同用户的感知能力会有一定的差别，但是仍然可以假设大多数人对可视化元素的感知有规律可循。

数据可视化的对象不仅包含数值型数据，也包括非数值型数据。对于数值型、有序型和类别型三种类型的数据来说，人们对可视化元素中的位置分辨都是最准确的。

3) 统计图表的可视化

在数据可视化的发展历史中，从统计学中发展起来的统计图表起源最早，其应用广泛，而且它是很多大数据可视化方法发展的起点和灵感来源。常用的一些统计图表有如下几种。

(1) 柱状图：由一系列高度不等的纵向长方形条纹组成，表示不同条件下数据的分布情况的统计报告图。长方形条纹的长度表示相应变量的数量、价值等。柱状图常用于较小的数据及分析。

(2) 直方图：对数据集的某个数据属性的频率统计图。直方图可以直观地呈现数据的分布、离群值和数据分布模态。长方块宽度的选择是否合适决定了直方图的呈现质量。

(3) 饼图：用圆形以及圆内扇形面积表示数值大小的图形，用于表示总体中各组成部分所占的比例。饼图要求各部分所占比例之和等于1。

(4) 散点图：一种以笛卡尔坐标系中点的形式表示二维数据的方法。每个点的横坐标、纵坐标代表该数据在该坐标轴所表示维度上的属性值大小。散点图在一定程度上表达了两个变量之间的关系，其不足之处是难以从图上获得每个数据点的信息，但是结合图标等手段可以在散点图上展示部分信息。

(5) 等值线图：利用相等数值的数据点的连线来表示数据的连续分布和变化规律。等值线图中的曲线是空间中具有相同数值的数据点在平面上的投影。典型的等值线图有平面地图上的地形等高线、等温线、等湿线等。

(6) 热力图：使用不同的颜色来表达位置相关的二维数据的数值大小。这些数据常以矩阵或方格形式整齐排列，或者在地图上按照一定的位置关系排列，由每个数据点的颜色来反映数值的大小。

(7) 走势图：是一种紧凑简洁的时序数据趋势表达方式，常以折线图为基础，经常直接嵌入文本或表格中。由于尺寸受限，走势图无法表达太多的细节信息。

(8) 风杆图：是风速和风向的一种表现形式，主要由气象学家使用。理论上讲，它们可以被用来可视化任何类型的二维向量。它们和箭头类似，但不同的是我们通过箭头的长度表示向量的大小，而风杆图则是通过直线或者三角形作为大小增量，提供了更多关于向量大小的信息。

(9) 颜色映射图：是一种在三变量数据可视化中应用较广的技术，可以应用于不同的任务和不同类型的数据集，主要用于强调某些用肉眼难以区别差异的数据区域。例如，可以用颜色映射图中的颜色代表中国各个省市自治区的男性或女性楼房销售人员的售房情况。

根据不同的数据可视化分析需求可以归纳出可采用的基本统计图表可视化方法，如图 3-19 所示。

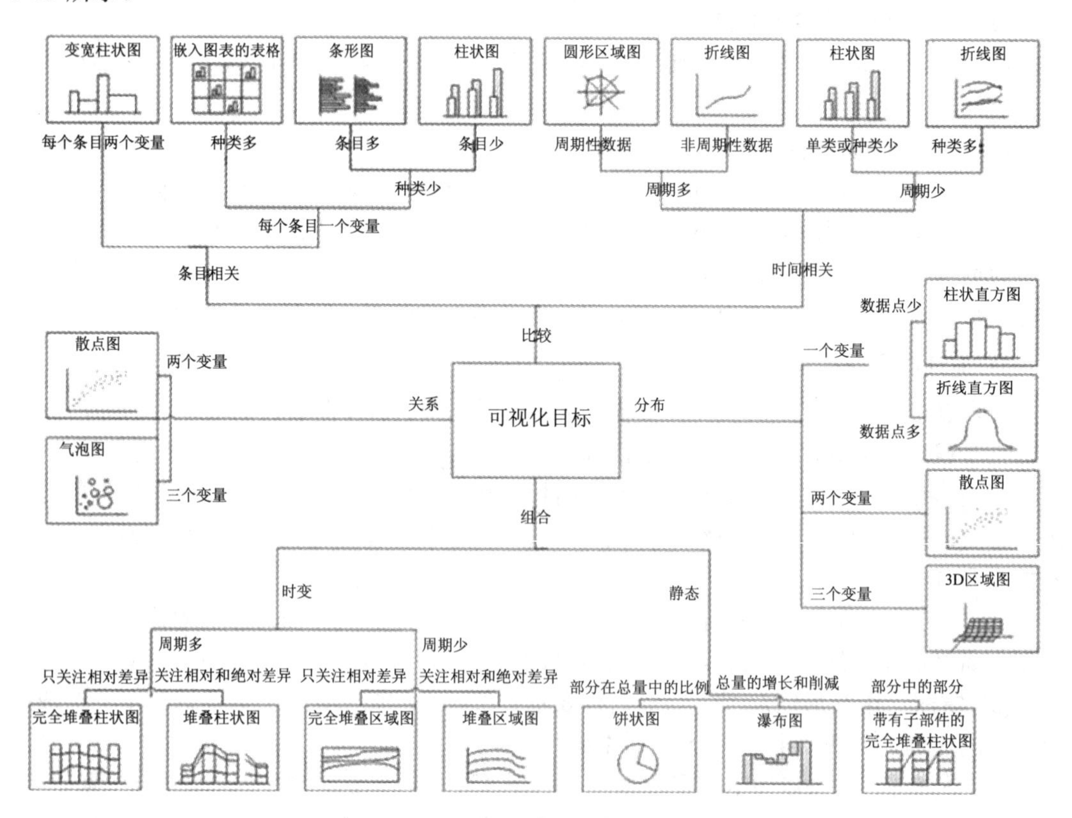

图 3-19　不同可视化分析需求可采用的基本统计图表可视化方法

3. 数据可视化设计

1) 数据可视化设计标准

在进行数据可视化设计时，有适合大多数可视化设计的标准可以帮助设计者实现不同风格可视化设计以及寻求最佳设计的目标。下面列出常见的一部分标准。

(1) 真实性：数据可视化的目的是反映的数值、特征和模式等。能否真实全面地反映数据的内容是衡量数据可视化设计最重要的标准。由于可视化交互也是很多数据可视化设计不可分割的部分，因此也应该把用户在可视化交互中获得的信息考虑在内。

(2) 有效性：代表用户对可视化显示信息的理解效率。一个有效的数据可视化是利用合适的可视化元素组合，在短时间内把数据信息以用户容易理解的方式显示出来。用户理解显示信息的时间越短，其有效性就越高。

(3) 简洁性：在数据可视化中，我们可以把简洁这个思想理解为用最简单的可视化方法表达需要显示的信息。简洁的数据可视化一般都具有这样一些优点：在有限的空间里能表达更多的数据；易于理解；不容易产生误解。

(4) 易用性：数据可视化与其他很多计算机数据分析和处理的学科不同，它需要用户作为分析理解数据的主体进行可视化交互和反馈。因此，易用性是数据可视化设计中需要考虑的因素。首先，用户交互的方式应该自然简单明了。其次，在进行数据可视化设计时还要考虑在不同平台上的安装和运行。

(5) 美感：数据可视化设计的侧重点虽然不是视觉美感，但视觉上的美感可以让用户更易于理解可视化表达的内容，更专注于对数据的考察和度量，从而提高数据可视化的效率。在可视化中颜色是使用最广泛的视觉通道，也是经常被过度或错误使用的重要视觉参数。使用了错误的颜色映射或使用过多的颜色表示大量数据属性都可能使数据可视化的美感丧失，甚至导致视觉混乱。

2) 数据可视化设计的步骤

(1) 确定数据到图形元素和视觉通道的映射；

(2) 选择视图与设计用户交互控制；

(3) 数据筛选，即确定在有限的可视化视图空间中选择适量的信息进行编码，以避免在数据量很大的情况下产生视觉混乱。

3) 数据可视化设计的直观性

在选择合适的可视化元素(如标记和视觉通道)进行数据映射的时候，设计者首先要考虑的是数据的语义和可视化用户对象的个性特征。一般来说，数据可视化的一个重要核心作用是使用户在最短的时间内获取数据的整体信息和大部分的细节信息，这是直接阅读数据无法完成的。并且，如果数据可视化的设计者能够预测用户在使用可视化结果时的行为和期望，并用其指导自己的数据可视化设计的过程，这在一定程度上促进了用户对可视化结果的理解，从而提高数据可视化设计的可用性和功能性。

从数据到可视化元素的映射需要人们充分利用已有的先验知识，从而降低了人们对信息的感知和认识所需要的时间。用户在观察没有任何标注的坐标轴上的点时，会既不知道每个点的具体数值，也不知道该点所代表的具体含义。常规的做法是给坐标轴标记尺度，再给相应的点标记一个标签以显示该数据的值，最后给整个可视化赋以一个简单明了的标题。另外，设计者可通过在水平和竖直方向加均匀网格线来提高用户对可视化中点的数值进行比较时的精度。

3.6.3 大数据可视化应用

在数字信息时代，大数据可视化技术在时空数据、地理空间数据、网络数据、跨媒体数据等领域都有着广泛的应用。综合多种传播媒体获取和理解信息已经成为信息传播的发展潮流。多媒体是指组合两种或两种以上媒体的一种人机交互式信息交流和传播媒体。跨媒体则强调信息在不同媒体之间的分布和关联。

1. 文本数据可视化

文本作为人类信息交流的主要载体之一，对其进行可视化能有效地帮助人们快速理解和获取其中蕴含的信息。近年来社交网络发展迅速，其用户数量猛增，而文本是人类信息交流的主要传播媒体之一。文本信息在人们日常生活中几乎无处不在，如新闻、邮件、微博、小说和书籍等。

文本可视化是大数据可视化研究的主要内容之一，它是指人们对文本信息进行分析，抽取其中的特征信息，并将这些信息以易于感知的图形或图像方式进行展示。

文本处理是文本可视化流程的基础步骤，其主要任务是根据用户需求对原始文本资源中的特征信息进行分析，例如提取关键词或主题等。对文本原始数据进行处理主要包括三个基本步骤：文本数据预处理、特征抽取以及特征度量。对文本原始数据进行预处理的目的是去除原始数据中一些无用或冗余的信息，常用分词技术与词干提取等方法。然后还要对文本进行净化处理，抽取可代表整个文档的特征信息。

下面从文本的模式或结构、文档的主题或主题分布、文本中的关联等特征方面阐述一些文本数据可视化的经典案例和应用。

1) 标签云

标签云(Tag Cloud)又称文本云(Text Cloud)或单词云，是一种最直观、最常见的对文本关键字进行可视化的方法。标签云一般使用字体的大小与颜色对关键字的重要性进行编码。权重越大的关键字的字体越大，颜色越显著。除了字体大小与颜色，关键字的布局也是标签云可视化方法中一个重要的编码维度。

2) 小说视图

小说视图(Novel Views)方法是使用简单的图形将小说中的主要人物在小说中的分布情况进行可视化。在纵轴上，每个小说人物按照首次出现的顺序从上至下排列；横轴分成几个大块表示整套书中的一卷，每一卷中用灰色线段表示一本书，小矩形表示每个章节；矩形高度表示相应的人物在该章节出现的次数；矩形的颜色编码表示章节的感情色彩。例如，用红色表示消极，用蓝色表示积极。

3) 主题山地

主题山地(Theme Scapes)方法使用了抽象的三维山地景观视图隐喻文档集合中各个文档主题的分布，其中高度和颜色用来编码与主题相似的文档的密度。每个文档被映射成视图中的点，点在视图中的距离与文档主题之间的相似性呈正比例关系。点密度分布越大，表明属于该类主题的文档数量越多，其高度越高。将文档密度相同的主题用等高线进行划分和标记，方便用户比较文档集合中各个主题的数量。

4) 主题河流

主题河流(Theme River)是用于时序型文本数据可视化的经典方法。时序型文本通常是指具有内在顺序的文档集合，例如，一段时间内的新闻报道、一套丛书等。由于时间轴是时序型文本的重要属性，因此需要重点考虑时间轴的表示及可视化。

2. 日志数据可视化

日志数据可以理解为一种记录所观察对象的行为信息的数据。日志数据的来源多种多样，例如电子商务网站的海量交易记录、银行系统的财务记录、集群网络产生的大量系统日志数据、GPS 和移动通信设备记录的记录等。下面根据可视化数据来源的差异，阐述一些日志数据可视化的经典案例和应用。

1) 商业交易数据可视化

淘宝、京东、亚马逊等电子商务交易平台每时每刻产生用户购买商品的交易信息。这些信息包括用户登记的姓名、年龄、职业、邮寄地址、累计花销、成交商品、成交金额及成交时间等属性。这些个人信息与交易记录具有巨大的数据分析价值。对商业交易数据进行可视化可以直观形象地展示数据，可以提高数据分析和数据挖掘效率，从而带来可观的经济和社会效益。

2) 用户点击流可视化

用户在网页上的点击流记录了用户在网页上每一次的点击动作，用户点击流可用于分析用户在线行为模式、高频点击流序列和特定行为模式等的统计特征。

3. 社交网络数据可视化

社交网络是指基于互联网的人与人之间相互联系、信息沟通和互动娱乐的运作平台。Facebook、Twitter、微信、新浪微博、人人网、豆瓣等都是当前普及的社交网站。基于这些社交网站提供的服务建立起来的虚拟化的网络就是社交网络。社交网络是一个网络型结构，由节点和节点之间连接而组成。

社交网络数据可视化着重于展示社交网络的结构，即体现社交网络中参与者和他们之间的拓扑关系结构，常用于结构化可视化的方法是节点链接图。其中，节点表示社交网络的参与者，节点之间的链接表示两个参与者之间的某一种联系，包括朋友关系、亲属关系、关注或转发关系、共同的兴趣爱好等。通过对边和节点的合理布局可以反映出社交网络中的聚类、社区、潜在模式等。

社交网络中用户的行为具有时间信息，将时间信息作为属性融入社交网络的可视化还可以反映社交网络的动态变化情况。而基于微博参与者位置信息的可视化对分析不同地区差异、梳理交通等有重要价值。

4. 地理信息可视化

地理信息包含地球表面、地上、地下的所有与地理有关的信息。由于人类活动的主要空间是地球，因此，很多工程实践、社会活动和科学研究所产生的数据都含有地理信息。

对这些地理数据进行采集、描述、储存、运算、管理、分析和可视化的系统称为地理信息系统(GIS)。地理信息数据的可视化是 GIS 的核心功能，在日常生活中的应用十分广泛，例如高德地图、凯立德地图、GPS 导航、用户手机信息跟踪、汽车轨迹查询等。

1) 点地图

可视化点数据的基本手段是通过在地图的相应位置摆放标记或改变该点的颜色，形成的结果称为点地图。点地图不仅可以表现数据的位置，也可以根据数据的某种变量来调整可视化元素的大小，例如，调整圆圈和方块的大小或者矩形的高度。由于人眼视觉并不能精确地判断可视化标记的尺寸所表达的数值，点地图的一个关键问题就是如何表现可视化元素的大小。如果采用颜色表达定量的信息，还需考虑颜色感知方面的因素。

2) 网络地图

网络地图是一种以地图为定义域的网络结构，网络中的线段表达数据中的链接关系与特征。在网络地图中，线段端点的经度和纬度用来定义线段的位置，其他空间属性可以映射成线段的颜色、纹理、宽度、填充以及标注等可视化的参数。除此之外，线段的起点与终点、不同线段的交点可以用来编码不同的数据变量。

3) 等值区间地图

等值区间地图法是一种最常用的区域地图方法。该方法假定地图上每个区域内的数据分布均匀，将区域内相应数据的统计值直接映射为该区域的颜色。每个区域的边界是封闭的曲线。等值区间地图可视化的重点是数据的归一化处理和颜色映射的方法。

5. 大数据可视化交互

大数据可视化帮助用户洞悉数据内涵的主要方式有两种：显示和交互。这两种方式互相补充并处于一个反馈的循环中。可视化显示是指数据经过处理和可视化映射转换成可视化元素后进行呈现。可视化交互是指将用户探索数据的意图传达到可视化系统中以改变可视化显示。

在数据可视化用户界面的设计中，可采取多种可视化交互方式，但其核心思路是先看全局，再放大并过滤信息，继而按要求提供细节。在实际设计中，这个模型是设计的起点，需要根据数据和任务进行补充和拓展。

1) 探索

可视化交互中的探索操作让用户主动寻找并调动可视化程序去寻找感兴趣的数据。探索过程中通常需要在可视化中加入新数据或去除不相关的数据。例如，在三维空间中可以由用户指定更多的数据细节，通过调整绘制的参数，包括视角方向、位置、大小和绘制细节程度等实现交互调节。

2) 简化或具体

面对超大规模的数据可视化需要先简化数据再进行显示。简化或具体的程度可以分成不同的等级。常用的简化或具体的方法有三种：第一种是通过用户交互改变数据的简化程度并且在不同的层次上显示，该方法是可视化交互中广泛应用的方法；第二种也是最直观的调整数据简化程度的方法，该方法可以对可视化视图进行放大或缩小操作；第三种方法是通过改变数据结构或者调整绘制方法来实现简化或具体操作。

3) 数据过滤

数据过滤可以选取满足某些性质和条件的数据，而滤除其他数据。在过滤交互过程中，除了现实的对象在改变外，可视化的其他元素(如视角和颜色)均保持不变。这种可视化交互方式既减少了显示上的重叠问题，又有利于用户有选择性地观察符合某一类有共同性质的数据。通过过滤这种数据可视化交互操作，使相关数据能够被更好地展现，也便于用户观察可视化结果中的图案。

3.6.4　大数据可视化软件和工具

如今，在大数据可视化方面，用户有大量的工具可供选用，但哪一种软件或工具最适合，这将取决于数据的类型以及可视化数据的目的。而最有可能的情形是将某些软件和工具结合起来。

大数据可视化软件一般可以分为科学可视化、可视分析和信息可视化三个领域。科学可视化领域包括地理信息、医学图像等有相应时空坐标的数据，如 VTK、3D Slicer 等。信息可视化应用领域包括文本、高维多变量数据、社交网络、日志数据和地理信息等大数据可视化等。可视分析软件主要注重分析大数据的规律和趋势。

大数据可视化软件可以分为开源软件和商务软件两种。很多大数据可视化软件最初来源于政府资助的科学研究项目，其没有商业目的。受计算机领域开源趋势的影响，这些软件将源代码公开并免费提供给用户使用，如 Python、R 语言和 VTK 等。还有一些商务可视化软件源代码是不公开的，针对用户会收取使用费，如 Tableau、Google Earth 等。

下面简单介绍大数据可视化方面几种有代表性的软件和工具。

1. VTK

VTK(Visualization Toolkit)是一个开源、免费、跨平台的软件系统，其主要用于三维计算机图形学、图像处理和数据可视化。它屏蔽了数据可视化开发过程中常用的算法，以 C++ 类库和众多的翻译接口层(Java、Python 类)的形式提供数据可视化开发功能。它以用户使用的方便性和灵活性为主要原则，具有如下的特点：

(1) VTK 具有绘制强大的三维图形和实现数据可视化的功能，支持三维数据场和网格可视化以及图形硬件加速。

(2) VTK 的体系结构使其具有很好的流处理和高速缓存能力，在处理大量的数据时不必考虑内存资源的限制，适合于大数据可视化场合。

(3) VTK 能够更好地支持基于网络的工具，如 Java，由于其具有设备无关性，所以使其代码具有良好的可移植性。

(4) VTK 既可以工作于 Windows 操作系统，又可以工作于 Unix 操作系统，极大地方便了用户。

(5) VTK 具有更丰富的数据类型，支持对多种数据类型进行处理。

(6) VTK 中定义了许多宏，这些宏极大地简化了编程工作并且加强了一致的对象行为。

(7) VTK 支持并行处理超大规模数据，最多可以处理 1 PB 以上的数据。

2. 3D Slicer

3D Slicer 是一个免费的、开源的、跨平台的医学图像分析和可视化软件，其广泛应用于科学研究和医学教育领域。3D Slicer 支持 Windows、Linux 和 Mac OSX 等操作系统，支持医学图像分割、数据配准等多项功能，具有如下特点：

(1) 3D Slicer 支持三维体数据、几何网格数据的交互式可视化。

(2) 3D Slicer 支持手动编辑、数据配准与融合以及图像的自动分割。

(3) 3D Slicer 支持 DICOM 图像和其他格式图像的读写。

(4) 3D Slicer 支持功能磁共振成像和弥散张量成像的分析和可视化，提供图像引导放射治疗分析和图像引导手术的功能。

3D Slicer 功能的实现全部基于开源工具包：QT 框架实现用户界面；VTK 实现数据可视化；ITK 实现图像处理；IGSTK 实现手术图像引导；MRML 实现数据管理；基于跨平台的自动化构建系统 CMake 实现平台编译。

3. Google Earth

Google Earth 是由 Google 公司开发的一款虚拟地球仪软件。其最新版本 Google Earth 6 针对桌面计算机系统推出了三种面向不同目标用户的版本：Google Earth、Google Earth 专业版和 Google Earth 企业版。Google Earth 向用户提供了查看卫星图像、三维树木、地形、三维建筑、街景视图、行星等不同数据的视图。其支持计算机、移动终端、浏览器等浏览应用。

4. Tableau

就数据可视化而言，Tableau 可以算是业内翘楚，它起源于美国斯坦福大学的科研成果，为 1 万多家企业级客户提供服务，包括 Facebook、eBay、Manpower、Pandora 及其他著名公司。跟微软公司不同，Tableau 并不销售生产能力应用、游戏机以及关系数据库，它提供的产品范围并不广，只销售数据可视化应用，但是其产品做得很出色。

如果你想对数据做更深入的分析而又不想编程，那么 Tableau 数据分析软件(也称商务智能展现工具)就很值得一看。例如，Tableau 能够生成绚丽的地图背景，并添加地图层和上下文，生成与用户数据相配的地图，用 Tableau 软件设计的基于可视化界面中，在你发现有趣的数据点想进行探索究竟时，可以方便地与数据进行交互。

Tableau 可以将各种图表整合成仪表板在线发布，但为此必须公开自己的数据，把数据上传到 Tableau 服务器。

5. Python

Python 是一款通用的编程语言，它原本并不是针对图形设计的，但还是被广泛地应用于数据处理分析和 Web 中。因此，如果你已经熟悉了这门语言，那么通过它来可视化探索数据就是合情合理的。尽管 Python 在可视化方面的支持并不是很全面，但还是可以从学习 Matplotlib 库和 NumPy 库入手，这是进行大数据可视化绘制和分析方面一个很好的尝试。

数据可视化示例 1

数据可视化示例 2

第4章 云 存 储

4.1 认识云存储

4.1.1 云存储的概念

2006年，Amazon就推出了Elastic Compute Cloud(EC2，弹性计算云)云存储产品，目的是在为用户提供互联网服务形式的同时提供更强的存储和计算功能。2008年，内容分发网络服务提供商CDNetworks和业界著名的云存储平台服务商Nirvanix发布了一项新的合作，并宣布结成战略伙伴关系，以提供业界目前唯一的云存储和内容传送服务集成平台。同年，EMC宣布加入道里可信基础架构项目，致力于云计算环境下关于信任和可靠度保证的全球研究协作，IBM也将云计算标准作为全球备份中心的3亿美元扩展方案的一部分。由此，云存储变得越来越热，大家众说纷“云”，而且各有各的说法，各有各的观点，那么到底什么是云存储呢?

云存储是在云计算概念的基础上延伸和发展出来的一个新概念，它是指通过集群应用、网格技术或分布式文件系统等功能，将网络中大量不同类型的存储设备通过应用软件集合起来协同工作，共同对外提供数据存储和业务访问功能的一个系统。当云计算系统运算和处理的核心是大量数据的存储和管理时，云计算系统中就需要配置大量的存储设备，云计算系统就转变成为一个云存储系统，所以云存储是一个以数据存储和管理为核心的云计算系统。

云存储服务模式改变了传统的存储方式，使得使用数据的企业不需要重复建设多个存储平台，不仅满足了海量信息存储的需要，同时还降低了企业的存储成本，受到用户的大力支持。与传统存储方式相比，云存储最突出的优势就是高扩展性，与传统存储空间扩展需通过建设存储平台相比，云存储只需要增加满足要求的存储设备即可，其成本更为低廉，操作也相对便捷。云存储服务主要是通过如下关键技术来实现：一是存储虚拟化技术，它将一定数量和规格的存储设备充分整合在一起，从而为用户提供相应的存储空间；二是存储空间扩展技术，这一技术极大地提高了云存储服务的可用性，能够满足用户的差异化存储需求；三是分布式存储技术，它通过处理海量的数据，并分散存储在不同的数据中心，能够提高数据的安全性；四是数据隔离和保护技术，它能够将不同的用户信息进行统一存储，但其隔离用户的信息访问，即用户之间的访问操作是独立的，从而保障了用户访问的私密性。

4.1.2 云存储的实现前提

1. 宽带网络的发展

真正的云存储系统将会是一个多区域分布、遍布全国甚至遍布全球的庞大公用系统，使用者需要通过 ADSL、DDN 等宽带接入设备来连接云存储。只有宽带网络得到充足的发展，使用者才有可能获得足够大的数据传输带宽，实现大容量数据的传输，真正享受到云存储服务。

2. Web 2.0 技术

Web 2.0 技术的核心是分享。只有使用Web 2.0技术，云存储的使用者才有可能通过 PC、手机、移动多媒体等多种设备实现数据、文档、图片、视频和音频等内容的集中存储和资料共享。

云存储的简易结构如图 4-1 所示。

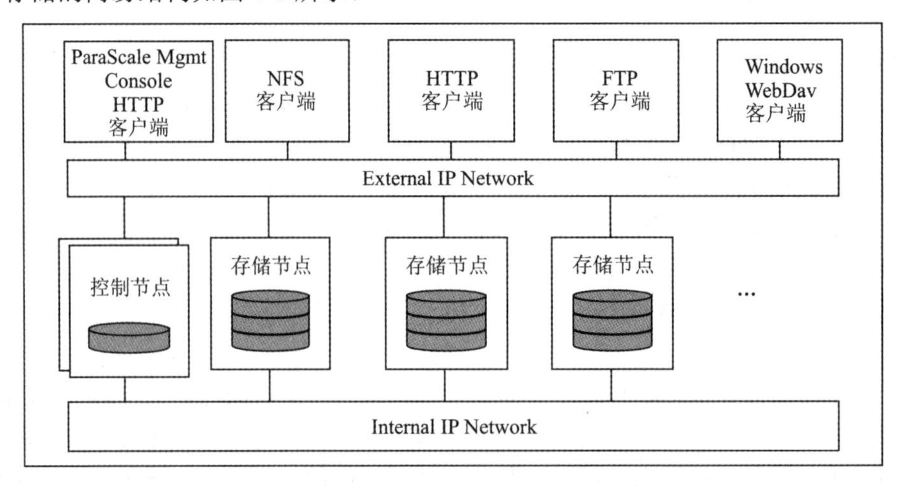

图 4-1 云存储的简易结构

图 4-1 中，存储节点(Storage Node)负责存放文件，控制节点(Control Node)则完成文件索引，并负责监控节点间容量的分配和负载的均衡，这两个部分合起来便组成一个云存储平台。存储节点与控制节点都是单纯的服务器，只是存储节点的硬盘多一些，控制节点服务器不需要具备 RAID 的功能，只要能安装高级操作系统即可。每个存储节点和控制节点至少要有两片网卡：一片负责内部存储节点与控制节点的沟通、数据迁移；另一片负责对外应用端的数据读写，如果对外的一片网卡不够用，则可以多装几片。

NFS、HTTP、FTP 和 WebDav 等属于应用端。图 4-1 左上角的 Mgmt 负责云存储中存储节点的管理，一般为一台个人计算机。从应用端来看，云存储只是一个文件系统，而且一般支持标准的协议，如 NFS、HTTP、FTP 和 WebDav 等，很容易在不改变应用端的情况下将现有的旧的系统与云存储结合。

与传统的存储设备相比，云存储是一个由网络设备、存储设备、服务器、应用软件、公用访问接口、接入网和客户端程序等多个部分组成的复杂系统。各部分以存储设备为核心，通过应用软件来对外提供数据存储和业务访问服务。

目前已有多家互联网公司提供云存储服务，包括 Amazon 的 S3、谷歌的 Google Storage(GS)、AT&T 的基于 EMC Atmos 数据存储基础架构的 Synaptic Storage as a Service。但总体上，各家公司的云存储采用的是各自的私有方案，服务的接口标准不统一，给用户数据的迁移和共享带来了很大的障碍。一些国际标准化协会或组织发布了一些云数据存储规范，如存储行业标准组织 SNIA 发布了 CDMI(Cloud Data Management Interface，云数据管理接口)，但由于 CDMI 考虑到与传统存储体系的融合，设计的体系架构较为复杂，与各互联网公司提供的云存储服务理念存在差异，目前还没有实现实际的商业服务。

4.2 云存储技术

4.2.1 云存储结构

云存储结构模型由四层组成，如图 4-2 所示。

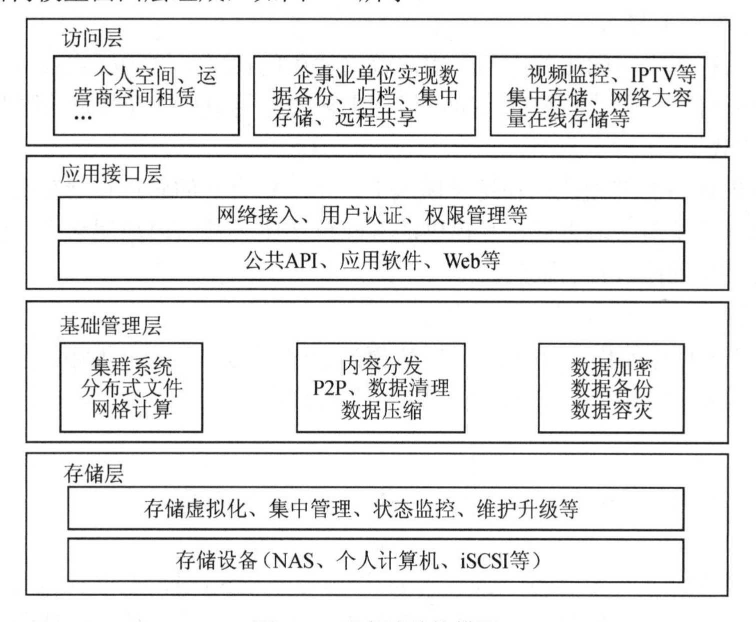

图 4-2　云存储结构模型

1. 存储层

存储层是云存储最基础的部分。存储设备可以是 FC 光纤通道存储设备，可以是 NAS 和 iSCSI 等 IP 存储设备，也可以是 SCSI 或 SAS 等 DAS 存储设备。云存储中的存储设备往往数量庞大且分布于多个不同的地域，彼此之间通过广域网、互联网或者 FC 光纤通道网络连接在一起。

存储设备之上是一个统一的存储设备管理系统，可以实现存储设备的逻辑虚拟化管理、多链路冗余管理、硬件设备的状态监控和故障维护。

2. 基础管理层

基础管理层是云存储最核心的部分，也是云存储中最难实现的部分。基础管理层通过集群系统、分布式文件系统和网格计算等技术，实现云存储中多个存储设备之间的协同工作，使多个存储设备可以对外提供同一种服务，并提供吞吐量更大、速度更快的数据访问服务。

3. 应用接口层

应用接口层是云存储最灵活多变的部分。不同的云存储运营单位可以根据实际业务类型开发不同的应用服务接口，提供不同的应用服务(如视频监控应用平台、IPTV 和视频点播应用平台、网络硬盘引用平台和远程数据备份应用平台等)。

4. 访问层

任何一个授权用户都可以通过标准的公共应用接口来登录云存储系统，享受云存储服务。云存储运营单位不同，云存储提供的访问类型和访问手段也不同。可以选择的模式包括提供服务产品模式、HW 模式和 SW 模式，每一种选择都有它自身的优势和劣势。

(1) 提供服务产品模式。

直接采用云存储提供的服务产品是用户普遍使用的模式。这种模式很容易扩展，在此模式下，用户拥有一份异地的数据备份，但在实际的应用中往往受带宽的限制。

(2) HW 模式。

HW 模式即硬件存储模式。在这种模式下，购买整合好的硬件存储解决方案会非常方便，硬件存储部署于防火墙之后，其提供的吞吐量要比公共的内部网络大。但是，完全采用这种模式时会受硬件设备的限制。

(3) SW 模式。

SW 模式即软件存储模式，它具有 HW 模式所没有的价格竞争优势。然而，它的安装及管理过程比较复杂，给实际的应用带来了一些障碍。

小知识

按照网络拓扑结构，存储可分为 DAS、NAS 和 SAN 三类。

1. DAS

DAS(Direct-Attached Storage，直接附加存储)是将磁盘使用 SCSI 或 SATA 母线直接与主板相连后给系统提供存储的一种方式，如笔记本电脑默认采用的就是这种方式。其优点是技术简单，传输速率高；缺点是存储设备与磁盘相互绑定，不能共享。

2. NAS

NAS(Network Attached Storage，网络附加存储)通过局域网提供一个文件共享的接口，解决了数据不能共享或单一性的问题，但也带来存储效率较慢的问题，而且 NAS 一般是单机给多机共享，进一步拉低了传输效率，所以用 NAS 实现集群化也不太容易。NAS 的优点是技术相对简单，不要求存储设备直连本机，只需在同一局域网下即可；缺点是存储速率较慢。

3. SAN

SAN(Storage Area Network，存储区域网络)的核心思想是将用户网络和存储网络分开，降低访问压力。服务器与存储设备使用交换机连接在一个广播域中。服务器端有2张网卡，分别连接公网接受访问和通过交换机连接存储设备，使得服务器与用户数据传输的网路以及服务器与存储设备数据传输的网络分开。其优点是存储安全性较高(用户无法直接访问存储设备)，存储速率较高；缺点是造价昂贵，技术难度相对较高。

4.2.2 云存储技术的两种架构

云存储技术的概念始于互联网公司 Amazon 提供的 S3 服务。在 Amazon 的 S3 服务的背后是使用云存储技术管理着加载了软件的多个硬件设备，它们形成了一个逻辑上的存储池。事实证明，要让管理数百台服务器如同管理一个单一的、大型的存储池设备是一项相当具有挑战性的工作。Amazon 完成了这项工作，并用在线出租存储资源的方式实现了赢利。从根本上来看，使用云存储技术，使得通过添加标准硬件和可以共享访问的标准网络(公共互联网或私有的企业内部网)，就可以扩展出所需的存储容量和性能。

传统的存储系统一般采用紧耦合对称架构，这种架构的设计旨在解决 HPC(High Performance Computing)问题。新一代架构采用了松弛耦合非对称架构，集中了元数据和控制操作，这种架构不适合高性能 HPC，但是可以解决云部署时的大容量存储需求。

1. 紧耦合对称架构

紧耦合对称(Tightly Coupled Symmetric，TCS)系统用于解决单一文件性能所面临的挑战，该系统弥补了存储性能上的不足，因为它需要的单一文件 I/O 操作要比单一设备的 I/O 操作多得多。业内认为，TCS 架构的产品具有分布式锁管理(锁定文件不同部分的写操作)和缓存一致性功能，这种解决方案对于单文件吞吐量问题很有效。多个不同行业的 HPC 客户已经采用了这种解决方案，不过这种解决方案需要一定程度的技术和经验才能安装和使用。

2. 松弛耦合非对称架构

松弛耦合非对称(Loosely Coupled Asymmetric，LCA)系统采用不同的方法向外扩展。它不是通过执行某个策略来使每个节点知道每个行动所执行的操作，而是利用一个数据路径之外的中央元数据控制服务器，通过集中控制来进行新层次的扩展，这样有很多好处。

(1) 存储节点可以将重点放在提供读写服务的要求上，而不需要来自网络节点的确认信息。

(2) 云存储中，节点可以采用不同的商品硬件 CPU 和存储配置。

(3) 用户可以通过利用硬件性能或虚拟化实例来调整云存储。

(4) 消除了节点之间共享的大量状态开销，消除了用户计算机互连的需要，从而进一步降低了成本。

(5) 异构硬件的混合和匹配使用户能够在需要的时候在当前经济规模的基础上扩大存储，同时还能提供具有永久可用性的数据。

(6) 拥有集中元数据意味着存储节点可以进行深层次应用程序的归档，而且在控制节点上元数据都是可用的。

例如，构建可扩展的 NAS 平台为例有很多选择，可以是一种服务、一种硬件设备或一种软件解决方案，每一种选择都有自身的优势和劣势。例如，伴随着大规模的数字化数据时代的到来，企业使用 YouTube 等来分发培训录像，这时没有必要将这些数字“资料”到处存放，这些企业正致力于实现内容的创建和分布服务。而基因组研究、医学影像等领域则要求得更严格和更准确，LCA 架构的云存储非常适合这种需求，在成本、性能和管理方面有更大的优势。

4.2.3　云存储的种类

按照存储技术，云存储可分为三类：块存储(Block Storage)、文件存储(File Storage)与对象存储(Object-based Storage)。

1．块存储

块存储会把单笔的数据写到不同的硬盘里，以得到较大的单笔读写带宽，适合用在数据库或需要单笔数据快速读写的应用中。它的优点是对单笔数据的读写速度快；缺点是成本较高，并且无法解决真正海量文件的存储，像 EqualLogic、3PAR 等系列的产品就属于这一类。

在对单一文件大量读写的高性能计算应用(如石油勘探、财务数据模拟等应用)中成千上百个使用端会同时读写同一个文件。为了提高读写效能，这些文件被分布到很多个节点上，而这些节点只有紧密地协作才能保证数据的完整性，此时采用块存储可以通过集群软件来处理复杂的数据传输。

2．文件存储

文件存储是基于文件级别的存储，它把一个文件放在一个硬盘上，即使文件因太大而拆分时也会放在同一个硬盘上。它的缺点是对单一文件的读写会受到单一硬盘效能的限制，其优点是对一个多文件、多人使用的系统，总带宽可以随着存储节点的增加而扩展，它的架构可以无限制扩容，便于共享，并且成本低廉。

在文件需并发读取、文件及文件系统本身较大、文件使用期较长和对成本控制要求较高等情况下，采用文件存储是一个较好的选择。文件存储主要应用于以下场合：

(1) 网站或 IPTV 应用，此时往往读取文件较大，总读取带宽要求较高。

(2) 监控应用，此时往往会有多个文件同时写入。

(3) 文件备份，此时可以存放或搜寻访问需要长时间保留的文件。

3．对象存储

块存储读写速度快，但不利于共享；而文件存储读写速度慢，利于共享。对象存储是一种新的网络存储架构，可实现快速读写，同时又便于数据共享。

在对象存储结构中，控制节点作为元数据服务器主要负责存储对象的位置等属性信息，而其他负责存储具体数据的分布式服务器则被称为 OSD(Object-based Storage Device)。当用户访问对象存储结构时，会首先访问元数据服务器，由元数据服务器负责找出对象存储在 OSD 设备上的位置信息。如果数据文件 A 被存储在多台 OSD 设备上，用户可以直接访问多台 OSD 服务器去读取数据。此时，由于多台 OSD 设备同时提供读写服务，因此很容易加快读写速度。原则上，OSD 服务器数量越多，读写速度的提升就越大。

此外，对象存储软件有自己专门的文件系统，因此，OSD 对外又相当于文件服务器，这样就不存在共享难题了，所以对象存储很好地结合了块存储和文件存储的优点。

4.3 云存储的应用及面临的问题

4.3.1 云存储的应用领域

云存储广泛应用于备份、归档、分配与协作和共享领域。随着云存储技术的进一步革新，云存储涉及的领域也越来越广泛。

1. 备份

目前，备份应用逐渐向消费者模式及某些企业的产销模式以外的领域扩展，进入中小型企业市场。最为普遍的应用方案是使用混合存储，先将最常用的数据保存在本地磁盘，然后将它们复制到云中。

2. 归档

对于云来说，归档是云存储广泛应用的一个领域，它将用户的旧数据从用户自己的设备迁移到服务供应商的设备中。这种数据移动是安全的，可进行端对端加密，由于服务供应商不会保存密钥，这样就无法看到用户的数据。混合模式在这个领域的应用也很普遍。用户可将旧资料备份到类似于网络文件系统(Network File System，NFS)或公共互联网文件系统(Common Internet File System，CIFS)的设备中。这个领域的产品或服务供应商包括Nirvanix、Bycast和Iron Mountain等。

在归档应用中，还需调整这类产品中的应用程序接口配置。例如，用户想给归档的项目上挂上具体的元数据标签，最好还能在开始归档之前标明保留时间并删除冗余数据。云归档的位置取决于提供云归档服务的服务商。

3. 分配与协作

分配与协作属于服务供应商提供的范畴。它们一般会使用Nirvanix、Bycast、Mezeo、Parscale等供应商提供的云基础设施产品或服务，或者EMC Atoms或Cleversafe等厂商的系统类产品。如果想使用更传统的归档产品或服务，可以考虑Permabit或者Nexsan等可调存储厂商的产品和服务。

服务供应商已利用这些基础设施提供服务。如Box.net已经采用一种Facebook类型的模式来协作；SoonR则调整了备份功能以便自动将数据移动到云中，然后根据情况分享或传输移动到云中的数据；Dropbox和SpiderOak已经开发出功能非常强大的多平台备份和同步软件。

4. 共享

在共享应用上，对于文件状态的检查还需进一步完善，如希望知道谁在传输文件，使用者看了多长时间及他们在阅读文件的过程中在哪些地方做了评论或提出了问题等。

4.3.2 云存储对大数据存储的支持

云存储对大数据存储的支持体现在以下两个方面。

(1) 数据的海量化和快增长特征是大数据对存储技术提出的首要挑战。

大数据存储要求底层硬件架构和文件系统在性价比上要远远高于传统技术，并能够弹性扩展存储容量。但以往网络附着存储系统(NAS)和存储区域网络(SAN)等体系由于存储和计算的物理设备分离，它们之间要通过网络接口连接，这导致在进行数据密集型计算(Data Intensive Computing)时，I/O 容易成为瓶颈。同时，传统的单机文件系统(如 NTFS)和网络文件系统(如 NFS)要求一个文件系统的数据必须存储在一台物理机器上，且不提供数据冗余性，其可扩展性、容错能力和并发读写能力难以满足大数据的需求。

云存储系统为大数据存储技术奠定了基础。例如，谷歌文件系统(GFS)和 Hadoop 的分布式文件系统(Hadoop Distributed File System，HDFS)将计算和存储节点在物理上结合在一起，从而避免在数据密集计算中易形成 I/O 吞吐量的制约，同时，这类分布式存储系统的文件系统也采用了分布式架构，具有较高的并发访问能力。大数据存储架构的变化如图 4-3 所示。

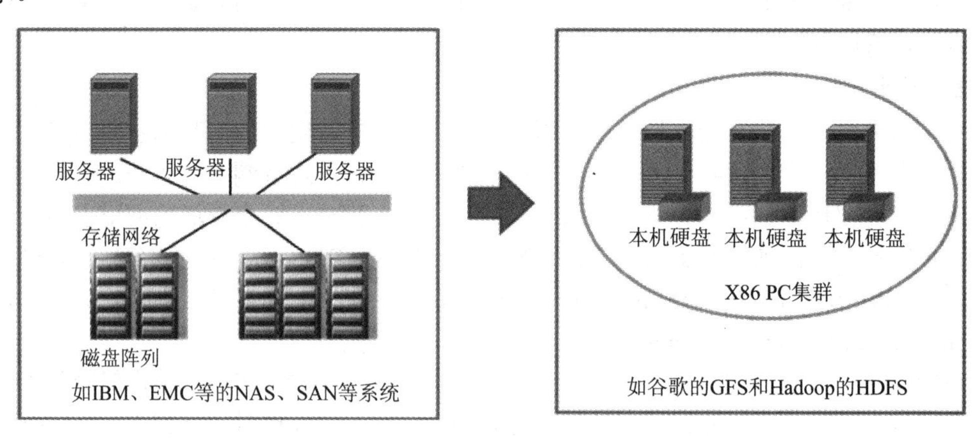

图 4-3　大数据存储架构的变化

(2) 大数据对存储技术提出的另一个挑战是多种数据格式的适应能力。

格式多样化是大数据的主要特征之一，这就要求大数据存储管理系统能够适应对各种非结构化数据进行高效管理的需求。数据库的一致性(Consistency，C)、可用性(Availability，A)和分区容错性(Partition-Tolerance，P)不可能都达到最佳，在设计存储系统时，需要在 C、A、P 三者之间做出权衡。传统关系数据库管理系统(RDBMS)以支持事务处理为主，采用了结构化数据表的管理方式以满足强一致性(C)要求，但牺牲了可用性(A)。

为大数据设计的新型数据管理技术，如谷歌 BigTable 和 Hadoop HBase 等非关系数据库(Not only SQL，NoSQL)使用键-值(Key-Value)对、文件等非二维表的结构，具有很好的包容性，适应了非结构化数据多样化的特点。同时，这类 NoSQL 数据库主要面向分析型业务，对其一致性的要求可以降低，只要保证最终一致性即可，给并发性能的提升保留了空间。谷歌公司于 2012 年披露的 Spanner 数据库通过原子钟实现全局精确时钟同步，可在全球任意位置部署，系统规模为 100～1000 万台机器。Spanner 能够提供较强的一致性，还支持 SQL 接口，代表了数据管理技术的新方向。从整体来看，大数据的存储管理技术将进一步把关系数据库的操作便捷的特点和非关系数据库的灵活的特点结合起来，研发新的融合型存储管理技术。

总之，现在的问题不在于企业是否要利用大数据，而是如何利用大数据。通常的数据存储基础设施并不适合所有大数据管理，而云存储提供了一种简单的具有成本效益的方式来处理、存储和管理大数据。

4.3.3　云存储应用面临的问题

当前，云计算主体趋向多元化，云计算服务也逐渐进入成熟期，其面临的安全风险越来越复杂，对云存储的数据的安全要求也越来越高。为了进一步探究高效的数据存储安全防范技术，首先要明晰其面对的各种风险，这里分别从外部环境和内部环境两个方面展开分析。

1. 外部环境风险

在云环境下，从外部环境角度分析，云存储数据安全风险主要有云端服务商风险、云端数据风险、法律风险等，这些都是影响云存储服务延续性的关键性因素。

(1) 云端服务商风险。在云环境下，云端服务商的技术和管理能力直接关系到云存储服务的安全性。与云端服务商相关的数据存储安全风险主要表现为运营风险、调查行为风险、信任风险、技术服务标准风险等。不同的云端服务商基于经营和管理目标的差异，其产品服务也有较大的差别，尤其是缺乏统一的技术服务标准，因此不能为用户提供标准化的云端数据存储服务。

(2) 云端数据风险。这一风险主要表现为隐私泄露风险、数据隔离风险、数据备份与恢复风险、数据可用风险等。云环境下的数据存储是基于多层次架构的，其云端数据面临着各种网络安全风险。例如，数据存储通过网络传输来实现，若遭遇恶意攻击、系统服务诊断等，就会影响数据的可用性和安全性。

(3) 法律风险。随着云计算主体趋向多元化，法律纠纷事件频繁发生，商业机密泄露风险、著作权风险、隐私权风险等法律风险骤升，这些都会影响数据存储的安全性。

2. 内部环境风险

在云环境下，用户与服务商之间并不是简单的单向服务，而是双向交流，用户与云端服务商之间的数据通道是畅通的，这一过程中的数据存储安全面临着较大的威胁，具体可以从数据安全风险和安全管理风险两个方面进行分析。

(1) 数据安全风险。当前用户对数据服务的持续性要求更高，对数据的安全性也越发重视，对云环境下存储数据的安全防护能力也提出了更高的要求，对网络病毒冲击、威胁事件也越发敏感。因此，云端数据服务商应重视提高数据安全风险防范能力，针对不同类型的病毒研发防火墙和防范技术，严控非法访问侵入，同时增强数据网络攻击抵抗能力，强化数据管理力度，保证用户数据传播的安全。

(2) 安全管理风险。当前很多云端服务商的员工对云计算数据安全管理技术的认识并不深，只是简单建立了安全管理框架，而忽视了数据安全防护系统和技术的更新。另外，一些服务商缺乏有力的数据安全技术保障，其内部并未建立专业的数据安全评估体系，不能实施专业的安全检查和监督工作，也就不能及时消除潜在的数据安全威胁，难以降低数据安全风险损失。

第 5 章 云服务与云安全

5.1 认识云服务

5.1.1 云服务的概念

云服务是基于互联网的相关服务的增加、使用和交付模式，通常通过互联网来提供动态、易扩展且虚拟化的资源。云是网络、互联网的一种比喻说法。它通过网络以按需、易扩展的方式获得所需服务。这种服务可以是 IT 和软件、互联网相关，也可以是其他服务，如计算能力也可作为一种商品通过互联网进行流通。云服务所秉持的核心理念是“按需服务”，就像人们使用水、电、天然气等资源的方式一样。云服务的形态如图 5-1 所示。

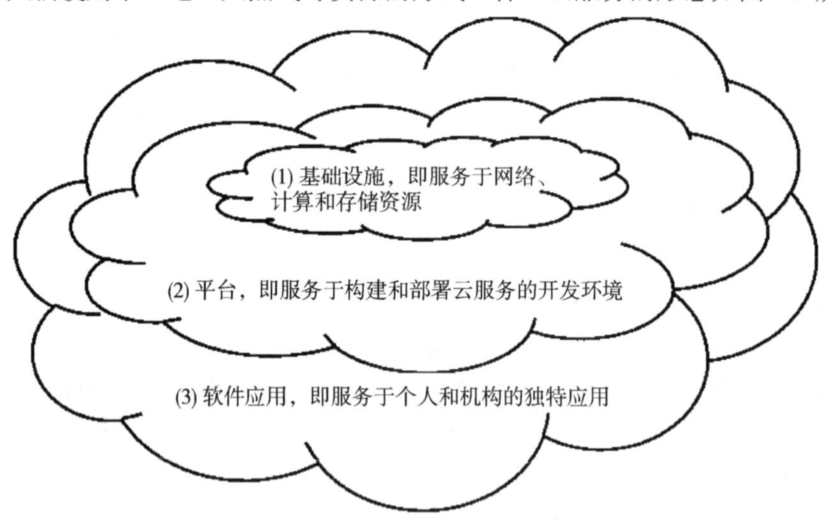

图 5-1 云服务的形态

5.1.2 云服务的类型

云计算可描述从硬件到应用程序传统层级上所要求提供的服务，如图 5-2 所示。实际上，云服务提供商倾向于提供如下三个类别的服务。

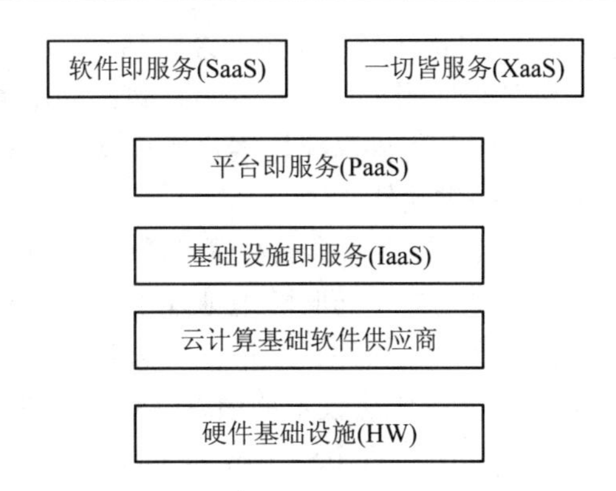

图 5-2　云计算服务层次划分

1．基础设施即服务(IaaS)

基础设施即服务(Infrastructure-as-a-Service，IaaS)：消费者通过 Internet 可以从完善的计算机基础设施获得服务。

云计算是一种对消费者提供处理、存储、网络及计算基础资源的能力。消费者可以部署和运行任意软件，包括操作系统和应用软件。消费者不必管理、控制云中的设施，但必须在操作系统和存储上部署应用，并且可以选择网络单元(如防火墙、负载平衡设施)。

IaaS 是一个纯粹的技术组件，经常是一个服务的部署，如谷歌、亚马逊按需提供的“虚拟机”。这意味着实际安装机器的过程和时间成本没有了，而是通过网络得到一个可用的机器。对于用户来讲，虚拟机就是服务集群的一部分或一个独立服务器上的计算网络的可用部分。在 IaaS 模式下，每一个增长的需求是通过增加可用的资源来匹配的，如果用户不再使用则可释放这些资源。用户消费资源时可以记账，这些账单包括连接 CPU 的时长、每秒的指令数、带宽以及存储量。

寻求运行已存在的应用、降低技术设施的成本等就是通常所指的 IaaS。这些应用可以被安全地迁移到防火墙外，并部署到基础设施云上，这是中小企业应用的一个趋势。大型企业可以建立自己的私有云(5.3 节介绍)或利用服务商提供的虚拟私有云(虚拟机)。

2．平台即服务(PaaS)

平台即服务(Platform-as-a-Service，PaaS)：将软件研发的平台作为一种服务，以 SaaS 的模式提交给用户。因此，PaaS 也是 SaaS 模式的一种应用。但是，PaaS 的出现可以加快 SaaS 的发展，尤其是加快 SaaS 应用的开发速度。

PaaS 借助一些简单的技术对操作系统或平台进行必要的配置以引入一个较高的标准。它提供直接加载一些服务到平台的能力，就像在标准的环境下被预配置成为一个可以支持指定的编程语言的平台。在一个企业或行业，平台可以建成一个指定的应用以进行管理。然而，大多数 PaaS 提供一个关键服务集，通过升级这一核心服务集以提供一个宽范围的服务。例如，Force.com 平台将 Force.com CRM 作为一个核心服务集，而用户可以开发一些附加的服务作为个性化用途来扩展核心服务集。

3．软件即服务(SaaS)

软件即服务(Software-as-a-Service，SaaS)：由 Internet 提供软件，用户无须购买软件，

而是通过向提供商租用基于 Web 的软件来管理企业经营活动。

具体来说，SaaS 服务提供商将应用程序统一部署在自己的服务器上，用户需要通过互联网向厂商订购应用软件服务，服务提供商根据客户所订软件的数量多少、时间长短等因素收费，并且通过浏览器向客户提供软件。

这种服务模式的优势是：由服务提供商维护和管理软件，并提供软件运行的硬件设施，用户只需拥有能够接入互联网的终端即可随时随地地使用软件。在这种模式下，客户不再像传统模式那样花费大量资金在硬件、软件、维护上，只需要支出一定的租赁服务费用即可。对于小型企业来说，SaaS 是采用先进技术的最好途径。目前，Salesforce 是提供此类服务最有名的公司，Google 公司提供的 Google Doc 和 Google Apps 也属于这类服务。

5.2　云服务的发展历程

5.2.1　国际云服务发展

自 SaaS 在 20 世纪 90 年代末出现以来，云计算服务已经经历了二十多年的发展历程。云计算服务真正受到整个 IT 产业的重视始于 2005 年亚马逊推出的 AWS 服务，产业界认识到亚马逊建立了一种新的 IT 服务模式。在此之后，谷歌、IBM、微软等互联网和 IT 企业分别从不同的角度开始提供不同层面的云计算服务，从此云服务进入了快速发展的阶段。目前，云服务正在逐步突破互联网市场的范畴，政府、公共管理部门、各行业企业也开始接受云服务的理念，并开始将传统的自建 IT 方式转为使用公有云服务方式，云服务真正进入其产业的成熟期。图 5-3 所示为国际云服务的发展历程。

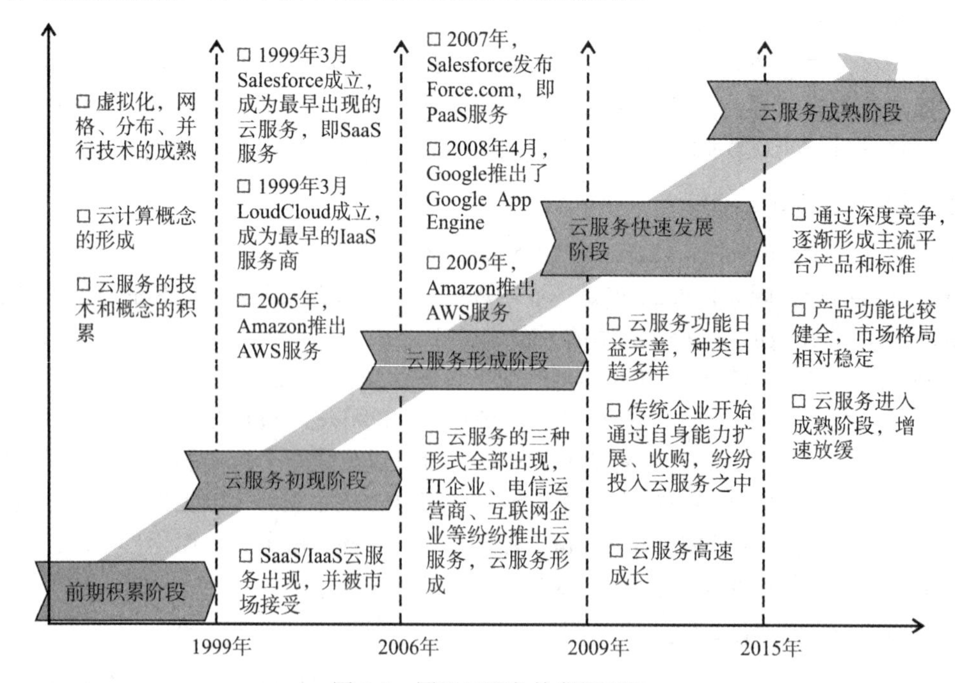

图 5-3　国际云服务的发展历程

5.2.2　我国云服务发展

2020 年 4 月 23 日，IDC 最新发布的《全球及中国公有云服务市场(2020 年)跟踪》报告显示，2020 年，全球公有云服务整体市场规模(IaaS/PaaS/SaaS)达到 3124.2 亿美元，同比增长 24.1%，中国公有云服务整体市场规模达到 193.8 亿美元，同比增长 49.7%，在全球各区域中增速最高。IDC 预计，到 2024 年，中国公有云服务市场的全球占比将从 2020 年的 6.5%提升为 10.5%以上。IDC 最新发布的《中国公有云服务市场(2020 第四季度)跟踪》报告显示，2020 年第四季度中国 IaaS 市场规模为 34.9 亿美元，阿里巴巴仍然占据市场份额第一的位置，华为与腾讯并列第二，中国电信和 AWS 位居其后，前五名的服务商共同占据 77.4%的市场份额。

IDC 发布的《中国公有云服务市场(2021 上半年)跟踪》报告显示，2021 年上半年，中国公有云服务整体市场规模(IaaS/PaaS/SaaS)达到 123.1 亿美元。其中，IaaS 市场规模为 78.26 亿美元，同比增长 47.5%；IaaS+PaaS 市场规模为 95.46 亿美元，同比增长 48.6%。

5.3　云部署及云计算对大数据的支持

5.3.1　云部署方式

IT 机构可以选择在适合自己的公有云、专有云或混合云上部署其应用程序。公有云一般就在互联网上，而专有云通常设在主机托管场所。企业选用哪种云模式需考虑多种因素，而且有可能选用不止一种模式来解决多个不同问题。如果是临时需要的应用程序，可能最适合在公有云上部署，因为这样可以避免为了临时需要而购买额外设备的情况。同样地，永久使用或对服务质量、数据位置有具体要求的应用程序最好在专有云或混合云上部署。

1. 公有云

公有云由第三方运行，而不同客户提供的应用程序可能会在云的服务器、存储系统和网络上混合在一起，效果如图 5-4 所示。公有云通常在远离客户建筑物的地方托管，而且它们通过向企业基础设施进行灵活甚至临时的扩展，以提供一种降低客户风险和成本的办法。

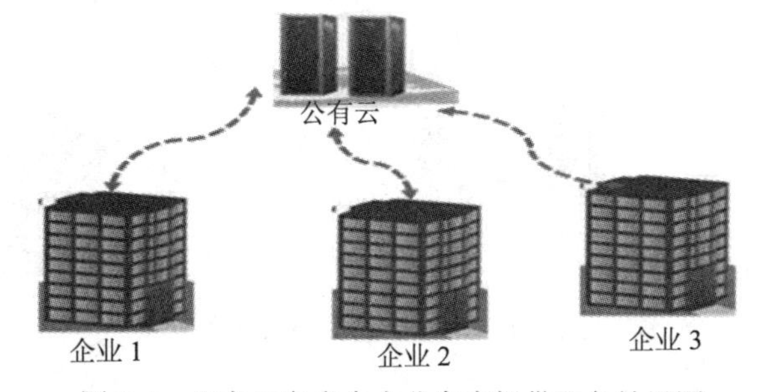

图 5-4　公有云向多个企业客户提供服务效果图

公有云中运行的应用程序对于云架构设计师和最终用户都是透明的，实施过程中不需要牢记数据保存位置。公有云的优点之一是比公司的专有云大得多，可以根据需要进行伸缩，将基础设施风险从企业转移到云提供商。

2. 专有云

专有云是为一个客户单独使用而构建的，因而对数据、安全性和服务质量提供最有效的控制，如图 5-5 所示。企业拥有基础设施，并可以控制在此基础设施上部署应用程序的方式。专有云可部署在企业数据中心，也可以部署在一个主机托管场所。

专有云可由企业自己的 IT 机构构建，也可由云提供商构建。如果采用托管式专用模式，则可托管在 Sun 这样的公司中，由托管公司进行安装、配置和运营，构建一个支撑企业数据中心的专有云。此模式赋予企业对于云资源使用情况的极高水平的控制能力，同时带来建立并运作该环境所需的专门知识。

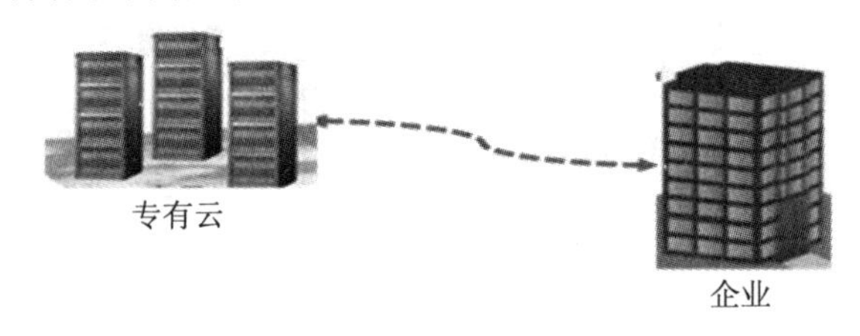

图 5-5　专有云的构建与使用

3. 混合云

混合云把公有云模式与专有云模式结合在一起，如图 5-6 所示。混合云有助于提供按需的、外部供应的扩展。用公有云的资源扩展专有云的能力，可用来在发生负荷快速变动时维持服务水平。这在利用云存储支持 Web2.0 应用程序时最常见。混合云也可用来处理预期的工作负荷高峰。

混合云引出了如何确定公有云与专有云之间分配应用程序的复杂性(如数据和处理资源之间的关系等)的问题。对数据量波动及应用程序状态变化的情况，应用混合云处理比应用公有云和专有云处理成功得多。当公有云与专有云在同一个托管场所时，采用混合云往往非常有效。

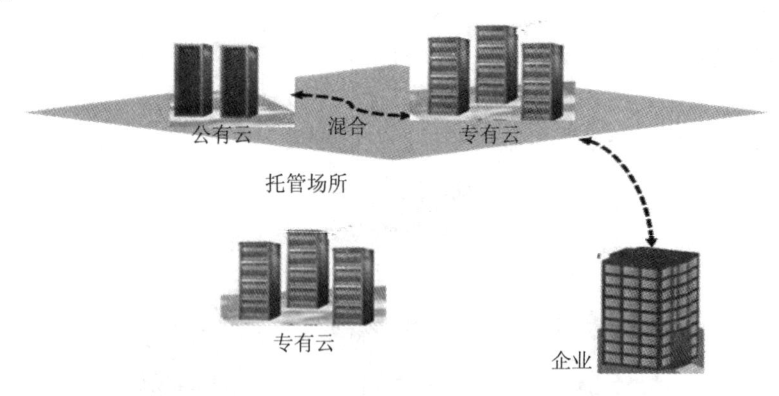

图 5-6　混合云的构建与使用

5.3.2　云计算对大数据的支持

虽然云计算没有从根本上创造新型应用，但云计算设备简化了部署，为大数据应用提供了以下支持。

1．并行批处理程序

云计算为批处理和数据分析提供了独特的机遇，TB 级的数据分析将可以在数小时内完成。如果应用程序中的数据具有足够的并行性，则用户可以利用“云”提供的成本特性，即相同成本下同时使用大量机器能在短时间内完成少量机器需要长时间才能完成的工作。

2．分析需求

计算密集型批处理的典型案例就是商业分析。虽然大型数据库工业起初针对的是事务处理，但是这种需求已转向海量数据，逐渐用于客户、供应链、购买习惯及排名等数据分析问题上。计算资源的平衡点已从事务转向商业分析。

5.4　云　安　全

5.4.1　大数据环境下的安全需求

大数据的产生使数据分析与应用更加复杂，难以管理。据统计，全球在过去 3 年里产生的数据比以往 400 年所产生的数据加起来还多，这些数据包括文档、图片、视频、Web 页面、电子邮件、微博等不同类型。其中，只有 20%是结构化数据，80%则是非结构化数据。数据的增多使数据安全和隐私保护问题日渐突出，各类安全事件给企业和用户敲响了警钟。在整个数据生命周期里，企业需要遵守更严格的安全标准和保密规定，故对数据存储与使用的安全性和隐私性要求越来越高。传统的数据保护方法常常无法满足新变化，网络和数字化生活也使黑客更容易获得他人信息，于是有了更多不易被追踪和防范的犯罪手段，而现有的法律法规和技术手段却难以解决此类问题。因此，在大数据环境下数据安全和隐私保护对我们是一个重大挑战。

在大数据时代，只有将业务数据和安全需求相结合才能够有效提高企业的安全防护水平。通过对业务数据的大量搜集、过滤与整合，经过细致的业务分析和关联规则挖掘，企业能够感知自身的网络安全态势并预测业务数据走向。了解业务运营安全情况对企业来说具有重要意义。

目前，已有一些企业开始使用安全基线和网络安全管理设备，如部署 UniNAC 网络准入控制系统、终端安全管理 UniAccess 系统，用以检测与发现网络中的各种异常行为和安全威胁，从而采取相应的安全措施。

随着人们对大数据的广泛关注，有关大数据安全的研究和实践也已逐步展开，包括科研机构、政府组织、企事业单位、安全厂商等在内的各方力量正在积极推动与大数据安全相关的标准制订和产品研发，旨在为大数据的大规模应用奠定更加安全和坚实的基础。

在理解大数据安全内涵、制订相应策略之前，有必要对各领域大数据的安全需求进行全面地了解和掌握，以分析大数据环境下的安全特征与问题。

1. 互联网行业

互联网企业在应用大数据时，常会涉及数据安全和用户隐私问题。随着电子商务、手机上网行为的发展，互联网企业受到攻击的情况比以前更为隐蔽。攻击的目的并不仅是让服务器宕机，更多的是以渗透 APT 的攻击方式进行的。因此，防止数据被损坏、篡改、泄露或窃取的任务十分艰巨。

同时，由于用户隐私和商业机密涉及的技术领域繁多，机制复杂，很难有专家可以贯通法理与专业技术，界定出由于个人隐私和商业机密的传播而产生的损失，也很难界定侵权主体是出于个人目的还是企业行为，所以，互联网企业的大数据安全需求是：实现可靠的数据存储、安全的挖掘分析、严格的运营监管，制定针对用户隐私的安全保护标准、法律法规、行业规范，期待从海量数据中合理发现、发掘商业机会和商业价值。

2. 电信行业

大量数据的产生、存储和分析使得运营商在数据对外应用和开放过程中面临着数据保密、用户隐私、商业合作等一系列问题。运营商需要利用企业平台、系统和工具实现数据的科学建模，从而确定或归类这些数据的价值。

由于数据通常散乱地分布在众多系统中，其信息来源十分庞杂，因此，运营商需要进行有效的数据收集与分析，以保障数据的完整性和安全性。在对外合作时，运营商需要能够准确地将外部业务需求转换成实际的数据需求，提供完善的对外开放访问控制的数据。

在此过程中，如何有效保护用户隐私，防止企业核心数据泄露，成为运营商对外开展大数据应用需要考虑的重要问题。因此，电信运营商的大数据安全需求是：确保核心数据与资源的保密性、完整性和可用性，在保障用户利益、体验和隐私的基础上充分挖掘数据价值。

3. 金融行业

金融行业的系统具有相互牵连、使用对象多样化、安全风险多方位、信息可靠性和保密性要求高等特征，而且金融业对网络的安全性、稳定性要求更高，系统要能够快速处理数据，提供冗余备份和容错功能，具备较好的管理能力和灵活性，以应对复杂的应用。

虽然金融行业一直在数据安全方面追加投资和技术研发，但是金融领域业务链条的拉长、云计算模式的普及、自身系统复杂度的提升以及对数据的不当利用，都增加了金融业大数据的安全风险。

因此，金融行业的大数据安全需求是：在数据访问控制、处理算法、网络安全、数据管理和应用等方面提出安全要求，期望利用大数据安全技术加强金融机构的内部控制，提高金融监管和服务水平，防范和化解金融风险。

4. 医疗行业

随着医疗数据呈现出的几何倍数的增长，数据存储压力也越来越大。数据存储是否安全可靠已经关乎医院业务的连续性。因为系统一旦出现故障，首先考验的就是数据的存储、容灾备份和恢复能力。如果数据不能迅速恢复，或者恢复不到断点，则会对医院的业务、患者的权益构成了直接损害。

同时，医疗数据具有极强的隐私性，大多数医疗数据拥有者不愿意将数据直接提供给其他单位或个人进行研究利用，而数据处理技术和手段的有限性也造成了宝贵数据资源的浪费。因此，医疗行业对大数据安全的需求是：数据的隐私性高于安全性和机密性，同时需要安全和可靠的数据存储、完善的数据备份和管理，以帮助医生对病人进行疾病诊断、药物开发、管理决策、完善医院服务，从而提高病人的满意度，降低病人的流失率。

5. 政府组织

目前，大数据分析在安全上的潜能已经被各国政府组织发现，它的作用在于能够帮助国家构建更加安全的网络环境。例如，美国进口安全申报委员会曾宣布了 6 个关键性的调查结果，表明大数据分析不仅具备强大的数据分析能力，而且能确保数据的安全性。

美国国防部已经在积极部署大数据行动，利用海量数据挖掘高价值情报，提高快速响应能力，实现决策自动化。此外，美国中央情报局利用大数据技术，提高了从大型复杂的数字数据集中提取知识和观点的能力，加强了国家安全。

因此，政府组织对大数据安全的需求是：隐私保护的安全监管、网络环境的安全感知、大数据安全标准的制定、安全管理机制的规范等。

5.4.2　大数据环境下的安全问题

1. 大数据安全问题的特征

通过上述分析可知，各领域的安全需求正在发生改变，从数据采集、数据整合、数据提炼、数据挖掘、安全分析、安全态势判断、安全检测到发现威胁，已经形成一个新的完整链条。在这一链条中，数据可能会丢失、泄露、被越权访问、被篡改，甚至涉及用户隐私和企业机密等内容。大数据安全问题通常具有以下 6 个特征。

(1) 移动数据安全面临高压力。

社交媒体、电子商务、物联网等新应用的兴起，打破了企业原有价值链的围墙，仅对原有价值链各个环节的数据进行分析已经无法满足需求，需要借助大数据战略打破数据边界，使企业了解更全面的运营及运营环境的全景图。这显然会对企业的移动数据安全防范能力提出更高的要求。此外，数据价值的提升会造成更多敏感性分析数据在移动设备间传递，一些恶意软件甚至具备一定的数据上传和监控功能，能够追踪到用户位置，窃取数据或机密信息，严重威胁个人的信息安全，使安全事故的等级升高。

在移动设备与移动平台威胁飞速增长的情况下，如何跟踪移动恶意软件样本及其始作俑者，如何分析样本间的相互关系，成为移动大数据安全需要解决的问题。

(2) 网络化社会使大数据易成为攻击目标。

在网络空间里，大数据是更容易被发现的大目标。一方面，网络访问便捷化和数据流的形成为实现资源的快速弹性推送和个性化服务提供了基础。平台的暴露使得蕴含着潜在价值的大数据更容易受到黑客的攻击。另一方面，在开放的网络化社会，大数据的数据量大且相互关联，使得黑客成功攻击一次就能获得更多数据，无形中降低了黑客的犯罪成本，增加了收益率。例如，黑客能够利用大数据发起僵尸网络攻击，同时控制上百万台傀儡机并发起攻击，或者利用大数据技术最大限度地收集更多的有用信息。

(3) 用户隐私保护成为难题。

大数据的汇集不可避免地加大了用户隐私数据信息泄露的风险。由于数据中包含大量的用户信息，因此对大数据进行开发利用时很容易侵犯公民的隐私，恶意利用公民隐私的技术门槛大大降低。在大数据应用环境下，数据呈现动态特征，数据库中数据的属性和表现形式不断随机变化，基于静态数据集的传统数据隐私保护技术面临挑战。各领域对于用户隐私保护有多方面的要求，但由于数据之间存在复杂的关联性和敏感性，以及大部分现有隐私保护模型和算法都仅针对传统的关系型数据，因此不能直接将用户隐私保护模型和算法移植到大数据的应用中。

(4) 海量数据的安全存储存在问题。

随着结构化数据量和非结构化数据量的持续增长以及数据来源的多样化，以往的存储系统已经无法满足大数据应用的需要。对于占数据总量80%以上的非结构化数据，通常采用NoSQL存储技术完成对大数据的抓取、管理和处理。虽然NoSQL数据存储具有易扩展、高可用、性能好的优点，但是仍存在一些问题，如访问控制和隐私管理模式问题、技术漏洞和成熟度问题、授权与验证的安全问题、数据管理与保密问题等。而结构化数据的安全防护也存在漏洞。例如，物理故障、人为误操作、软件问题、病毒和黑客攻击等因素都可能严重威胁数据的安全性。大数据所带来的存储容量问题、延迟、并发访问、安全问题、成本问题等更是对大数据的存储系统架构和安全防护提出了挑战。

(5) 大数据生命周期变化促使数据安全进化。

传统数据安全往往是围绕数据生命周期(即数据的产生、存储、使用和销毁)部署的。随着大数据应用越来越多，数据的拥有者和管理者相分离，原来的数据生命周期逐渐转变成数据的产生、传输、存储和使用。

由于大数据的规模没有上限，且许多数据的生命周期极为短暂，因此，传统安全产品要想继续发挥作用，就需要及时解决大数据存储和处理的动态化、并行化特征，动态跟踪数据边界，并管理对数据的操作行为。

(6) 大数据存在信任安全问题。

大数据的最大障碍不是在多大程度上取得成功，而是让人们真正相信大数据，信任大数据，这包括对别人数据的信任和对自我数据被正确使用的信任。例如，如果出现工资“被增长”，CPI“被下降”，房价“被降低”，失业率“被减少”，即百姓的切身感受与统计数据之间存在差异，或者国家和地方之间的GDP数据严重不符等，都会导致市场对统计数据的质疑。

同时，大数据的信任安全问题也不仅是指要相信大数据本身，还包括要相信通过数据获得的成果。但是，要让人们相信通过大数据模型获得的洞察信息并不容易，而要证明大数据本身的价值比成功完成一个项目更加困难。因此，构建对大数据的安全信任至关重要，这需要政府机构、企事业单位、个人等多方面共同建设和维护好大数据可信任的安全环境。

2. 解决大数据自身的安全问题

大数据安全不同于关系型数据安全，大数据无论是在数据体量、结构类型、处理速度、价值密度方面，还是在数据存储、查询模式、分析应用上都与关系型数据有着显著差异。

大数据意味着数据及其承载系统采用分布式，理论上单个数据和系统的价值相对降低，空间和时间的大跨度、价值的稀疏，使得外部人员寻找价值攻击点更难。但是，在大数据环境下完全地去中心化很难。只要存在中心，就可能成为被攻击的对象，而对低密度价值的提炼过程也是吸引攻击的因素。

针对这些问题，传统安全产品所使用的监控、分析日志文件、发现数据和评估漏洞等技术在大数据环境中并不能有效地运行。在很多传统安全技术方案中，数据的大小会影响到安全控制或配套操作能否正确运行。由于多数网络安全产品不能灵活地进行调整，因此无法满足大数据领域中复杂配置的需要。而且，在大数据时代会有越来越多的数据开放，这些数据会交叉使用，在这个过程中如何保护用户隐私是尤其需要考虑的问题。

为解决大数据自身的安全问题，需要重新设计和构建大数据安全架构和开放数据服务，从网络安全、数据安全、灾难备份、安全风险管理、安全运营管理、安全事件管理、安全治理等各个角度考虑，部署整体的安全解决方案，保障大数据计算过程、数据形态、应用价值的安全。

5.4.3　云计算安全问题

云计算拥有庞大的计算能力与丰富的计算资源，它在改变 IT 世界的同时也催发了新的安全问题，在给人们带来更多便利的同时，也给了恶意攻击者更多发动攻击的机会。云计算的安全问题如下：

(1) 云计算的强大计算能力让密码破解变得简单、快速。同时，云计算里的海量资源给了恶意软件更多的传播机会。

(2) 云端聚集了大量用户的数据，虽然利用虚拟机予以隔离，但对于恶意攻击者而言，云端数据仍极具诱惑，一旦虚拟防火墙被攻破，会诱发连锁反应，所有存储在云端的数据都面临被窃取的威胁。

(3) 数据迁移技术在云端的应用也给了恶意攻击者窃取用户数据的机会，恶意攻击者可以冒充合法数据进驻云端，挖掘其所在区域里前面用户的残留数据痕迹。

按照 Google 的理念，在技术方面如果云计算得以实现，那么未来人们在本地硬盘上几乎不保存数据，所有的数据都在“云”里，一旦发生由于技术方面的因素导致的服务中断，用户就束手无策了。

(4) “云”对外部来讲其实是不透明的。云计算的服务提供商并没有对用户给出许多细节的具体说明，如其所在地、员工情况、所采用的技术以及运作方式等。当计算服务是由一系列服务商来提供(即计算服务可能被依次外包)时，每一家接受外包的服务商基本上是以不可见的方式为上一家服务商提供计算处理或数据存储等服务，这样每家服务商使用的技术其实是不可控的，甚至有可能某家服务商会以用户未知的方式越权访问用户数据。

(5) 虽然每一家云计算方案提供商都强调使用加密技术，如 SSL(Secure Sockets Layer 安全套接层)来保护用户数据，但即使数据采用 SSL 技术进行加密，也仅仅是指数据在网络上是加密传输的，数据在处理和存储时的保护问题仍然没有解决，尤其是在进行数据处理的时候，由于这时数据肯定已解密，因此如何保护是一个难题，即使采用进程隔离之类的技术在一定程度上将问题解决了，也很难赢得用户的信任。

从上面的讨论不难发现，云计算的安全问题无疑是阻碍云计算应用最大的瓶颈。下面将介绍云计算安全的技术手段和非技术手段。

5.4.4 云计算安全的技术手段

1. 云安全架构

从 IT 网络和安全专业人士的视角出发，可以用一组一组分类且简洁的词汇来描述云计算对安全架构的影响。在这个统一分类的方法中，云服务和架构可以被分解并映射到某个包括安全性、可操作性、可控制性、可进行风险评估和管理的诸多要素的补偿模型中去，进而符合合规性标准。

云计算模型之间的关系和依赖性对于理解云计算的安全非常关键，IaaS 是所有云服务的基础，PaaS 一般建立在 IaaS 之上，而 SaaS 一般又建立在 PaaS 之上。

IaaS 涵盖了从机房设备到硬件平台等所有的基础设施资源层面。PaaS 位于 IaaS 之上，其增加了一个层面用以与应用开发、中间件能力及数据库、消息和队列等功能集成。PaaS 允许开发者在平台之上进行开发应用，开发的编程语言和工具由 PaaS 提供。SaaS 位于 IaaS 和 PaaS 之上，能够提供独立的运行环境用以交付完整的用户体验，包括内容、展现、应用和管理能力。图 5-7 描述了云计算环境下的安全参考模型。

云安全架构的一个关键特点是云服务提供商所在的等级越低，云服务用户自己所要承担的安全保障能力和管理职责就越大。表 5-1 概括了云计算安全领域中的数据安全、应用安全和虚拟化安全等问题所涉及的关键内容。

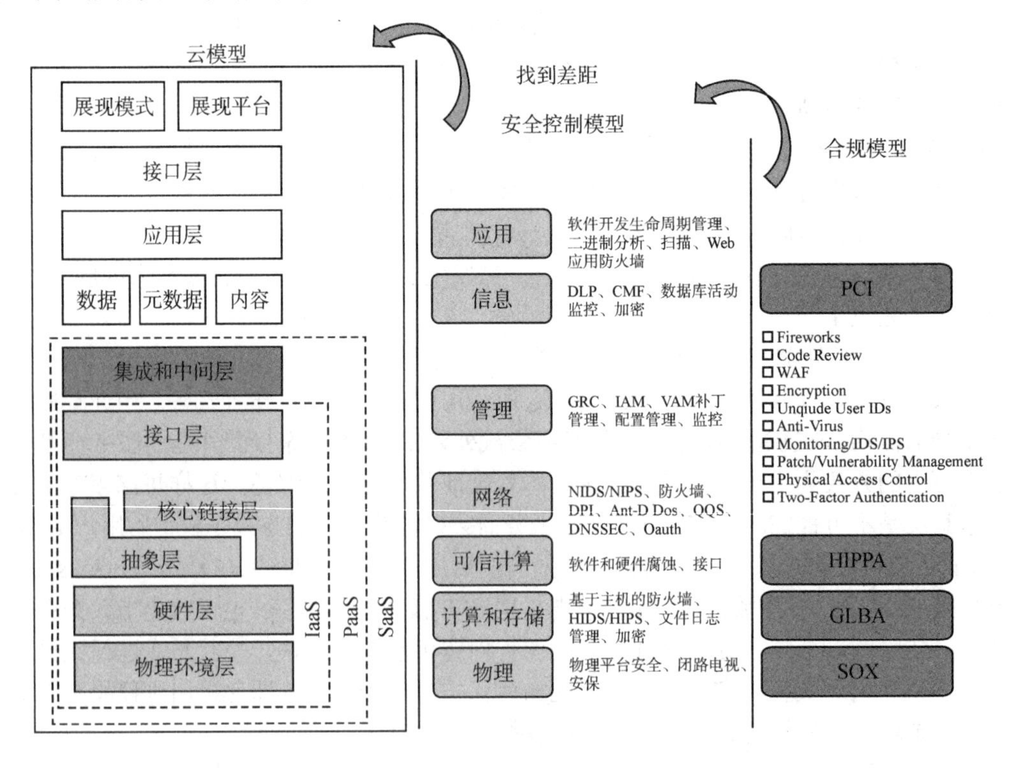

图 5-7　云计算安全参考模型

表 5-1　云安全关键问题

云安全层次	云安全内容
数据安全	数据传输、数据隔离、数据残留
应用安全	终端用户安全、SaaS 安全、PaaS 安全、IaaS 安全
虚拟化安全	虚拟化软件、虚拟服务器

下面将重点阐述云计算安全领域中的数据安全、应用安全和虚拟化安全等问题的应对策略和技术。

2. 数据安全

云用户和云服务提供商应避免数据丢失和被窃，无论使用哪种云计算服务模式(SaaS、IaaS、PaaS)，数据安全都非常重要。以下分别针对数据传输安全、数据隔离和数据残留等方面展开讨论。

1) 数据传输安全

数据传输安全是指数据在传输过程中必须确保数据的安全性、完整性和不可篡改性。在使用公有云时，对于传输中的数据，最大的威胁是不采用加密算法。通过互联网传输数据，采用加密算法和使用非安全传输协议可以达到保密的目的，但无法保证数据的完整性。如果要在数据传输中保证数据的安全性、完整性和不可篡改性，则要结合数据加密、互联网安全传输协议等技术，同时随着 API 在数据传输中的普遍应用，API 的安全也越来越受到重视。

2) 数据隔离

在云计算服务平台中，大量数据处于共享环境下，即使采用数据加密方式，也不能保证云中数据不被恶意访问者盗取或滥用，而且数据加密会降低数据的使用效率。比如，对于 PaaS 或者 SaaS 应用来说，数据是不能被加密的，因为加密过的数据会妨碍索引和搜索。到目前为止还没有可商用的算法可实现数据全加密。

建立有效的数据隔离机制是保障云数据安全的有效途径，可以采用的方法包括数据分级和访问控制等。数据分级是指根据数据的敏感和重要程度，将数据划分成几个等级，并根据不同的等级制订相应的访问和存取策略。这就要求云用户和服务商都必须遵从国家的安全体系标准，根据自身的需求对数据进行严格的安全分级。访问控制是当对用户进行身份认证之后，按照用户身份以及所处的用户预定义组别，开放或限制用户的数据访问权限(如拒绝访客的修改或上传请求，已授权员工可以下载数据等)。访问控制策略是实现云数据隔离的有效手段。

3) 数据残留

数据残留是数据在被以某种形式擦除后仍存在残留的物理表现。存储介质被擦除后可能留有一些物理特性，这些物理特性使数据能够被重建。在云计算环境中，共享访问数据残留可能会增加泄露敏感信息的风险，因此云服务提供商应能向云用户保证数据(如文件、目录、数据库记录等)一旦被删除后，它所在的存储空间被及时释放或再分配给其他云用户前得到完全清除。

3. 应用安全

由于云环境具有灵活性、开放性及公众可用性等特性，给应用安全带来了很多挑战。云服务提供商在云主机上部署的 Web 应用程序应当充分考虑来自互联网的威胁。

1) 终端用户安全

对于使用云服务的用户来说应该保证自己计算机的安全。在用户的终端上部署安全软件，包括反恶意软件、个人防火墙及 IPS(Intrusion Prevention System，入侵防御系统)类型的软件。目前，浏览器已经普遍成为云服务应用的客户端，但不幸的是所有的互联网浏览器毫无例外地存在软件漏洞，这些软件漏洞加大了终端用户被攻击的风险，从而影响云计算应用的安全。因此，云用户应该采取必要的措施来保护浏览器免受攻击，在云环境中实现端到端的安全。云用户应使用自动更新功能，定期完成浏览器打补丁和更新工作。

随着虚拟化技术的广泛使用，许多用户喜欢在个人计算机上使用虚拟机来区分工作(公事与私事)。有人使用 VMware Player 来运行多重系统(如使用 Linux 作为基本系统)，通常这些虚拟机没有足够的级别。这些系统被暴露在网络上更容易被黑客利用成为“流氓虚拟机”。对于企业用户来说，应该从制度上保障连接云计算应用的个人计算机的安全性。

2) SaaS应用安全

SaaS 应用提供给用户的是服务提供商运行在云基础设施之上的应用，用户使用各种客户端设备通过浏览器来访问应用。用户并不管理或控制底层的云基础设施，如网络、服务器、操作系统、存储甚至其中的单个应用，除非是某些有限用户的特殊应用配置项。SaaS 模式决定了由提供商管理和维护整套应用，客户通常只需负责操作层的安全功能。因此，SaaS 提供商应最大限度地确保提供给客户的应用程序和组件的安全，包括对用户和访问的管理，所以选择 SaaS 提供商需要特别慎重。目前对于提供商进行评估的做法通常是根据保密协议，要求提供商提供有关安全实践的信息。该信息应包括设计、架构、开发、黑盒与白盒应用程序安全测试和发布管理。有些客户甚至请第三方安全厂商进行渗透测试(黑盒安全测试)，以获得更为翔实的安全信息，不过渗透测试通常费用很高，而且也不是所有提供商都同意这种测试。

还有一点需要特别注意的是，SaaS 提供商提供的身份验证和访问控制功能，通常情况下这是客户管理信息风险的唯一安全控制措施。大多数服务提供商包括谷歌都会提供基于 Web 的管理用户界面。最终用户可以分派读取和写入权限给其他用户。然而，这个特权管理功能可能不够先进，细粒度访问可能会有弱点，也可能不符合组织的访问控制标准。

用户应该尽量了解云特定访问控制机制，并采取必要步骤保护云中的数据；应实施最小化特权访问管理，以消除威胁云应用安全的内部因素。

所有有安全需求的云应用都需要用户登录，有许多安全机制可提高访问安全性，如通行证或智能卡，而最为常用的方法是可重用的用户名和密码。如果使用强度最小的密码(如需要的长度和字符集过短)和不做密码管理(过期、历史)很容导致密码失效。因此，云服务提供商应做到：提供高强度密码；定期修改密码，修改期限必须基于数据的敏感程度；不使用旧密码等。

在目前的 SaaS 应用中，提供商将客户数据(结构化和非结构化数据)混合存储是普通的做法，其通过唯一的客户标识符可以在应用中的逻辑执行层实现客户数据逻辑上的隔离，但是当云服务提供商的应用升级时，可能会造成这种隔离在应用层执行过程中变得脆弱。因此，客户应了解 SaaS 提供商使用的虚拟数据存储架构和预防机制，以保证多租户在一个虚拟环境所需要的隔离。SaaS 提供商应在整个软件生命开发周期加强在软件安全性上的措施。

3) PaaS应用安全

PaaS 云提供给用户的能力是在云基础设施之上部署用户创建或采购的应用。在这些应用服务提供商支持的编程语言或开发平台上，用户并不管理或控制底层的云基础设施(包括网络、服务器、操作系统或存储器等)，但是可以控制部署的应用以及应用主机的某个环境配置。PaaS 应用安全包括两个层次：PaaS 平台自身的安全，客户部署在 PaaS 平台上应用的安全。

SSL 是大多数云安全应用的基础，目前众多黑客社区都在研究 SSL，PaaS 提供商必须明白当前的形势，并采取有效的办法来缓解 SSL 攻击，避免应用被暴露在默认攻击之下。用户必须确保自己有一个变更管理项目能在提供商的指导下进行正确的应用配置或打配置补丁，以确保 SSL 补丁和变更程序能够迅速发挥作用。

PaaS 提供商通常都会负责平台软件(包括运行引擎)的安全，如果 PaaS 应用使用了第三方应用、组件或 Web 服务，那么第三方应用提供商则需要负责这些服务的安全，因此用户需要了解应用到底依赖于哪些服务，并对第三方应用提供商做风险评估。目前，云服务提供商接口平台的安全使用信息会因担心被黑客利用而拒绝共享，尽管如此，客户应尽可能地要求云服务提供商增加信息透明度以利于风险评估和安全管理。

云用户部署的应用安全要求 PsaS 应用开发商配合，开发人员需要熟悉平台的 API，并部署和管理执行控制软件模块，还必须熟悉平台特定的安全特性，这些特性被封装成安全对象和 Web 服务。开发人员通过调用这些安全对象和 Web 服务实现在应用内配置认证和授权管理。对于 PaaS 的 API 设计，目前还没有可用的标准，这给云计算的安全管理和云计算应用的移植带来了很大的困难。

PaaS 应用还面临着配置不当的威胁，在云基础架构中运行应用时，应用在默认配置下安全运行的概率几乎为零。因此，用户最需要做的事就是改变应用的默认安装配置，还需要熟悉应用的安全配置流程。

4) IaaS应用安全

IaaS 提供商(如亚马逊 EC2、GoGrid 等)只提供和维护计算、存储和网络资源等 IT 基础设施，将客户在虚拟机上部署的应用看作一个黑盒，完全不参与客户应用的管理和维护。客户的应用程序和运行引擎无论运行在何种平台上都由客户部署和管理，因此客户负有云主机之上应用安全的全部责任。

4．虚拟化安全

基于虚拟化技术的云计算引入的风险主要有两个方面：一个是虚拟化软件的安全，另一个是使用虚拟化技术的虚拟服务器的安全。

1) 虚拟化软件的安全

该软件层直接部署于裸机之上，具有创建、运行和销毁虚拟服务器的能力。实际上，实现虚拟化软件的安全的方法不止一种，有几种方法都可以通过不同层次的抽象来实现相同的结果，如操作系统虚拟化、全虚拟化或半虚拟化。在 IaaS 云平台中，此软件层完全由云服务提供商来管理，而云主机的客户无法访问此软件层。

由于虚拟化软件层是保证客户的虚拟机在多租户环境下相互隔离的重要层次，可以使客户在一台计算机上同时安全地运行多个操作系统，所以必须严格限制任何未经授权的用户访问虚拟化软件层。云服务提供商应建立必要的安全控制措施来限制对于 Hypervisor 和其他形式的虚拟化层次的物理和逻辑访问控制。

虚拟化层的完整性和可用性对于保证基于虚拟化技术构建的公有云的完整性和可用性是最重要也是最关键的。一个有漏洞的虚拟化软件会向恶意的入侵者暴露所有的业务域。

2) 虚拟服务器的安全

虚拟服务器位于虚拟化软件之上，关于物理服务器的安全原理与实践也可以被运用到虚拟服务器中，当然也需要兼顾虚拟服务器的特点。下面将从物理机选择、虚拟服务器安全和日常管理三方面对虚拟服务器的安全进行阐述。

应选择具有 TPM 安全模块的物理服务器，TPM 安全模块可以在虚拟服务器启动时检测用户密码，如果发现密码及用户名的 Hash 序列不对，就不允许启动此虚拟服务器。因此，对于新建的用户来说，选择这些功能的物理服务器来作为虚拟机应用是很有必要的。如果有可能，应使用新的带有多核的处理器和支持虚拟技术的 CPU，这就能保证 CPU 之间的物理隔离，从而可以减少许多安全问题。

安装虚拟服务器时，应为每台虚拟服务器分配一个独立的硬盘分区，以便将各虚拟服务器之间从逻辑上相互隔离开来。虚拟服务器系统还应安装基于主机的防火墙、杀毒软件、IPS 及日志记录和恢复软件，以便将它们相互隔离，并同其他安全防范措施一起构成多层次防范体系。

每台虚拟服务器应通过 VLAN(Virtual Local Area Network)和不同的 IP 网段的方式进行逻辑隔离。对需要相互通信的虚拟服务器之间的网络连接应当通过 VPN(Virtual Private Network)的方式来进行，以保护它们之间网络传输的安全。此外，必须实施相应的备份策略，包括它们的配置文件、虚拟机文件及其中的重要数据都要进行备份，备份也必须按一个具体的备份计划来进行，应当包括完整、增量或差量备份方式。

在防火墙中，尽量对每台虚拟服务器做相应的安全设置以进一步对它们进行保护和隔离。将服务器的安全策略加入系统的安全策略当中，并按物理服务器安全策略的方式来对等处理。从运维的角度来看，对虚拟服务器系统应当像对一台物理服务器一样地对它进行系统安全加固，包括系统补丁、应用程序补丁、所允许运行的服务、开放的端口等。同时严格控制物理主机上运行虚拟服务的数量，禁止在物理主机上运行其他网络服务。如果虚拟服务器需要与主机进行连接或共享文件，应当使用 VPN 方式进行，以防止由于某台虚拟服务器被攻破而影响物理主机。文件共享也应当使用加密的网络文件系统方式进行。需要特别注意主机的安全防范工作，消除影响主机稳定和安全性的因素，防止间谍软件、木马和黑客的攻击，因为一旦物理主机受到侵害，所有在其中运行的虚拟服务器都将面临安全威胁，或者直接被停止运行。对于虚拟服务器的运行状态要进行严密的监控，实时监控各虚拟机当中的系统日志和防火墙日志，以此来发现存在的安全隐患。同时，对于不需要运行的虚拟机应当立即关闭。

5.4.5　云计算安全的非技术手段

云计算的趋势已经不可逆转，但企业真正要部署云计算时却依然顾虑重重。2011 年 4 月，云计算服务提供商 Amazon 公司爆出史上最大宕机事件，导致包括回答服务 Quora、新闻服务 Reddit 和位置跟踪服务 FourSquare 在内的一些知名网站均受到了影响。同年 5 月，一桩规模最大的用户数据外泄案又在索尼发生，大约有 2460 万索尼网络服务用户的个人信息疑遭黑客窃取。

数据保护和隐私也正是云安全面临的一个最大挑战，保证云计算环境下的信息安全绝非只是技术创新那么简单。今天，你可以放心地把钱存在银行，却不敢放心地将自己的数据放到云端。要保证云计算的安全，涉及很多新的技术问题，但涉及更多的是政策方面的问题。

不少专家认为，要做好云计算安全，需要寻找这样一种机制：在这一机制下，提供云计算服务分厂商会面临第三方的监督，这个第三方和用户并没有利益关系，且受到相关法律、法规的制约。只有在这种情况下，云计算的应用企业才可以获得中立的第三方的担保。也只有在这个时候，用户才可能放心地将数据放到云端，就像放心地把钱存到银行中去一样。

目前，要做好云计算安全，缺失的不只是机制，存储和保护数据等标准同样也有待健全。在云计算环境下，机制和标准的缺失现象在发达国家和地区也同样存在。美国网络服务公司 Internet Services 安全总监但·蔡乐表示："无论是政府还是监管机构都没有对运营方制定任何规则。"而在日本和新加坡等国家，企业在部署云计算中都已经开始让律师和审计师参与其中。

因此，从云计算安全的角度来看，采用合理可行的非技术的手段也许比采用技术的手段更为棘手。

第6章 云计算应用

6.1 云计算与物联网

6.1.1 物联网概述

1. 物联网的概念

物联网(Internet of Things，IoT)是继计算机、互联网和移动通信之后的又一次信息产业的革命性发展。物联网被正式列为国家重点发展的战略性新兴产业之一。物联网产业具有产业链长、涉及多个产业群的特点，其应用范围几乎覆盖了各行各业。

物联网，顾名思义就是物物相连的互联网。这有两层意思：其一，物联网的核心和基础仍然是互联网，它是在互联网基础上延伸和扩展的网络；其二，其用户端延伸和扩展到了任何物品与物品之间进行信息交换和通信，也就是物物相息。物联网的智能感知、识别技术与普适计算等通信感知技术广泛应用于网络的融合中，也因此被称为继计算机、互联网之后世界信息产业发展的第三次浪潮。物联网是互联网的应用拓展，与其说物联网是网络，不如说物联网是业务和应用。因此，应用创新是物联网发展的核心，以用户体验为核心的创新是物联网发展的目标。

2. 物联网的网络架构

物联网网络架构由感知层、网络层和应用层组成，如图 6-1 所示。

感知层可以实现物理世界的智能感知、信息采集处理和自动控制，并通过通信模块将物理实体连接到网络层和应用层。

网络层主要实现信息的传递、路由和控制，包括延伸网、电信网/互联网和专用通信网，网络层可依托公众电信网和互联网，也可以依托行业专用通信网络。

应用层包括应用基础设施/中间件和各种物联网应用。 应用基础设施/中间件为物联网应用提供信息处理、计算等通用基础服务设施、能力及资源调用接口，以此为基础实现物联网在众多领域的各种应用。

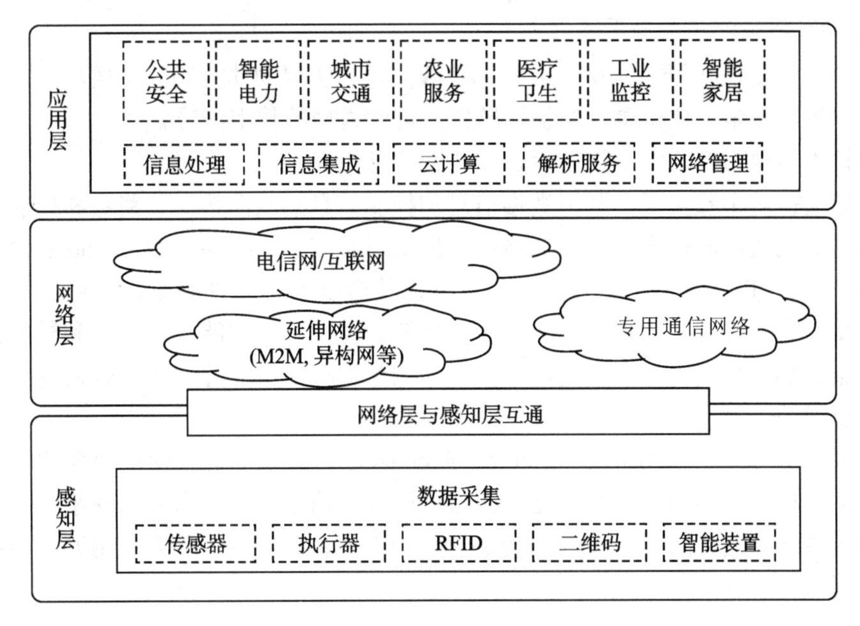

图 6-1 物联网网络架构

3. 物联网技术体系

物联网涉及感知、控制、网络通信、微电子、计算机、软件、嵌入式系统、微机电等技术领域，因此，物联网涵盖的关键技术也非常多，为了系统分析和理解物联网的技术体系，现将物联网技术分为感知关键技术、网络通信关键技术、应用关键技术、支撑技术和共性技术，如图 6-2 所示。

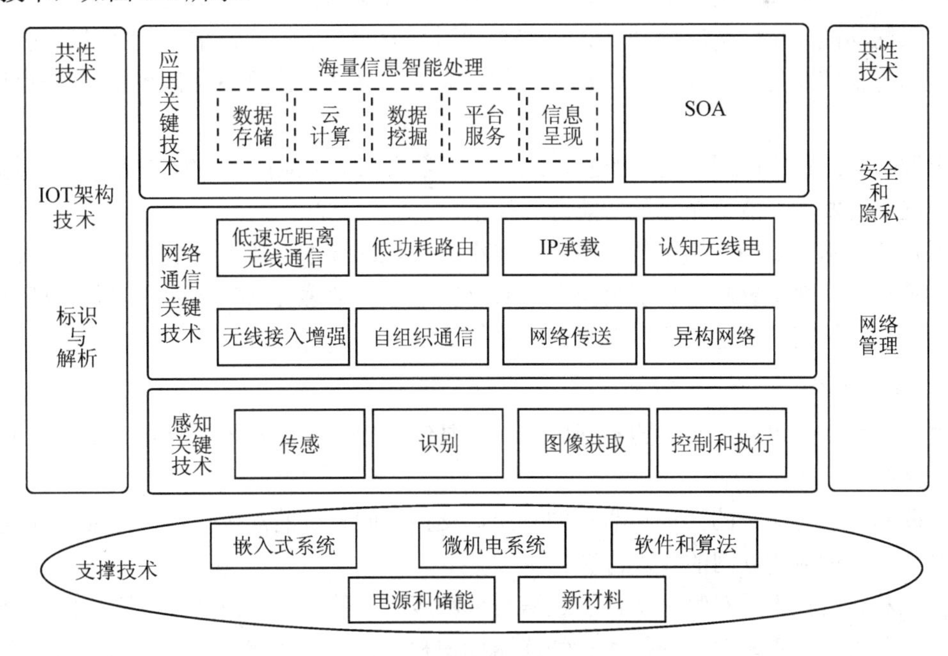

图 6-2 物联网技术体系

1) 感知、网络通信和应用关键技术

传感器技术是物联网感知物理世界、获取信息和实现物体控制的首要环节。传感器将物理世界中的物理量、化学量、生物量转化成可供处理的数字信号。

识别技术实现对物联网中物体标识和位置信息的获取。

网络通信技术主要实现物联网数据信息和控制信息的双向传递、路由和控制，重点包括低速近距离无线通信技术、低功耗路由、自组织通信、无线接入(Machine to Machine，M2M)通信增强、IP 承载技术、异构网络、网络传送技术及认知无线电技术。

对海量信息进行智能处理需综合运用高性能计算、人工智能、数据库和模糊计算等技术，对收集的感知数据进行通用处理，重点涉及数据存储、并行计算、数据挖掘、平台服务、信息呈现等。

面向服务的体系架构(Service-oriented Architecture，SOA)是一种松耦合的软件组件技术，它将应用程序的不同功能模块化，并通过标准化的接口和调用方式联系起来，实现快速可重用的系统开发和部署。SOA 可提高物联网架构的扩展性，提升应用开发效率，充分整合和复用信息资源。

2) 支撑技术

物联网支撑技术包括嵌入式系统、微机电系统(Micro ElectroMechanical Systems, MEMS)、软件和算法、电源和储能、新材料技术等。

微机电系统可实现对传感器、执行器、处理器、通信模块、电源系统等的高度集成，是支撑传感器节点微型化、智能化的重要技术。

嵌入式系统能满足物联网对设备功能、可靠性、成本、体积、功耗等的综合要求，可以按照不同应用定制裁剪的嵌入式计算机技术是实现物体智能的重要基础。软件和算法是实现物联网功能、决定物联网功能、决定物联网行为的主要技术，重点包括各种物联网计算系统的感知信息处理、交互与优化、软件与算法、物联网计算系统体系结构与软件平台研发等。

电源和储能是物联网关键支撑技术之一，其主要包括电池技术、能量储存、能量捕获、恶劣情况下的发电、能量循环及新能源等技术。

新材料技术主要指应用于传感器的敏感组件实现的技术。传感器敏感材料包括湿敏材料、气敏材料、热敏材料、压敏材料、光敏材料等。新敏感材料的应用可以使传感器的灵敏度、尺寸、精度、稳定性等特性得到改善。

3) 共性技术

物联网共性技术涉及网络的不同层面，主要包括 IoT 架构技术、标识与解析、安全和隐私、网络管理等。

物联网需具有统一的架构和清晰的分层，支持不同系统的互操作性，适应不同类型的物理网络，以适应物联网的业务特性。

标识和解析技术是对物理实体、通信实体和应用实体赋予的或其本身固有的一个或一组属性，并能实现正确解析的技术。物联网标识和解析技术涉及不同的标识体系、不同体系的互操作、全球解析或区域解析、标识管理等。

安全和隐私技术包括安全体系架构、网络安全技术、“智能物体”的广泛部署对社会生活带来的安全威胁、隐私保护技术、安全管理机制和保证措施等。

网络管理技术的重点包括管理需求、管理模型、管理功能、管理协议等。为实现对物联网广泛部署的“智能物体”的管理，需要进行网络功能和适用性分析，开发适合的管理协议。

4．标准化

物联网标准是国际物联网技术竞争的制高点。由于物联网涉及不同专业技术领域、不同行业应用部门，物联网的标准既要涵盖射频识别(Radio Frequency Identification，RFID)应用的基础公共技术，也要涵盖满足行业特定需求的技术标准，既包括国家标准，也包括行业标准。

物联网标准体系相对庞杂，若从物联网总体、感知层、网络层、应用层、共性关键技术标准体系等5个层次可初步构建标准体系。物联网标准体系涵盖架构标准、应用需求标准、通信协议、标识标准、安全标准、应用标准、数据标准、信息处理标准、公共服务平台类标准，每类标准还可能会涉及技术标准、协议标准、接口标准、设备标准、测试标准、互通标准等方面。

物联网总体性标准包括物联网导则、物联网总体架构、物联网业务需求等。

感知层标准体系主要涉及传感器等各类信息获取设备的电气和数据接口、感知数据模型、描述语言和数据结构的通用技术标准、RFID标签和读写器接口与协议标准、特定行业和应用相关的感知层技术标准等。

网络层标准体系主要涉及物联网网关、短距离无线通信、自组织网络、简化IPv6协议、低功耗路由、增强的机器对机器(Machine to Machine，M2M)无线接入和核心网标准、M2M平台、网络资源虚拟化标准、异构融合的网络标准等。

应用层标准体系包括应用层架构、信息智能处理技术及行业、公众应用类标准。应用层架构重点面向对象的服务架构，包括SOA体系架构、面向上层业务应用的流程管理、业务流程之间的通信协议、元数据标准及SOA安全架构标准。信息智能处理类技术标准包括云计算、数据存储、数据挖掘、海量智能信息处理和呈现等。云计算技术标准重点包括开放式虚拟化架构(资源管理与控制)、云计算互操作、云计算安全架构等。

共性关键技术标准体系包括标识和解析、服务质量(Quality of Service，QoS)、安全、网络管理技术标准。标识和解析标准体系包括编码、解析、认证、加密、隐私保护、管理，以及多标识互通标准。安全标准重点包括安全体系架构、安全协议、支持多种网络融合的认证和加密技术、用户和应用隐私保护、虚拟化和匿名化、面向服务的自适应安全技术标准等。

6.1.2 物联网中的云计算

云计算是物联网发展的基石，主要从以下两个方面促进物联网的实现。

一方面，云计算是实现物联网的核心，运用云计算模式使物联网中以兆计算的各类物品的实时动态管理和智能分析变得可能。物联网将射频识别技术、传感技术、纳米技术等新技术充分运用在各行业之中，将各种物体充分连接，并通过无线网络将采集到的各种实时动态信息送达计算机处理中心进行汇总、分析和处理。建设物联网的三大基石包括：传感器等电子元器件；传输的通道，比如电信网；高效的、动态的、可以大规模扩展的技术资源处理能力。其中，第三个基石正是通过云计算模式实现的。

另一方面，云计算促进物联网和互联网的智能融合，从而构建智慧地球。物联网和互联网的融合，需要更高层次的整合，需要“更透彻的感知，更安全的互联互通，更深入的智能化”。这同样也需要依靠高效的、动态的、可以大规模扩展的技术资源处理能力，而这正是云计算模式所擅长的。同时，云计算的创新型服务交付模式可以简化服务的交付，加强物联网和互联网之间及其内部的互联互通，可以实现新商业模式的快速创新，促进物联网和互联网的智能融合。物联网的四大组成部分有感应识别、网络传输、管理服务和综合应用，其中的网络传输和管理服务两个部分就会利用到云计算，特别是管理服务这一项。因为这里有海量的数据存储和计算的要求，使用云计算可能是最省钱的一种方式。换句话说，如果将物联网当作一台主机，云计算就是它的 CPU。

1. 云计算与物联网的结合方式

云计算与物联网各自具备很多优势，如果把云计算与物联网结合起来，我们可以看出，云计算其实就相当于一个人的大脑，而物联网就是其眼睛、鼻子、耳朵和四肢等。云计算与物联网的结合方式主要可以分为以下几种：

1) 单中心，多终端

在此类模式中，分布范围较小的各物联网终端(传感器、摄像头或 4G/5G 手机等)把云中心或部分云中心作为数据处理中心，终端所获得信息、数据由云中心统一处理及存储，云中心提供统一界面供使用者操作或者查看。这类应用非常多，如小区及家庭的监控、对某一高速路段的监测、幼儿园小朋友监管以及某些公共设施的保护等都可以用此模式。这类应用的云中心可提供海量存储和统一界面、分级管理等功能，对日常生活提供较好的帮助。一般此类云中心大多为私有云。

2) 多中心，大量终端

对于很多区域跨度加大的企业、单位而言，多中心、大量终端的模式较适合。比如，一个跨多地区或者多国家的企业因其分公司或分厂较多，需要对其各公司或工厂的生产流程进行监控、对相关的产品进行质量跟踪等。当然，有些数据或者信息需要及时甚至实时共享给各个终端的使用者时也可采取这种模式。举个简单的例子，如果北京地震中心探测到某地 10 分钟后会有地震，只需要十几秒就能将探测情况的报告信息发出，可尽量避免不必要的损失。中国联通的“互联云”思想就是基于此思路提出的。这个模式的前提是我们的云中心必须包含公有云和私有云，并且他们之间的互联没有障碍。这样，对于有些机密的事情(如企业机密等)可较好地保密而又不影响信息的传递与传播。

3) 信息、应用分层处理，海量终端

这种模式可以针对用户的范围广、信息及数据种类多、安全性要求高等特征进行部署。

当前，针对客户对各种海量数据的处理需求越来越多的情况，我们可以根据客户需求及云中心的分布进行合理分配。对于需要大量数据传送但是安全性要求不高的(如视频数据、游戏数据等)，我们可以采取本地云中心处理或存储；对于计算要求高而数据量不大的，我们可以放在专门负责高端运算的云中心里；而对于数据安全要求非常高的信息和数据，我们可以放在具有容灾备份的云中心里。此模式是根据具体应用模式和场景对各种信息、数据进行分类处理，然后选择相关的途径传递给相应的终端。

2. 云计算与物联网结合面临的问题

技术总能带给人们很多的想象空间，作为当前较为先进的技术理念，物联网与云计算的结合存在着很多可能性，也存在很多需要解决的问题。

1) 规模问题

规模化是云计算与物联网结合的前提条件。只有当物联网的规模足够大之后，才有可能和云计算结合起来，比如在行业应用方面，智能电网、地震台网监测等都需要云计算。而在一般性的、局域的、家庭网的物联网应用方面，则没有必要结合云计算。如何使两者发展至相应规模的问题尚待解决。

2) 安全问题

无论是云计算还是物联网，它们都有海量的数据。若安全措施做不到位，或者数据管理存在漏洞，它们将使我们的生活无所遁形。使我们面临黑客、计算机病毒的威胁，甚至被恐怖分子轻易跟踪、定位，这势必带来对个人隐私的侵犯和企业机密泄露等问题。破坏了信息的合法有序使用要求，可能导致人们的生活、工作陷入混乱。因此，这就要求政府、企业、科研院所等有关部门运用技术、法律、行政等各种手段解决安全问题。

3) 网络连接问题

云计算和物联网都需要持续、稳定的网络连接，以传输大量数据。如果在低效率网络连接的环境下，则不能很好地工作，难以发挥应用的作用。因此，如何解决不同网络(有线网络、无线网络)之间的有效通信，建立持续、大容量、高可靠的网络连接，还需要进行深入研究。

4) 标准化问题

标准是对任何技术的统一规范，由于云计算和物联网都是由多设备、多网络、多应用通过互相融合形成的复杂网络，所以需要把各系统都通过统一的接口、通信协议等标准联系在一起。这将是两者如何在不断发展中有效健全的问题。

总之，物联网能把所有物品通过射频识别等信息传感设备与互联网连接起来，实现智能化识别和管理，云计算则可利用互联网的分布性等特点来进行计算和存储。前者是对互联网的极大拓展，而后者则是一种网络应用模式，两者存在着较大的区别。但是，对于物联网来说，其本身需要进行大量而快速的运算，云计算带来的高效率的运算模式正好可以为其提供良好的应用基础。如果没有云计算的发展，物联网也就不能顺利实现，而物联网的发展又推动了云计算技术的进步，因为只有真正与物联网结合后，云计算才算是真正意义上从概念走向应用，两者缺一不可。

6.1.3 典型应用

1. 智能电网云

随着智能电网技术的发展和全国性互连电网的形成，未来的电力系统中数据和信息将变得更加复杂，数据和信息量将呈几何级数增长，各类信息间的关联也将更加紧密。同时，电力系统在线分析和控制所要求的计算能力也将大幅地提高，当前电力系统的计算能力已难以适应新应用的需求。日益增长的数据量对电网公司信息系统的数据处理能力提出了新的要求。在这种情况下，电网企业已经不可能采用传统的投资方式了，不能只靠大量的计算设备和存储设备来解决问题，而是采用新技术，充分挖掘出现有电力系统中硬件设施的潜力，提高其适用性和利用率。

基于上述构想，可以将云计算引入电力系统，构建面向智能电网的云计算体系，形成电力系统的私有云——智能电网云。智能电网云充分利用电力系统自身的物理网络整合现有的计算能力和存储资源，以满足日益增长的数据处理能力、电网实时控制和高级分析应用的计算需求。智能电网云以透明的方式向用户和电力系统应用提供各种服务，它是通过对虚拟化的计算和存储资源池进行动态部署、动态分配/重分配、实时监控的云计算系统，从而向用户或电力系统应用提供满足服务质量(Quality of Service，QoS)要求的计算服务、数据存储服务及平台服务。

智能电网云计算环境可以分为 3 个基本层次，即物理资源层、平台层和应用层。

物理资源层包括各种计算资源和存储资源，整个物理资源层也可以作为一种服务向用户提供，即 IaaS。IaaS 向用户提供的不仅包括虚拟化的计算资源、存储，还要保证用户访问时的网络带宽等。

平台层是智能电网云计算环境中最关键的一层。作为连接上层应用和下层资源的纽带，其功能是屏蔽物理资源层中各种分布资源的异质特性并对它们进行有效管理，以向应用层提供一致、透明的接口。作为整个智能电网云计算系统的核心层，平台层主要包括智能电网高级应用、实时控制程序设计和开发环境、海量数据的存储管理系统、海量数据的文件系统及实现智能电网云计算的其他系统管理工具，如智能电网云计算系统中资源的部署、分配、监控管理、安全管理、分布式并发控制等。平台层主要为应用程序开发者设计，提供应用程序运行及维护所需要的一切平台资源，开发者不用担心应用运行时所需要的资源。平台层体现了平台即服务，即 PaaS。

应用层是用户需求的具体体现，是通过各种工具和环境开发的特定智能电网应用系统。它是面向用户提供的软件应用服务及用户交互接口等，即 SaaS。

在智能电网云计算环境中，资源负载在不同时间的差别可能很大，而智能电网应用服务数量的巨大导致出现故障的概率也随之增长，资源状态总是处于不断变化中。此外，由于资源的所有权也是分散的，各级电网都拥有一定的计算资源和存储资源，不同的资源提供者可以按各自的需要对资源施加不同的约束，从而导致整个环境很难采用统一的管理策略。因此，若采用集中式的体系结构，即在整个智能电网云环境中只设置一个资源管理系统，那么很容易造成瓶颈并导致出现单故障点，从而使整个环境在可伸缩性、可靠性和灵活性方面都存在一定的问题，这对于大规模的智能电网云计算并不适合。解决此问题的思路是引入分布式的资源管理体系结构，采用域模型。采用该模型后，整个智能电网云计算环境分为两级：第一级是若干逻辑上的单元，我们称其为管理域，它是由某级电网拥有的若干资源(如高性能计算机、海量数据库等)构成的一个自治系统，每个管理域拥有自己的本地资源管理系统，负责管理本域内的各种资源；第二级则是这些管理域相互连接而构成的整个智能电网云计算环境。

管理域代表了集中式资源管理范围和分布式资源管理的基本单位，体现了两种机制的良好融合。每个域范围内的本地资源管理系统集中组织和管理该域内的资源信息，保证在域内的系统行为和管理策略是一致的。多个管理域通过相互协作并以服务的形式提供可供整个智能电网云计算环境中的资源使用者访问的全局资源，每个域的内部结构对资源使用者而言都是透明的。

云计算是分布式计算、并行处理和网格计算的进一步发展，是基于互联网的计算，是能够向各种网络应用提供硬件服务、基础架构服务、平台服务、软件服务、存储服务的系统。智能电网将先进网络通信技术、信息处理技术和现代电网技术进行了融合，代表了未来电力工业发展的趋势。因此，将云计算技术引入智能电网领域，充分挖掘现有电力系统计算能力和存储设施，以提高其适应性和利用率，无疑具有重要的研究价值和意义。

尽管智能电网云概念的提出较好地利用了电力系统现有的硬件资源，但在解决资源调度、可靠性及域间交互等方面的问题时，仍面临许多挑战。对这些问题进行广泛而深入的研究，无疑会对智能电网云计算技术的发展产生深远的影响。

2. 智能交通云

交通信息服务是智能交通系统(Intelligent Transportation System，ITS)建设的重点内容。目前，我国都会级城市交通信息服务系统的基础建设已初步形成，但普遍面临着整合利用交通信息来服务于交通管理和出行者的问题。如何对海量的交通信息进行处理、分析、挖掘和利用，将是未来交通信息服务的关键问题，而云计算技术以其自动化IT资源调度、快速部署及优异的扩展性等优势，将成为解决这一问题的重要技术。

1) 国内外智能交通的发展状况

近年来，随着我国城市化进程的加快和社会经济的快速发展，各类机动车的保有量急剧增多，传统的依靠加大基础设施投入的方法已经不能满足人们日益增长的交通出行需求。

日本是世界上率先展开ITS研究的国家之一，在1973年，日本通产省开始开发汽车综合控制系统(Comprehensive Automobile Control System, CASC)，目前日本ITS研究与应用开发工作要围绕3个方面进行，即提供实时道路交通信息的汽车信息和通信系统(Vehicle Information Communication System,VICS)、电子不停车收费系统(Electronic Toll Collection，ETC)和先进的公路系统(Advanced Highway System，AHS)。新加坡在ITS的发展方面走在世界前列，其智能交通信号控制系统实现了自适应和整体协调。韩国的智能公交调度及信息服务系统TAGO使首尔市的交通井然有序。首尔市的智能交通在交通管理、交通监测和公共交通等领域都得到了充分的应用和发展，其交通服务水平在亚洲属于高水平。

2) 交通数据的特点

交通数据具有以下几方面的特点。

(1) 数据量大。

交通服务要提供全面的路况，需组成多维、立体的交通综合监测网络，实现对城市交通状况、交通流信息、交通违法行为等的全面监测，特别是在交通高峰期时需要采集、处理及分析大量的实时监测数据。

(2) 应用负载波动大。

随着城市机动车水平的不断提高，城市道路交通状况日趋复杂，交通流特征呈现随时间变化大、区域关联性强的特点，需要对实时的交通流数据进行及时、全面地采集、处理和分析。

(3) 信息实时处理要求高。

市民对公众出行服务的主要需求之一就是对交通信息发布的时效性要求非常高，需将准确的信息及时提供给不同需求的主体。

(4) 有数据共享需求。

交通行业信息资源的全面整合与共享是智能交通系统高效运行的基本前提，智能交通相关子系统的信息处理、决策分析和信息服务是建立在信息相对全面、准确、及时的基础之上的。

(5) 有高可用性、高稳定性要求。

交通数据需面向政府、社会和公众提供交通服务，为出行者提供安全、畅通、高品质的行程服务，对智能交通手段进行充分利用，以保障交通运输的高安全、高时效和高准确性，势必要求 ITS 应用系统具有高可用性和高稳定性。

随着 ITS 应用的发展，服务器规模日益庞大，将带来高能耗、数据中心空间紧张、服务器利用率低或者利用率不均衡等状况，造成资源浪费，还会造成 IT 基础架构对业务需求反应不够灵敏，不能有效地调配系统资源来适应业务需求等问题。

云计算通过虚拟化等技术，整合服务器、存储、网络等硬件资源，优化系统资源配置比例，实现应用的灵活性，同时提升资源利用率，降低总能耗和运维成本。因此，在智能交通系统中引入云计算有助于系统的实施。云计算与物联网的架构如图 6-3 所示，且这一架构亦适应于其他的应用系统。

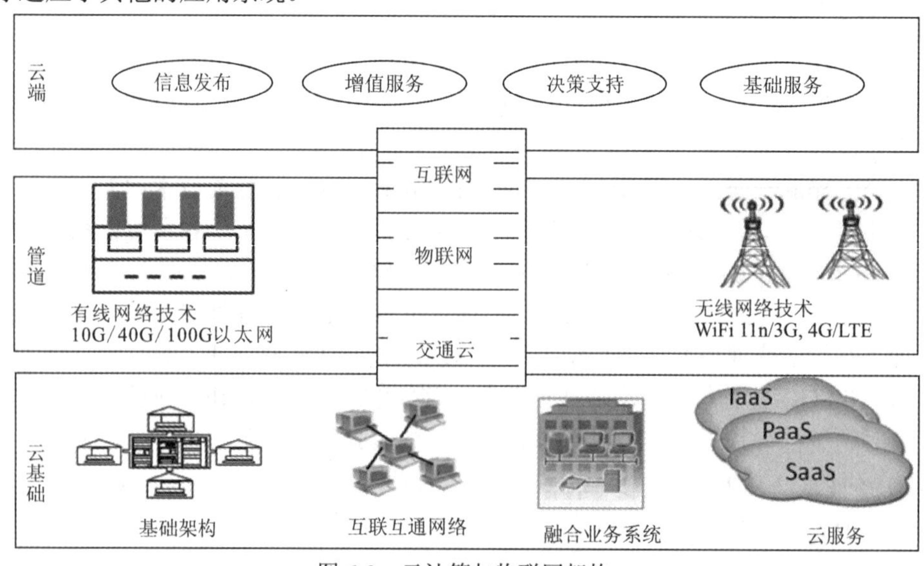

图 6-3 云计算与物联网架构

3) 智能交通的数据中心云计算化(私有云)

交通云专网中的智能交通数据中心的主要任务是为智能交通各个业务系统提供数据接收、存储、交换、分析等服务，不同的业务系统随着交通数据流压力的增大而使应用负载波动大，智能交通数据交换平台中的各子系统也会有相应的波动。为了提高智能交通数据中心硬件资源的利用率，并保障系统的高可用性及稳定性，可采用私有基础设施云平台。交通私有云平台主要提供以下功能。

(1) 基础架构虚拟化，提供服务器、存储设备虚拟化服务。

(2) 虚拟架构查看及监控，查看虚拟资源使用状况及远程控制(如远程启动、远程关闭等)。

(3) 统计和计量。

(4) 服务品质协议(Service Level Agreement，SLA)服务，如可靠性、负载均衡、弹性扩容、数据备份等。

4) 智能交通的公共信息服务平台、地理信息系统云计算化(公有云)

在智能交通业务系统中，有一部分互动信息系统、公众发布系统及交通地理信息系统运行在互联网上，是以公众出行信息需求为中心，整合各类位置及交通信息资源和服务，形成统一的交通信息来源，为公众提供形式多样、便捷、实时的出行信息服务。该系统还为企业提供相关的服务接口，补充公众之间及公众与企业、交通相关部门、政府之间的互动方式，以更好地服务于大众用户。

公众出行信息系统主要是提供常规信息、基础信息、出行信息等的动态查询服务及智能出行分析服务。该服务不但要直接为大众用户所使用，也要为运营企业提供服务。

基于交通的地理信息系统(GIS-T)也可以作为主要服务通过公有云平台向广大市民提供交通常用信息、地理基础信息、出行地理信息导航等的智能导航服务。该服务直接为市民所用，也同时为交通运营企业针对 GIS-T 的二次开发提供丰富的接口调用服务。

所有在互联网上的应用都属于公有云平台，智能交通把信息查询服务及智能分析服务作为一个平台服务提供给其他用户使用，不但可以标准化服务访问接口，也可以随负载压力动态调整 IT 资源，提高资源的利用率和保障系统的高可用性及稳定性。交通公有云平台提供以下功能。

(1) 供基于平台的 PaaS 服务。

(2) 资源服务部署，申请、分配、动态调整、释放资源。

(3) SLA 服务，如可靠性、负载均衡、弹性扩容、数据备份等。

(4) 其他软件应用服务(SaaS)，如地理信息服务、信息发布服务、互动信息服务、出行诱导服务等。

5) 关于智能交通云的争议

有专家认为，云计算应用中最大的质疑是数据安全，例如，交通领域的城市轨道交通中，传统安防服务的主体是地铁运营和地铁安防，其监控覆盖范围是地铁运营所涵盖的有限站点和区域，录像资料保密性和安全性要求高，且不接入公共网络，其服务对象是地铁运营人员和公安。同时，由于其安全级别要求更高(如信号系统对安防系统有特殊要求)，使得安防系统在设计时就必须必须进行特别地考虑。系统即使扩容也受制于地铁站点的数量，不会无限制地扩容。对于这种相对封闭的系统来说，云计算显然没有太多的价值。

专家还认为，如城市治安监控、金融、高速公路等其他传统的安防行业由于整个系统的建设和设计初衷会考虑到保障整体系统的可控性、稳定性，以及系统间的联动、封闭的反馈环自动化控制等要求，注定会融入一个相对封闭的大系统而非“云”系统，因此也不适合采用云计算的模式。

总之，随着智能交通的发展，云计算会在其中扮演重要的角色，但其如何扮演、是第一主角还是配角，这些都是值得讨论和研究的问题。

3. 医疗健康云

云计算在医疗健康领域的应用亦被寄予厚望，产生了所谓的医疗健康云的概念。医疗健康云是在云计算、物联网、3G 通信及多媒体等新技术基础上结合医疗技术，旨在提高医疗水平和效率，降低医疗开支，实现医疗资源共享，扩大医疗范围，以满足广大人民群众日益提升的健康需求的一项全新的医疗服务。云医疗目前也是国内外云计算落地行业应用中最为热门的领域之一。

1) 医疗健康云的优势

(1) 数据安全。利用云医疗健康信息平台中心的网络安全措施降低了数据被盗走的风险；利用存储安全措施使得医疗信息数据定期进行本地及异地备份，提高了数据的冗余度，使得数据的安全性大幅提升。

(2) 信息共享。将多个省市的信息整合到一个环境中，有利于各个部门之间的信息共享，从而提升其服务质量。

(3) 动态扩展。利用云医疗中心的云环境可对云医疗系统的访问性能、存储性能、灾备性能等进行无缝扩展升级。

(4) 布局全国。借助云医疗的远程可操控性可形成覆盖全国的云医疗健康信息平台，医疗信息在整个云内共享，惠及更多的群众。

(5) 前期费用较低。因为几乎不需要在医疗机构内部部署技术，所以前期费用较低。

2) 医疗健康云需要考虑的问题

将云计算用于医疗机构时，必须考虑以下问题：

(1) 系统必须能够适应各部门的需要和组织的规模。

(2) 架构必须鼓励以更开放的方式共享信息和数据源。

(3) 资本预算紧张，所以任何技术更新都不能给原本就不堪重负的预算环境带来过大的负担。

(4) 随着更多的病人进入系统，使更多的数据变得数字化，其可扩展性必不可少。

(5) 由于医生和病人将得益于远程访问系统和数据的功能，可移植性不可或缺。

(6) 安全和数据保护至关重要。

纵观所有医疗信息技术，采用云计算面临的最大阻力也许来自对病人信息的安全和隐私方面的担心。医疗行业在数据隐私方面有一些具体的要求，已成为《健康保险可携性及责任性法案》(HIPPA)的隐私条例，政府通过这些条例为个人健康信息提供保护。同样，许多医疗信息技术系统处理的是生死攸关的流程和规程(如急诊室筛查决策支持系统或药物相互作用数据库)。面向医疗行业的云计算必须拥有最高级别的可用性，并提供万无一失的安全性，那样才能得到医疗市场的认可。

因此，一般的IT云计算环境可能不适合一些医疗应用。随着私有云计算概念的流行，医疗行业必须更进一步建立专门满足医疗行业安全性和可用性要求的医疗云环境。

目前可以观察到有两类医疗健康云：一类是面向医疗服务提供者的，如IBM和Active Health合作的Collaborative Care，可以称为医疗云；另一类是面向患者的，如Google Health、Microsoft Health Vault及美国政府面向退伍军人提供的Blue Button，暂且称其为健康云。

除了将现有的IT服务搬到云上外，将来更大的机会在于方便了医疗机构之间、医疗机构和患者之间信息的分享和服务的互操作，以及在此基础上促进第三方去发展新的业务。对于像过渡期护理(Transitional Care)、慢性病预防与管理、临床科研等涉及多家医疗医药机构的合作、患者积极参与的情形，若在医疗健康云上进行将如虎添翼。

6.2 云计算与移动互联网

6.2.1 移动互联网概述

移动互联网(Mobile Internet，MI)是一种通过智能移动终端，采用移动无线通信方式获取业务和服务的新兴业务，其包含终端、软件和应用三个层面。终端包括智能手机、平板电脑、电子书、MID等；软件包括操作系统、中间件、数据库和安全软件等；应用包括休闲娱乐类、工具媒体类、商务财经类等不同应用与服务。随着技术和产业的发展，未来，LTE(长期演进，4G通信技术标准之一)和NFC(近场通信，移动支付的支撑技术)等网络传输层关键技术也将被纳入移动互联网的范畴之内。

随着宽带无线接入技术和移动终端技术的飞速发展，人们迫切希望能够随时随地乃至在移动过程中都能方便地从互联网中获取信息和服务。在全球信息产业中，移动通信和互联网是发展最为迅速和最具增长潜力的两大领域。目前，移动互联网的发展速度远远超过固定互联网(以固定个人计算机为终端的传统互联网)。移动互联网的主要应用包括手机游戏、移动搜索、移动即时通信、移动电子商务等，此外，社交网络应用和定位导航已成为应用热点。随着5G普及率的进一步提高和移动智能终端的快速发展，手机上网的Web方式将彻底取代WAP方式，因此需保持固定互联网到移动互联网的连续性和一致性，以便为用户带来更好的体验。

此外，移动互联网在商业模式也迅速向固定互联网靠拢。目前，移动互联网的3种商业模式都源自门户模式的成功实践：一是“平台+服务”模式，定位于价值链控制力；二是“终端+应用”模式，定位于用户需求整体解决方案；三是“软件+门户”模式，定位于最佳产品服务。门户模式已成为运营商、终端厂商、信息服务提供商的战略选择。不同领域的企业均在基于自身业务体系和竞争优势构建上具有主导权的商业模式，以应对网络融合趋势给移动互联网发展带来的不确定性和竞争。

从互联网商业模式的演变来看，互联网企业不断追寻着用户的“足迹”，通过搜集和挖掘用户在应用过程中的行为，互联网将更为准确地理解用户，从而引导和创造客户需求以源源不断地获得收益。由于移动终端与客户之间的绑定，使得移动应用具有随身性、可鉴权、可身份识别等独特优势，可运营、可管理的用户群是移动通信业和移动互联网发展后所拥有的基础资源。移动互联网在向着可运营、可管理的方向发展，其发展过程中将不断开辟新的发展空间。这就需要通过云来追踪用户的足迹，分析用户的行为，从而将用户的选择反作用于服务提供者，促使服务提供者提供的服务更具针对性，同时也更有效率，更能激发新的市场发展。

6.2.2 云计算助力移动互联网

由于近年来移动互联网的急速发展与成长，存储、计算机能量消耗、IT 产业人员和硬件成本的不断提高，数据中心空间日益匮乏，原始的互联网系统与服务设计已经不能解决上述的种种问题，移动互联网急需新的解决方案。同时，大型企业必须充分研究数据资源，才能支持其商业行为，数据的收集与分析必须建立在一种新的平台之上，这就是云计算平台。移动终端设备一般来说其存储容量较小、计算能力不够，云计算将应用的“计算”与大规模的数据存储从终端转移到服务器端，从而降低了对移动终端设备的处理需求。因此，移动终端主要承担与用户交互的功能，复杂的计算交由云端(服务器端)处理，终端不需要强大的运算能力即可响应用户操作，保证用户的良好使用体验，从而实现云计算支持下的 SaaS。

云计算降低了对网络的要求。例如，用户需要查看某个文件时，不需要将整个文件传送给用户，而只需根据需求发送用户需要查看的部分的内容。由于终端不感知应用的具体实现，使扩展应用变得更加容易，应用在强大的服务器端实现和部署，并以统一的方式(如通过浏览器)在终端实现与用户的交互。

无论是苹果公司的 MobileMe、微软公司的 LiveMesh 服务，还是 Google 公司的移动搜索，以云计算为基础的移动互联网应用和服务都具有信息存储的同步性和应用的一致性，进而保证了用户业务体验的无缝衔接。云计算渐渐成为一种主流服务，它已经使移动互联网呈现出更为广阔的应用前景。

1. 移动互联网的“端”“管”“云”

云生态系统将从“端”“管”“云”这 3 个层而展开。“端”指的是接入终端设备，“管”指的是信息传输管道，“云”指的是服务提供网络。具体到移动互联网而言，“端”指的是手机、MID 等移动接入终端设备，“管”指的是(宽带)无线网络，“云”指的是提供各种服务和应用的内容网络。

电信运营商和网络设备制造商在“管”的方面优势明显，终端制造商对“端”的掌握力度最强，IT 和互联网企业则对“云”最为熟悉。参与移动互联网的企业要想在未来的竞争中处于有利甚至是主导地位，就必须依托已有基础延伸价值链，争取贯通“端”“管”“云”的产业价值链条。

尽管 IT 企业率先提出了云计算这一概念并暂时处于领先位置，但是拥有庞大网络和用户资源的移动运营商正在加速追赶，其先期通过模仿与合作不断推出基于云的服务，未来则力图通过技术和业务创新重新获得竞争优势。但即使移动运营商能够占据主导地位，移动互联网市场也不再是一个封闭的圈子，而是成为开放式的“大花园”。也只有如此，移动互联网才能良性地发展，实现企业与用户的双赢。

从用户的角度来看，复杂的技术名词难以理解，需求被满足才是最实在的东西。用户只关心应用的功能，而不关心应用的实现方式，因此，以“云”+“端”的方式向用户提供移动互联网服务既可以满足用户的随需而选，又可以实现处理器和存储设备的共享利用，对用户和应用提供商来说都是经济的。移动互联网在未来几年需要解决的主要问题就是要在不改变用户互联网业务使用习惯的前提下，保证移动终端设备毫无障碍、随时随地以较高速度接入已经成熟发展的传统互联网业务与应用，只有这样，移动互联网才能真正实现成熟与良性的发展。因此，终端、带宽和应用就成为移动互联网发展成功的 3 个关键因素。

2. 移动互联网云计算的优势

移动互联网云计算的优势主要有以下几个方面。

(1) 突破终端硬件的限制。

虽然一些智能手机的主频已经达到 1 G，但是和传统的个人计算机相比还是相距甚远。单纯依靠手机终端进行大量数据处理时，硬件就成了最大的瓶颈。而在云计算中，由于运算能力及数据存储都是来自移动网络中的“云”。所以，移动设备本身的运算能力就不再重要。通过云计算可以有效地突破手机终端的硬件瓶颈。

(2) 便捷的数据存取。

由于云计算技术中的数据是存储在云中的，一方面为用户提供了较大的数据存储空间；另一方面为用户提供便捷的存取机制，对云端的数据访问完全可以达到本地访问速度，也方便了不同用户之间的数据分享。

(3) 智能均衡负载。

针对负载变化较大的应用，采用云计算可以弹性地为用户提供资源，有效地利用多个应用之间周期的变化，智能均衡应用负载可提高资源利用率，从而保证每个应用的服务质量。

(4) 降低管理成本。

当需要管理的资源越来越多时，管理的成本也会越来越高。通过云计算来标准化和自动化管理流程，可简化管理任务，降低管理的成本。

(5) 按需服务，降低成本。

在互联网业务中，不同客户的需求是不同的，通过个性化和定制化服务可以满足不同用户的需求，但是往往会造成服务负载过大的后果。而通过云计算技术可以使各个服务之间的资源得到共享，从而降低服务的成本。

3. 移动互联网云计算的挑战

由于自身特性和无线网络及设备的限制，移动互联网云计算的实现给人们也带来了挑战，尤其是在多媒体互联网应用和身临其境的移动环境中。例如，在线游戏和 Augmented Reality 都需要较高的处理能力和较小的网络延迟，这些都很可能将继续由强大的智能终端和移动端本地化处理。对于一个给定的应用要运行在云端，宽带无线网络一般需要更长的执行时间，而且网络延迟的难题可能会让人们觉得某些应用和服务不适合通过移动云计算来完成。总体而言，较为突出的挑战如下。

1) 可靠的无线连接

移动云计算将被部署在具有多种不同的无线电访问方式的环境中，如 GPRS、LTE、WLAN 等接入技术。无论何种接入技术，移动云计算都要求无线连接具有以下特点：

(1) 要一个“永远在线”的连接以保证云端控制信令信道的低速率传输。

(2) 需要一个“按需”可扩展链路带宽的无线连接。

(3) 需要考虑能源效率和成本，进行网络选择。

移动云计算最严峻的挑战可能是如何一直保证无线连接，以满足移动云计算在可扩展性、可用性、能源和成本效益方面的要求。因此，接入管理是移动云计算非常关键的一个方面。

2) 弹性的移动业务

就最终用户而言，怎样提供服务并不重要。移动用户需要的是云移动应用商店。但是和下载到最终用户手机上的应用程序不同，这些应用程序需要在设备上或云端启动，并根据动态变化的计算环境或使用者的喜好在终端和云之间实现迁移。用户可以使用手机浏览器接入服务。总之，这些应用程序由于具有较低的 CPU 频率、较小的内存和低供电的计算环境而受到很多限制。

3) 标准化工作

尽管云计算有很多优势，包括无限的可扩展性、总成本的降低、投资的减少、用户使用风险的减少和可实现系统的自动化，但还是没有公认的开放标准可用于云计算。不同的云计算服务提供商之间仍不能实现可移植性和互操作性，这阻碍了云计算的广泛部署和快速发展。客户不愿意以云计算平台代替目前的数据中心和 IT 资源，因为云计算平台依然存在一系列未解决的技术问题。

由于缺乏开放的标准，云计算领域存在如下问题。

(1) 有限的可扩展性。大多数云计算服务提供商(Cloud Computing Service Provider, CCSP)声称它们可以为客户提供无限的可扩展性，但实际上随着云计算的广泛使用和用户的快速增长，CCSP 很难满足所有用户的要求。

(2) 有限的可用性。其实，服务关闭的事件近来在云计算服务提供商 CCSP 中经常发生，包括 Amazon、Google 和微软。对于一个 CCSP 服务的依赖会导致发生故障时受到瓶颈障碍，因为一个 CCSP 的应用程序不能迁移到另一个 CCSP 上。

(3) 服务提供者的锁定。便携性的缺失使得应用程序传输 CCSP 之间的数据变得不可能，因此，客户通常会锁定在某个 CCSP 的服务。而开放云计算联盟(Open Cloud Consortium, OCC)将使整个云计算市场公平化，允许小规模竞争者进入市场，从而促进云计算的创新性和活力。

(4) 封闭的部署环境服务。目前，因为两个 CCSP 之间没有互操作性，应用程序无法扩展到多个 CCSP。

6.3 云计算企业实践案例

6.3.1 Google 云计算方案

Google 拥有全球最强大的搜索引擎。除了搜索业务以外，Google 还有 Google Maps、Google Earth、Gmail、YouTube、Google Wave 等各种业务。这些应用的共性在于数据量巨大，而且要面向全球用户提供实时服务，因此 Google 必须解决海量数据存储和快速处理问题。Google 的诀窍在于它开发出简单而高效的技术，让多达百万台的廉价计算机协同工作，共同完成这些前所未有的任务，这些技术是在诞生几年之后才被命名为 Google 云计算技术。

Google 云计算技术包括 Google 文件系统(Google File System，GFS)、分布式计算编程模型 MapReduce、分布式锁服务 Chubby 和分布式结构化数据存储系统 Bigtable 等。其中，GFS 提供了海量数据的存储和访问的能力，MapReduce 使得海量信息的并行处理变得简单易行，Chubby 保证了在分布式环境下并发操作的同步问题，Bigtable 使海量数据的管理和组织变得十分方便。

1. GFS

GFS 是一个大型的分布式文件系统，它为 Google 云计算提供海量存储，并且与 Chubby、MapReduce 及 Bigtable 等技术结合十分紧密，处于所有核心技术的底层。GFS 不是一个开源的系统，但从 Google 官方网站公布的技术文档可以了解 GFS 产生的背景、特点、系统框架和性能测试等。

当前主流分布式文件系统有 Red Hat 的 GFS(Global File System)、IBM 的 GPFS、Sun 的 Lustre 等。这些系统通常用于高性能计算或大型数据中心，对硬件设施条件要求较高。以 Lustre 文件系统为例，它只对元数据管理器 MDM(MetaData Manager)提供容错解决方案，而对于具体的数据存储节点目标存储(Object Storage，OST)来说，则依赖其自身来解决容错的问题。例如，Lustre 推荐 OST 节点采用 RAID 技术或 SAN 存储区域网来容错，但由于 Lustre 自身不能提供数据存储的容错，一旦 OST 发生故障就无法恢复，因此对 OST 的稳定性就提出了相当高的要求，从而大大增加了存储的成本，而且成本会随着规模的扩大呈线性增长。

Google GFS 的新颖之处并不在于它采用了多么令人惊讶的技术，而在于它采用廉价的商业机器构建分布式文件系统，同时将 GFS 的设计与 Google 应用的特点紧密结合，并进行简化使之可行，最终达到创意新颖、有用、可行的完美结合。GFS 使用廉价的商业机器构建分布式文件系统，将容错的任务交由文件系统来完成，利用软件的方法解决系统的可靠性问题，这样可以使得存储的成本成倍下降。由于 GFS 中服务器数目众多，在 GFS 中服务器死机是经常发生事情，甚至都不应当将其视为异常现象，那么如何在频繁的故障中确保数据存储的安全、保证提供不间断的数据存储服务是 GFS 最核心的问题。GFS 的优势在于它采用了多种方法，从多个角度使用不同的容错措施来确保整个系统的可靠性。

2. 并行数据处理 MapReduce

MapReduce 是 Google 提出的一个软件架构，是一种处理海量数据的并行编程模式，用于大规模数据集(通常大于 1 TB)的并行运算。Map(映射)、Reduce(化简)的概念和主要思想都是从函数式编程语言和向量编程语言借鉴来的。正是由于 MapReduce 有函数式和向量编程语言的共性，使得这种编程模式特别适合于非结构化和结构化的海量数据的搜索、挖掘、分析与机器智能学习等。

3. 分布式锁服务 Chubby

Chubby 是 Google 设计的提供粗粒度锁服务的一个文件系统，它基于松耦合分布式系统，解决了分布的一致性问题。通过使用 Chubby 的锁服务，用户可以确保数据操作过程中的一致性。不过值得注意的是，这种锁只是一种建议性的锁(Advisory Lock)，而不是强制性的锁(Mandatory Lock)，如此选择的目的是使系统具有更大的灵活性。

GFS 使用 Chubby 来选取一个 GFS 主服务器，Bigtable 使用 Chubby 指定一个主服务器并发现、控制与其相关的子表服务器。除了最常用的锁服务之外，Chubby 还可以作为一个稳定的存储系统存储包括元数据在内的小数据。同时，Google 内部还使用 Chubby 进行名字服务(Name Server)。

4. 分布式结构化数据表 Bigtable

Bigtable 是 Google 开发的基于 GFS 和 Chubby 的分布式存储系统。Google 的很多数据，包括 Web 索引、卫星图像数据等在内的海量结构化和半结构化数据都是存储在 Bigtable 中的：从实现上来看，Bigtable 并没有什么全新的技术，但是如何选择合适的技术并将这些技术高效、巧妙地结合在一起恰恰是最大的难点。Google 的工程师通过研究及大量的实践，完美地实现了相关技术的选择及融合。Bigtable 在很多方面和数据库类似，但它并不是真正意义上的数据库。

目前，包括 Google Analytics、Google Earth、个性化搜索、Orkut 和 RRS 阅读器在内的几十个项目都使用了 Bigtable。这些应用对 Bigtable 的要求及使用的集群机器数量都是各不相同的，但是从实际运行来看，Bigtable 完全可以满足这些应用的不同需求，而这一切都得益于其优良的构架及恰当的技术选择。与此同时，Google 还在不断地对 Bigtable 进行一系列的改进，通过技术改良和新特性的加入来提高系统的运行效率及稳定性。

6.3.2 Amazon 弹性计算云方案

专业 IT 企业提供的云计算多多少少会限制在自己提供的系统之上，Amazon 公司不是 IT 系统制定者而是应用者，所以 Amazon 平台是开放的。它提供了弹性虚拟平台，以 Xen 虚拟化技术作为核心，提供了包括 EC2、S3、SimpleDB、SQS 在内的企业服务，其系统是开源的。

1. Amazon Web Services

Amazon Web Services(AWS)是一组服务，它允许用户通过程序访问 Amazon 的计算基础设施，为用户提供远程计算能力和存储空间，Amazon 也因此成为云计算领域的先驱，尽管该服务在 Amazon 总收入中的占比仅为 2%，但增速却非常迅猛。

具体来说，AWS 支持 PaaS、IaaS 和 SaaS。AWS 的 Web 服务本身驻留在用户环境之外的云中，具备极高的可用性。用户可以在所有操作系统下使用 Amazon 提供的接口，手动或通过编程自动获取或增加所需要的虚拟机数量，这样的虚拟基础设施大大降低了当今 Web 环境中的“贫富差异”。用户可以在几分钟内快速地获得一个基础设施，而这在真实的 IT 工作室中可能会花费几周时间。更重要的是这个基础设施是弹性的，用户可以根据需求便捷地扩展和收缩。而且世界各地的公司都可以使用这个弹性的基础设施。

目前，AWS 按实际使用量付费，其收费机制较复杂(如 EC2 计算服务为 0.1～0.8 美元/小时，S3 存储服务每 GB 约 0.15 美元 / 月)，也有免费体验，可任意选择服务组合，服务耦合度低。

2. 弹性计算云 EC2

弹性计算云 EC2 可提供的服务有：IaaS 服务支持虚拟机的使用；用户根据需要设置虚拟机的硬件配置；提供弹性的、可与用户账号绑定的 IP 地址，当正在使用的实例出现故障时，用户只需将弹性 IP 地址重新映像到一个新的实例即可。

弹性计算云在易用性上稍差，需要 Amazon 提供模块以供用户组建自己的程序。

用户自行提供运行程序所需的 AMI(Amazon 机器镜像)构建自己的服务器平台具有很好的灵活性，允许用户对运行的实例 SSH 和类型自行配置；允许用户选择实例运行的地理位置；有很好的安全性，基于密钥对 EC2 的 SSH(Secure Shell)方式访问，可配置的防火墙机制，允许用户对其应用程序进行监控。因为弹性计算云 EC2 直接提供虚拟机服务，所以可以适用任意的应用程序。

小知识

SSH 为 Secure Shell(安全外壳协议)的缩写，由国际互联网工程任务组(The Internet Engineering Task Force，IETF)的网络工作小组(Network Working Group)所制定；SSH 为建立在应用层和传输层基础上的安全协议，是目前较为可靠、专为远程登录会话和其他网络服务提供安全性的协议。利用 SSH 协议可以有效防止远程管理过程中的信息泄露问题。SSH 最初是 UNIX 系统上的一个程序，后来又迅速扩展到其他操作平台。SSH 在正确使用时可弥补网络中的漏洞。SSH 客户端适用于多种平台。几乎所有 UNIX 平台—包括 HP-UX、Linux、AIX、Solaris、Digital UNIX、Irix 以及其他平台都可运行 SSH。

3. 简单存储服务 S3

Amazon S3 全名为 Amazon 简易储存服务(Amazon Simple Storage Service)，是 Amazon 公司利用 Amazon 网络服务系统所提供的网络线上储存服务，经由 Web 服务界面(包括 REST、SOAP、BitTorrent)提供给用户的能够轻松把档案储存到网络服务器上的服务。

从 2006 年 3 月开始，Amazon 公司在美国推出这项服务，2007 年 11 月扩展到欧洲地区。Amazon 公司为这项服务收取的费用是每个月每 10 亿字节需要 0.15 美元，如果需要额外的网络带宽与品质，则要另外收费。

使用亚马逊简单储存服务的用户能获得在亚马逊网站上运行自己的网站所使用的系

统。简单存储服务允许上传、存储和下载 5 GB 大小的文件或对象，而 Amazon 并没有限制用户可存储的项目的数量。用户数据存储在多个数据中心的冗余服务器上。简单存储服务采用一个简单的基于 Web 的界面并且使用密钥来验证用户身份。用户可以选择保留自己的数据或公开数据。如果愿意的话，用户还可以在存储之前对数据进行加密。当用户的数据存储在简单存储服务上，Amazon.com 就会跟踪其使用，以便进行计费，但并不以其他方式获取数据，除非法律要求这样做。

S3 架构在 Dynamo 之上，提供一个字节到数 GB 字节的支持，大概有 520 亿对象，它采用桶、对象两级模式结构，可手动或编程自动增加桶中的对象数量进行扩充，具有冗余存储、数据监听回传等容错能力，使用身份认证(基于 HMAC-SHA1 的数字签名)和访问控制列表以保证安全性，并采用负载均衡和数据恢复技术保证系统的可靠性。

4. 数据库服务 SimpleDB

Amazon SimpleDB 是一个分布式数据库，属于非关系数据库，以 Erlang 撰写。与 Amazon EC2 和 Amazon S3 一样，其作为一项 Web 服务，属于 Amazon 网络服务的一部分。如同 EC2 和 S3 一样，SimpleDB 按照存储量、在互联网上的传输量和吞吐量收取费用。2008 年 12 月 1 日，Amazon 推出了新的定价策略，提供了免费 1 GB 的数据和 25 机器小时的自由层(Free Tire)，将其中的数据转移到其他 Amazon 网络服务是免费的。

SimpleDB(与 Google 的 DataStore 类似)的主要宗旨就是阅读速度快。虽然并非全部的网站都需要快速进行资料检索，但至少绝大部分的网站有这样的需求，而且它们对资料检索速度的要求远远高于对资料存储的要求。Amazon 的自有网站就是一个典型的例子。人们在 Amazon 的网上浏览书籍和其他产品时一定希望很快就能打开相应的网页。此时，除了记录下浏览历史之外，基本上没有什么资料的存储工作。人们可不想苦苦等待这些网页慢慢地打开。又如，当用户在 Amazon 的论坛上发帖时，最后的帖子发布过程会有延迟——这段时间虽然很短，但用户还是可以发现，显然用户对这个现象表现出了相当的宽容。总的来说，对绝大部分人来说，让他们满意的应该是尽可能快的阅读速度及相对来说可能慢一些的书写速度。这些就是 SimpleDB(与 Google DataStore)提供的主要功能。

SimpleDB 支持域—条目—属性—值四级模式的系统结构，支持有限的 SQL，具有很强的可扩展性，查询结果只包含条目名称不包括相应的属性值，响应时间不能超过 5 秒，否则报错。此外，它没有事务(Transaction)的概念，不支持 Join 操作，实际存储的数据类型单一(所有的数据都以字符串形式存储)。

5. SQS

Amazon SQS(Simple Queue Service) 是一项快速可靠、可扩展且完全托管的消息队列服务。SQS 大大地简化了云应用程序组件的去耦合，使其具有较高的成本效益。使用 SQS 可以使用任意的吞吐量来传输任何容量的数据，同时可避免消息丢失。

SQS 采用分布式构架实现每一条消息都可能保存在不同的机器中，甚至保存在不同的数据中心里。这种分布式存储策略保证了系统的可靠性，同时也体现出其与中央管理队列的差异。消息和队列是 SQS 实现的核心，消息是可以存储到 SQS 队列中的文本数据中，也可以由应用通过 SQS 的公共访问接口执行添加、读取、删除等操作。队列是消息的容器，其提供了消息传递及访问控制的配置选项。

总之，SQS 是一种支持并发访问的消息队列服务，它支持多个组件并发的操作队列，如向同一个队列发送或者读取消息。消息一旦被某个组件处理，则该消息将被锁定，并且被隐藏，其他组件不能访问和操作此消息，但此时队列中的其他消息仍然可以被各个组件访问。

6.3.3 IBM 云计算 BlueCloud 方案

BlueCloud 方案是由 IBM 云计算中心开发的企业级云计算解决方案。该方案可以对企业现有的基础架构进行整合，通过虚拟化技术和自动化技术构建企业自己拥有的云计算中心，实现企业硬件资源和软件资源的统一管理、统一分配、统一部署、统一监控和统一备份，打破应用对资源的独占局面，从而帮助企业实现云计算理念。

BlueCloud 计算平台是一套软、硬件平台，它将互联网上使用的技术扩展到企业平台上，使得数据中心使用类似于互联网的计算环境。BlueCloud 大量使用了 IBM 先进的大规模计算技术，结合了 IBM 自身的软、硬件系统及服务技术，支持开放标准与开放源代码软件。其核心技术为网格技术、分布式存储及动态负载均衡等。

1. 云计算架构

IBM 在 IaaS、PaaS 和 SaaS 这 3 个层面都有方案推出，其中包括公有云、私有云和混合云。2009 年年初，IBM 发布了“智慧的地球”这一理念：智慧地球、智慧城市、智慧通信、智慧医疗……一切都是智慧的，IBM 智慧的云计算也是其智慧战略的重要组成部分，其云智慧正不断地向云计算领域延伸。

IBM 的 BlueCloud 方案提供了先进的企业基础架构管理平台，它能够实现硬件和软件资源的统一管理、统一分配、统一部署、统一监控和统一备份，从而降低成本，加速企业创新。

基于对中国市场的了解和在全球拥有的资源，IBM 推出了能够帮助企业提供 6+1 种情景的云环境解决方案，如图 6-4 所示。该方案包括软件开发测试云、SaaS 云、创新协作云、高性能计算云、IDC 云、企业私有云 6 种应用场景和一个能够快速部署云计算的环境，也就是 CloudBurst，并结合 IBM 在各个行业累积的经验，能帮助各类企业和机构解决其所需计算资源的问题。

软件测试云将改变软件开发的传统方式，使软件交付活动具有更加高效的协作性，并且富有乐趣，使开发团队的生产效率和创新能力提高到一个新的水平。

传统的 SaaS 需要非常多的硬件资源和维护费用，而 SaaS 云则是想用就用的软件服务模式云计算，能够使用户以更低的成本、更快的速度得到软件，而且无须维护。SaaS 应用的全生命周期管理将提升运营和维护的效率，并降低成本。

随着全球化带来的机遇、挑战及可用人力资源的增加，很多企业把促进创新作为一种优先考虑的战略，创新协作云为企业提供了协作创新的门户及基于云计算的创意孵化环境。

高性能计算云能够为用户提供完全可以定制的高性能计算环境。用户可以根据自己的需求改变计算环境的操作系统、软件版本和节点规模，从而避免与其他用户的冲突。高性能计算云可以成为网格计算的支撑平台，提升计算的灵活性和便捷性。

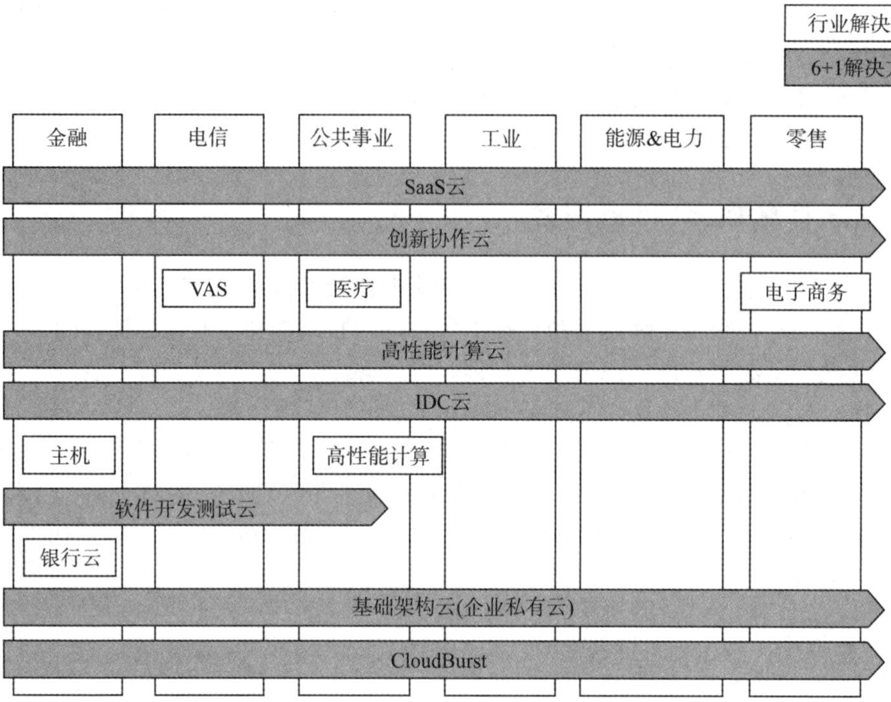

图 6-4　IBM 云计算 6+1 解决方案

传统的 IDC(Internet Data Center)主要提供带宽租用和机位租用服务，其服务种类单一，竞争激烈。IDC 云借助 IBM 云计算管理平台，可以提供更多种类的增值服务(包括云计算虚拟基础架构服务、SaaS 软件订购服务等)，并提升利润率。

企业私有云通过采用硬件设备虚拟化、软件版本标准化、系统管理自动化和服务流程一体化等手段，把传统的数据中心建设成为一个以服务为中心的运行平台。资源的使用方式从专有独占方式转变成完全共享方式，运行环境可以自动部署并可以调整资源分配，实现资源随需掌控，从而帮助客户建立一个基于业务的资源共享、服务集中和自动化的开放数据中心。

此外，IBM 的 BlueCloud 还将为企业提供一个可快速部署的云计算平台。企业通过它能够快速体验到云计算带来的优势。云计算管理能力与被管理的资源内置在一组刀片中心中。通过使用内置的云计算管理平台，用户可以把刀片中心变成一个小型的云，使之可以动态地提供用户所需的虚拟服务器。用户可以使用的虚拟服务器数量大大超过了物理机器数量。

2. 云计算相关产品

云计算的相关产品主要有以下几种。

1) IBM WebSphere CloudBurst

IBM WebSphere CloudBurst 为云环境管理工具，以物理器件形式发布，即插即用。WebSphere CloudBurst 使用户能够在“私有云”中轻松地创建应用环境，并安全地部署和管理应用环境，同时让用户将自己在 SOA 方面的投资无缝地扩展到云服务环境。

2) WebSphere Virtual Enterprise

WebSphere Virtual Enterprise 为软件解决方案，用于对中间件和应用栈进行虚拟化，为应用创建一个共享的应用云或共享的资源池，而不必考虑特定的应用容器，并实行负载均衡和资源调度。

3) XIV

XIV 为 IBM 的新一代云存储产品，其基于网格技术，具有海量存储设备、大容量文件系统、高吞吐量互联网数据访问接口、管理系统等设计特征。

XIV 内置虚拟化技术、快照功能，可以瞬间克隆数据卷，可帮助用户部署可靠、多用途、可用的信息基础结构，同时可提升存储管理、配置，改进资产的利用率。

6.3.4 Oracle 云计算方案

Oracle 在云计算领域先后收购了多家知名企业，它通过 BEA 获取了先进的中间件(WebLogic)技术，通过 Sun 获取了先进的服务器和存储技术，加上自家的 Oracle 数据库，Oracle 云计算的雏形就出来了。

1. Oracle 云计算战略

Oracle 的云计算战略广泛而全面，为客户采用云计算提供了选择和实用的规划。Oracle 云和公有云提供企业级软 / 硬件产品和服务，如图 6-5 所示。

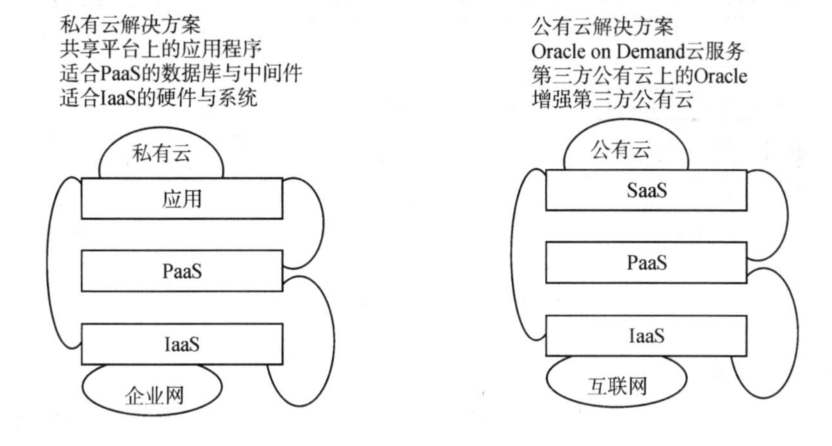

图 6-5 Oracle 云计算战略

1) *私有云*

私有云包括一系列广泛、横向和行业特定的 Oracle 应用程序，这些应用程序在基于标准的、共享的、可灵活伸缩的云平台上运行。

私有云用于私有 PaaS 的 Oracle 中间件和数据库，支持客户整合现有应用程序并且更加高效地构建新应用程序。

私有 IaaS 通过使用与虚拟化操作系统软件相结合的，Oracle 服务器、存储器和网络硬件，以支持客户在共享硬件上整合应用程序。

2) 公有云

Oracle 公有云服务拥有统一的自助用户界面，可以配置、监测和管理所有服务。目前，Oracle 公有云作为一项服务，有可自助、基于订购的 4 项 Oracle 融合应用软件及 Oracle 融合中间件(Java)、Oracle 数据库产品、数据服务及安全服务等 8 项服务。其中 4 项 Oracle 融合应用软件包括 Fusion CRM(融合客户关系管理)、Fusion HCM(融合人力资本管理)、Fusion Talent 和 Fusion Financials(融合财务)。

3) 云之间的集成

Oracle 支持跨公有云和私有云集成一系列身份和访问管理产品，同时还支持 SOA 和流程集成及数据集成。图 6-6 所示为 Oracle 全面的云解决方案。

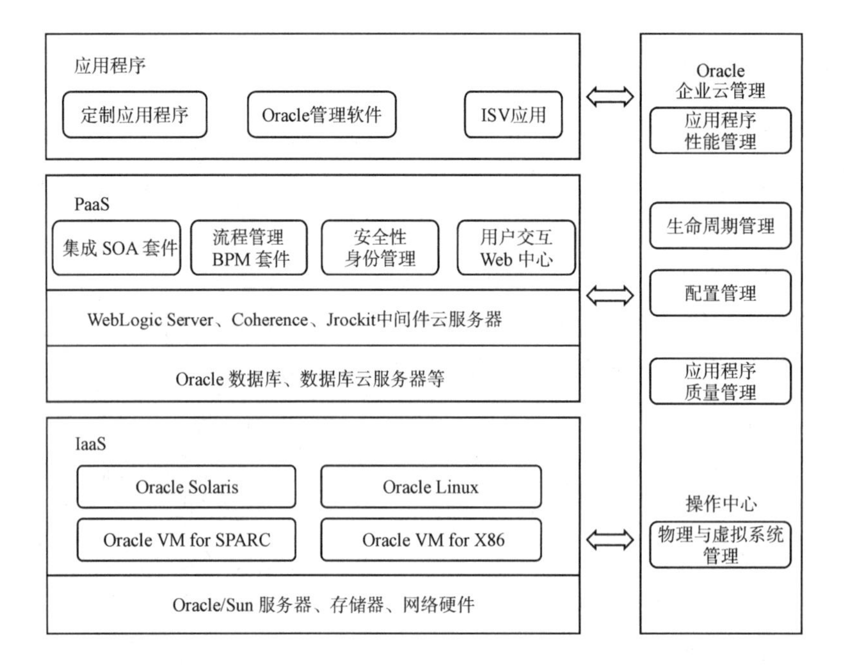

图 6-6　Oracle 云解决方案

2. Oracle PaaS

Oracle PaaS 是一种以公有或私有云服务形式提供的弹性可伸缩的共享应用程序平台。Oracle PaaS 是基于 Oracle 行业领先的数据库和中间件产品，可运行从任务关键型应用程序导入的所有负载。这些应用程序包括 Oracle 应用程序、来自其他独立软件开发商(Independent Software Vendors，ISV)的应用程序或定制应用程序。Oracle PaaS 让组织可以在一个共享的通用架构上整合现有的应用程序，并利用该平台提供的共享服务构建新的应用程序。Oracle PaaS 平台通过跨多个应用程序的共享平台的标准化和更高的利用率降低了成本，通过更快的应用程序开发(利用基于标准的共享服务)为按需弹性、可伸缩性提供了更大的敏捷性。

Oracle PaaS 包括基于 Oracle 数据库和 Oracle 数据库云服务器(Exadata)的数据库即服务以及基于 Oracle WebLogic 和 Oracle 中间件云服务器(Exalogic)的中间件即服务。Exadata 和

Exalogic 等设计系统均是软硬件预集成和优化的组合，它们以较低的总体拥有成本提供卓越的性能、效率、安全性和可管理性。Oracle Exadata 是数据库服务器，而 Oracle Exalogic 是为了在中间件/应用程序层执行 Java 而优化的服务器。两者均具有突破性的性能，因而它们非常高效，适用于数百应用程序在数据库和中间层的整合。两种服务器横向和纵向均可弹性伸缩，并且具有完全容错能力。它们由 Oracle(而不是由客户)在数据中心进行预集成和预配置，因而能够简化部署。另外，它们可减少硬件总数和环境复杂性，因而能够降低总体拥有成本。

当然，客户也可以在其他硬件上运行 Oracle 数据库和 Oracle 融合中间件软件，但是 Exadata 和 Exalogic 是全面的工程化系统，并且是私有和公有 PaaS 的思想基础。

除了构建应用程序运行的平台基础外，Oracle Paas 还具有开发和配置云应用程序、管理云、确保云安全、跨云集成和使用云进行协作等功能。

1) 云开发

编程人员可以使用熟悉的开发环境(如 JDeveloper、NetBeans 和 Eclipse)来构建新的云应用程序，业务分析人员可以使用基于 Web 的工具(如 WebCenter Page Composer、BI Composer 和 BPM Composer)来配置和扩展现有的应用程序。

2) 云管理

Oracle Enterprise Manager 提供对所有技术层(从应用程序到平台再到基础架构)跨越整个云生命周期的管理，包括建立云，在云上部署应用程序，基于策略伸缩云，计量云以进行公有云计费或私有云付费。Enterprise Manager 还提供通用功能，用于测试云应用程序、监视云、对云打补丁及管理员为了全面管理云服务需要执行的其他任务。

3) 云安全性

Oracle 提供同类最佳的产品来管理云安全性的各个方面，包括用于管理用户身份的 Oracle 身份管理和用于保护信息的 Oracle 数据库安全选件。

4) 云集成

由于云中的应用程序并不总是独立的，因此经常需要跨公有云、私有云和传统非云架构进行集成。为此，Oracle 提供了 Oracle SOA Suite 和 Oracle BPMSuite，用于进行流程集成，提供 Oracle Data Integration 和 GoldenGate，用于进行数据集成，并且提供了 Oracle Identity and Access Management，用于进行联合用户供应和一次性登录。

5) 云协作

Oracle Web Center 为用户彼此交互和协作提供了一个门户，其中包括社交网络。

3. Oracle IaaS

只有 Oracle 提供了 IaaS 所需的完整性选择，包括计算服务器、存储、网络结构、虚拟化软件、操作系统和管理软件。与提供部分解决方案的其他供应商不同，Oracle 提供所需的所有基础架构硬件和软件组件以支持繁多的应用程序需求。

Oracle 针对 IaaS 提供以下产品：一系列机柜式、机架式和刀片式 SPARC 和 X86 服务器；包括闪存、磁盘和磁带在内的可用于存储和聚合的网络结构；包括 Oracle VM for X86、Oracle VM for SPARC 和 Oracle Solaris Containers 在内的虚拟化选件；Oracle Solaris、Oracle Linux 操作系统以及 Oracle Enterprise Manager。

Oracle 强健、灵活的云基础架构支持资源池化、弹性可伸缩性、快速应用程序部署和高可用性。这种架构能够提供与计算、存储和网络技术相集成的应用程序感知虚拟化和管理，这一独特能力让公有和私有 IaaS 的快速部署与高效管理成为可能。

6.3.5 微软云计算 Windows Azure 方案

1. 云计算战略的组成

微软的云计算战略包括如下三大部分，目的是为自己的客户和合作伙伴提供 3 种不同的云计算经营模式。

1) 微软运营

微软自己构建与运营公有云的应用和服务，同时向个人消费者和企业客户提供云服务。例如，微软向最终使用者提供 Online Services 和 Windows Live 等服务。

2) 伙伴运营

业务集成商(Service Integrator，ISV/SI)等合作伙伴可基于 Windows Azure Platform 开发 ERP、CRM 等各种云计算应用，并在 Windows Azure Platform 上为最终使用者提供服务。微软运营在自己云计算平台中的 Business Productivity Online Suite(BPOS)产品也可交由合作伙伴进行托管运营。BPOS 主要包括 Exchange Online、SharePoint Online、Office Communication Online 和 LiveMeeting Online 等服务。

3) 客户自建

客户可以选择微软的云计算解决方案构建自己的云计算平台。微软可以为用户提供包括产品、技术、平台和运维管理在内的全面支持。

2. 云计算战略的特点

和其他公司的云计算战略不同，微软的云计算战略有 3 个典型特点，即软件+服务、平台战略和自由选择，下面分别进行介绍。

1) 软件+服务

在云计算时代，一个企业是否不需要自己部署任何 IT 系统，一切都从云中计算平台来获取呢？或者反过来，企业还是像以前一样，全部 IT 系统都由自己部署，不从云中获取任何服务呢？

很多企业认为有些 IT 服务适合从云中获取，如 CRM、网络会议、电子邮件等，但有些系统不适合部署在云中，如自己的核心业务系统、财务系统等。因此，微软认为理想的模式将是“软件+服务”(见图 6-7)，即企业既会从云中获取必需的服务，也会自己部署相关的 IT 系统。

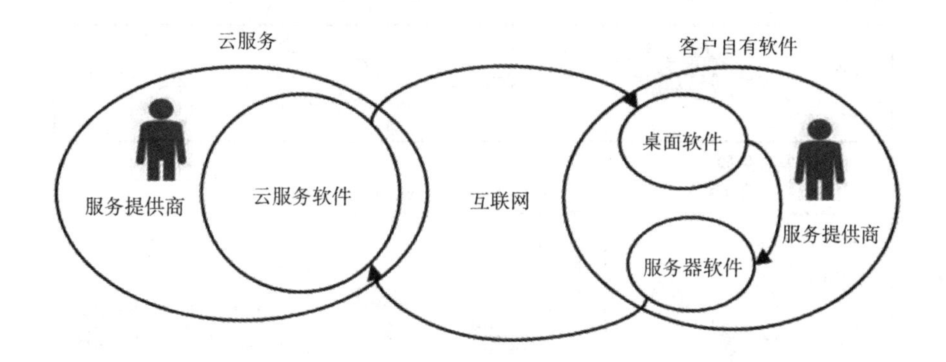

图 6-7　微软的软件+服务战略

“软件+服务”可以简单地描述为如下两种模式。

(1) 软件本身的架构模式是软件+服务。例如，杀毒软件本身部署在企业内部，但是杀毒软件的病毒库更新服务是 IT 互联网进行的，即从云中获取。

(2) 企业的一些 IT 系统由自己构建，另一部分向第三方租赁，从云中获取服务。例如，企业可以直接购买软硬件产品，在企业内部自己部署 ERP 系统，同时通过第三方云计算平台获取 CRM 及电子邮件等服务，而不是自己建设相应的 CRM 和电子邮件系统。

“软件+服务”的好处在于既充分继承了传统软件部署方式的优越性，又大量利用了云计算的新特性。

2) 平台战略

为客户提供优秀的平台一直是微软的目标。在云计算时代，平台战略也是微软的重点。

在云计算时代，有 3 个平台非常重要，即开发平台、部署平台和运营平台。Windows Azure Platform 是微软的云计算平台，其在微软的整体云计算解决方案中发挥着关键作用。它既是运营平台，又是开发、部署平台；平台上面既可运行微软的自有应用，又可以开发部署用户和 ISV 的个性化服务；平台既可以作为 SaaS 等云服务的应用模式的基础，又可以与微软线下的系列软件产品相互整合和支撑。事实上，微软基于 Windows Azure Platform，在云计算服务和线下客户自有软件应用方面都拥有了更多样化的应用交付模式、更丰富的应用解决方案、更灵活的产品服务部署方式和商业运营模式(见图 6-8)。

3) 自由选择

为用户提供自由选择的机会是微软云计算战略的第三大典型特点。这种自由选择表现在以下 3 个方面。

(1) 用户可以自由选择传统软件、云服务或者两者都用。无论用户选择哪种方式，微软的云计算都能支持。

(2) 用户可以选择微软的不同云服务。

(3) 无论用户需要的是 SaaS、PaaS 还是 IaaS，微软都有丰富的服务供其选择。微软拥有全面的 SaaS 服务，包括针对消费者的 Live 服务和针对企业的 Online 服务，也提供基于 Windows Azure Platform 的 PaaS 服务，还提供数据存储、计算等 IaaS 服务和数据中心优化服务。用户可以基于任何一种服务模型选择使用云计算的相关技术、产品和服务。

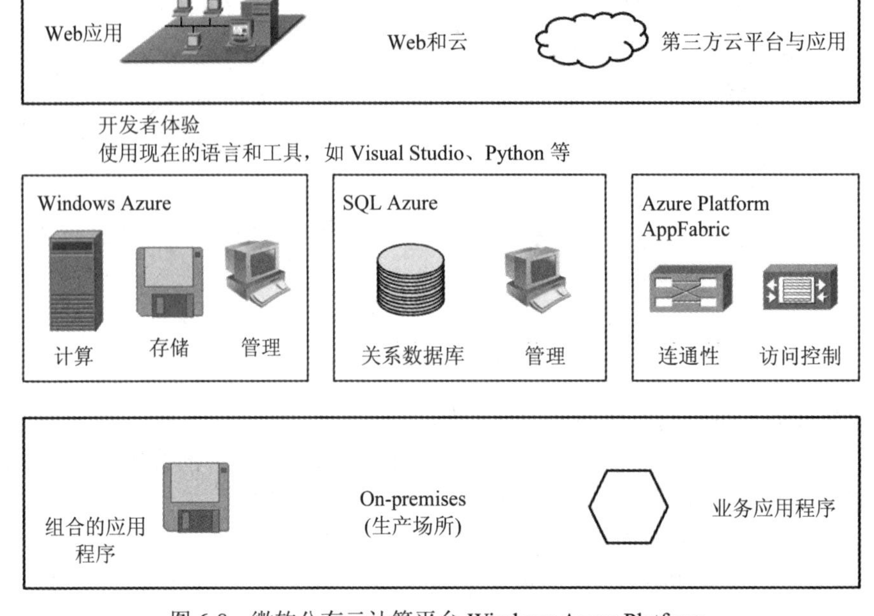

图 6-8　微软公有云计算平台 Windows Azure Platform

3. 微软云计算的参考框架

总体而言，微软云计算可以采用图 6-9 所示的参考框架。

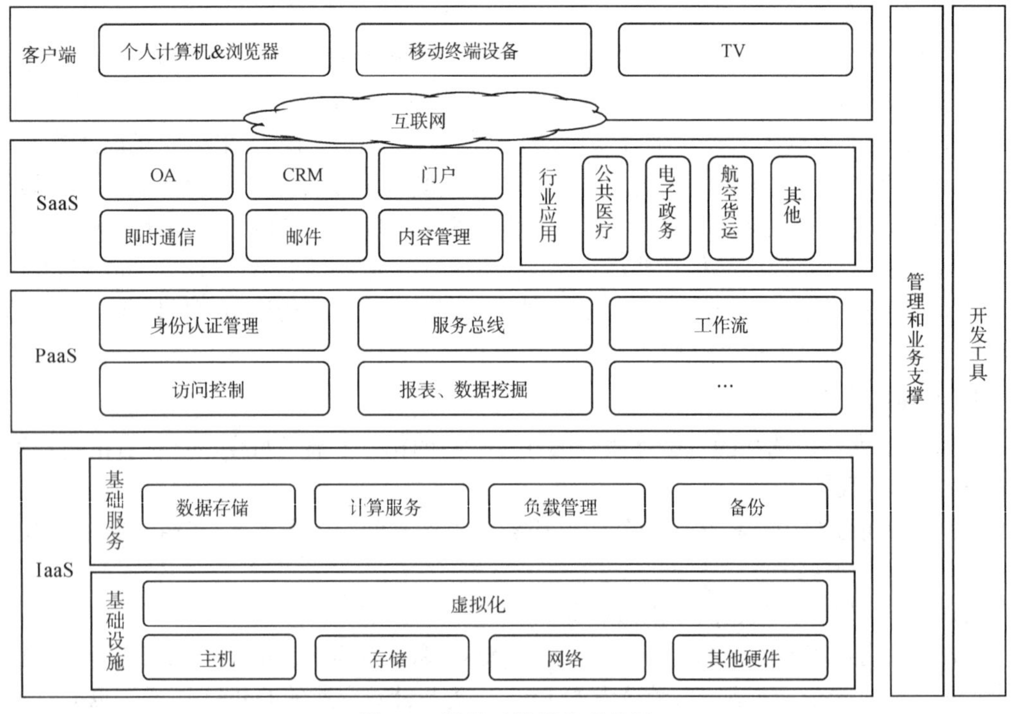

图 6-9　微软云计算参考构架

微软同时提供两种云计算部署类型，即公有云和私有云。

公有云由微软自己运营，为客户提供部署和应用服务。在公有云中，Windows Azure

Platform 是一个高度可扩展的服务平台，其提供基于微软数据中心的随用随付费的灵活的服务模式。

私有云部署在客户的数据中心内部，基于客户个性化的性能和成本要求，面向服务的内部应用环境提供服务。这个云平台基于成熟的 Windows Server 和 System Center 等系列产品，能够与现有应用程序兼容。

6.3.6 Platform 云计算方案

Platform Computing(以下简称 Platform)于 1992 年在加拿大成立，是全球领先的集群、网格、云中间件和云管理平台提供商，致力于帮助客户以经济、高效的方式管理、分配和使用计算资源，为企业的业务创新和发展提供全面支持。2011 年 10 月，IT 行业巨头 IBM 公司收购 Platform，完成了 IBM 推进智能计算战略的重要一步。

需要关注的是，Platform 作为网格计算和云计算领域的先行者，拥有业界领先的企业级分布式计算技术，其核心产品 Platform LSF(Load Sharing Facility)、Platform Symphony、Platform ISF(Infrastructure Sharing Facility)等已经在高性能计算和云计算领域得到了广泛的应用，帮助客户管理、调度和高效且灵活地使用计算资源，提高 IT 响应速度并大幅度降低成本。目前，Platform 的集群、网格计算和云计算解决方案已经广泛用于电子、汽车、化工、金融、医药、生命科学、电信、政府、教育、航天、航空等领域。在全球，Platform 拥有 2000 多家对 IT 系统要求最为严格的客户，包括通用汽车、摩根大通、BP、AMD、惠普等。

Platform LSF 和 Platform ISF 是 Platform 在网格计算管理软件的基础上推出的 HPC 管理软件，其中 Platform ISF 完成开放的云基础架构的管理，它将企业内部的数据中心转变成敏捷的、最具成本效益的私有云。Platform ISF 采用了独特的以应用为核心的方法，可以将自助服务、IaaS 的运行管理自动地集成在一起，在共享的异构资源池之上形成复杂的多层次应用(见图 6-10)。2011 年 Platform ISF 被国际权威研究机构 Forrester 评价为私有云业界的第一名。

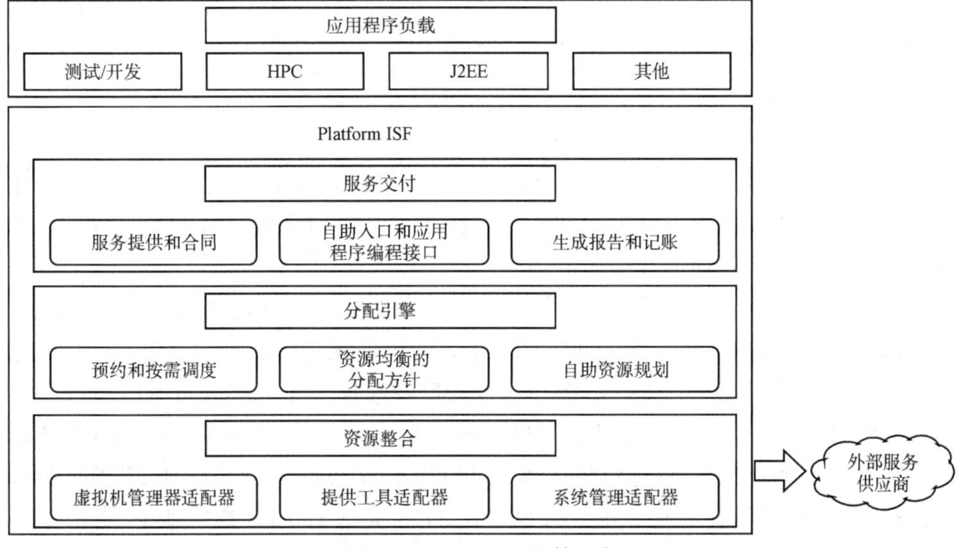

图 6-10 Platform 计算服务

利用 Platform ISF，可以实现以下目标：

(1) 避免为满足峰值计算而过度配置基础设施，从而降低了投资成本和运营费用，并提高了利用率。

(2) 自动配置应用环境，将工作负载部署在合适的系统中，以及时、经济、高效的方式满足不同服务水平下的不同需求。

Platform 针对两类人群推出了两种 HPC 云计算的解决方案：一种是针对 HPC 系统管理员的 Cloud Connect 方案，解决计算资源管理调配的问题；另一种是针对 HPC 终端用户的 On Demand 方案，解决直接使用云资源进行高性能计算的问题。

首先我们来看看 Cloud Connect 方案。Platform 提供了如下 3 种实现方法。

第一种是通过 ISF 上的策略设定，当负载增加时，向 Amazon 等公有云服务商申请资源。

第二种和第一种机制类似，不同的是从服务商那里获取的不是单个的机器，而是一个完整的集群系统。

第三种是由 ISF 来实现资源的动态管理，既可以由基于虚拟化的私有云资源池向 ISF 提供所需的内存、CPU 资源，也可以从 Amazon 等公有云中租用资源。

对于针对终端用户的 On Demand 方案，其本质是利用云计算来实现一种 HPC SaaS 应用服务。

Platform 在设计、部署和管理大规模共享计算环境方面积累了丰富的经验，客户可以依照以下 3 个步骤来开启云计算之旅。

(1) 评估：了解自己的业务、内部客户和主要的使用场景，弄清楚哪些应用或基础架构服务需要优先考虑和实现，是否掌握了相关的技术，是否有合适的专业人员来设计解决方案。Platform 建议用户首选运行概念验证过程，了解在企业内部实现私有云的可能性。

(2) 部署：采用业界领先的技术和培训服务，分阶段地部署私有云解决方案。Platform 可以确保客户在 30 天内完成部署并开始使用。

(3) 效果评估：按照事先定义的衡量标准，监控和分析关键数据点，确认目标都已实现。Platform ISF 可以提供详细的报告供客户进行效果评估和分析。

6.3.7 阿里云计算方案

阿里云创立于 2009 年，是国内的云计算平台，其服务范围覆盖了全球 200 多个国家和地区。阿里云致力于为企业、政府等组织机构提供安全、可靠的计算和数据处理能力，让云计算成为普惠于各行各业的新资源。

阿里云的服务群体包括微博、知乎等一大批互联网公司。在天猫“双 11”全球狂欢节、“12306”春运购票等极具挑战性的应用场景中，阿里云保持着良好的支持运行的记录。此外，阿里云也在金融、交通、基因、医疗等领域广泛输出一站式的大数据解决方案。

2014 年，阿里云曾帮助用户抵御全球互联网史上最大的 DDoS(Distributed Denial of Service，分布式拒绝)攻击，峰值流量达到 453.8Gb/s。在 Sort Benchmark 2015 世界排序竞赛中，阿里云利用自研的分布式计算平台 ODPS，377 s 完成 100 TB 数据排序，刷新了 Apache Spark 1406 s 的世界纪录。

阿里云在全球各地部署高效节能的绿色数据中心，利用清洁计算来支持不同的互联网应用。目前，阿里云在杭州、北京、深圳和上海等城市以及新加坡、美国、日本等国家设有数据中心，未来还将在欧洲、中东等地设立新的数据中心。

1. 阿里云计算体系架构

阿里云专注于云计算领域的研究，依托云计算的架构实现了可扩展、高可靠、低成本的基础设施服务，支撑包括电子商务在内的互联网应用的发展，从而降低了进入电子商务生态圈的门槛，并提高了效率，其体系架构如图 6-11 所示。

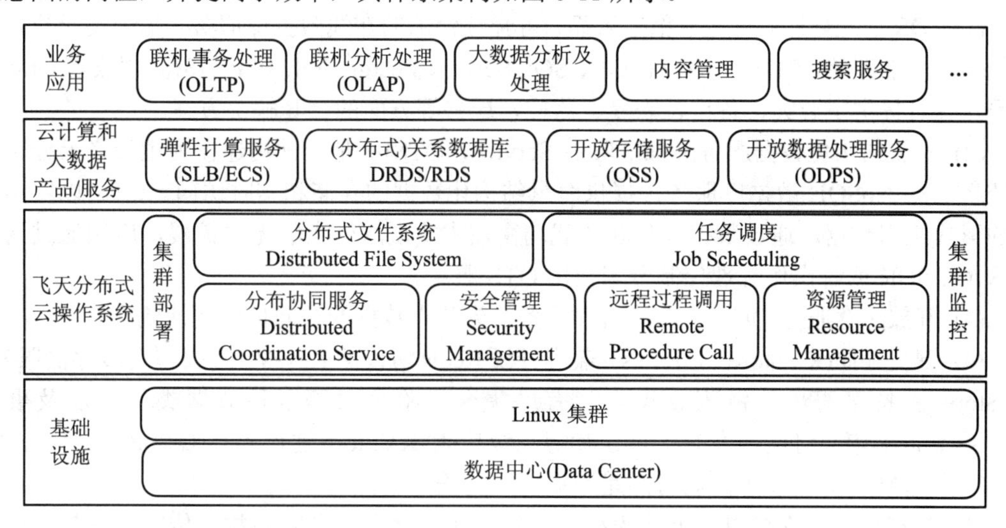

图 6-11 阿里云计算体系架构

2. 阿里云的主要产品

阿里云的产品致力于提高运维效率，降低 IT 成本，令使用者更专注于核心业务的发展。

1) 底层技术平台

阿里云独立研发的飞天开放平台(Apsara)负责管理数据中心 Linux 集群的物理资源，控制分布式程序运行，隐藏下层故障回复和数据冗余等细节，从而将数以万计的服务器连成一台“超级计算机”，并且将这台超级计算机的存储资源和计算资源以公共服务的方式提供给互联网上的用户。

2) 弹性计算

(1) 云服务器(ECS)：是一种简单、高效、处理能力可弹性伸缩的计算服务。ECS 底层基于分布式计算飞天平台，主要性能如下：

① 负责管理实际的硬件资源；

② 向用户提供安全可靠的云服务器；

③ 任何硬件的故障都可以自动恢复；

④ 同时提供防网络攻击等高级功能；

⑤ 能够简化开发部署过程；

⑥ 降低运维成本；

⑦ 构建按需扩展的网络架构。

(2) 云引擎(ACE)：是一种弹性、分布式的应用托管环境，支持 Java、PHP、Python、Node.js 等多种语言环境，帮助开发者快速开发和部署服务端应用程序，并简化系统维护工作。其搭载了丰富的分布式扩展服务，为应用程序提供强大助力。

(3) 弹性伸缩：根据用户的业务需求和策略自动调整弹性计算资源的管理服务，其能够在业务增长时自动增加 ECS 实例的数量，并在业务下降时自动减少 ECS 实例数量。

3) *云数据库*(Relational Database Service，RDS)

(1) RDS 是一种即开即用、稳定可靠、可弹性伸缩的在线数据库服务。基于飞天分布式系统和高性能存储，RDS 支持 MySQL、SQL Server、PostgreSQL 和 PPAS(高度兼容 Oracle)引擎，并且提供了容灾、备份、恢复、监控、迁移等方面的全套解决方案。

(2) 开放结构化数据服务(Open Table Service，OTS)：是一种构建在阿里云飞天分布式系统之上的 NoSQL 数据库服务，提供海量结构化数据的存储和实时访问。OTS 以实例和表的形式组织数据，通过数据分片和负载均衡技术实现规模上的无限扩展，应用通过调用 OTS API/SDK 或者操作管理控制台来使用 OTS 服务。

(3) 开放缓存服务(OCS)：在线缓存服务，为热点数据的访问提供高速响应。

(4) 键值存储(KVStore for Redis)：兼容开源 Redis 协议的 Key-Value 类型在线存储服务。KVStore 支持字符串、链表、集合、有序集合、哈希表等多种数据类型，以及事务(Transactions)、消息订阅与发布(Pub/Sub)等高级功能。KVStore 通过内存加硬盘的存储方式，在提供高速数据读/写能力的同时满足数据持久化需求。

(5) 数据传输：支持以数据库为核心的结构化存储产品之间的数据传输。它是一种集数据迁移、数据订阅和数据实时同步于一体的数据传输服务。数据传输的底层数据流基础设施为下游数千的应用提供实时数据流，已经在线上稳定运行 3 年之久。

4) *存储与CDN*

(1) 开放存储服务(Open Storage Service，OSS)：是阿里云对外提供的海量、安全和高可靠的云存储服务。它的主要特点如下。

① 弹性扩展：它具有海量的存储空间，随着用户的增加，存储空间弹性增长，故无须担心存储容量的限制；

② 大规模并发读写：数据并发读写，在短时间内可以进行大量数据的读/写操作；

③ 图片处理优化：对存储在 OSS 上的图片，支持缩略、裁剪、水印、压缩和格式转换等图片处理功能。

(2) 归档存储：作为阿里云数据存储产品体系的重要组成部分，其致力于提供低成本、高可靠的数据归档服务，适合于海量数据的长期归档和备份。

(3) 消息服务：提供一种高效、可靠、安全、便捷、可弹性扩展的分布式消息与通知服务。消息服务能够帮助应用开发者在他们应用的分布式组件上自由地传递数据，构建松耦合系统。

(4) CDN：内容分发网络将源站内容分发至全国所有的节点，缩短用户查看对象时产生的延迟时间，提高用户访问网站的响应速度与网站的可用性，解决网络带宽小、用户访问量大、网点分布不均等问题。

5) 网络

(1) 负载均衡：提供对多台服务器进行流量分发的负载均衡服务。负载均衡可以通过流量分发扩展应用系统对外服务能力，通过消除单点故障来提升应用系统的可用性。

(2) 专有网络 VPC：帮助用户基于阿里云构建出一个隔离的网络环境，可以完全掌控自己的虚拟网络，包括选择自有 IP 地址范围、划分网段、配置路由表和网关等，也可以通过专线/VPN 等连接方式将 VPC 与传统数据中心组成一个按需定制的网络环境，实现应用的平滑迁移上云。

6) 大规模计算

(1) 开放数据处理服务(Open Data Processing Service，ODPS)：由阿里云自主研发，提供针对 TB/PB 级数据实时性要求不高的分布式处理能力，应用于数据分析、挖掘、商业智能等领域。阿里巴巴的离线数据业务都运行在 ODPS 上。

(2) 采云间 DPC(Data Process Center)：基于开放数据处理服务(ODPS)的 DW/BI 的工具解决方案。DPC 提供全链路的易于上手的数据处理工具，包括 ODPS IDE、任务调度、数据分析、报表制作和元数据管理等，可以大大降低用户在数据仓库和商业智能上的实施成本，加快实施进度。

(3) 批量计算：一种适用于大规模并行处理作业的分布式云服务。批量计算可支持海量作业并发规模，系统自动完成资源管理、作业调度和数据加载，并按实际使用量计费。批量计算广泛应用于电影动画渲染、生物数据分析、多媒体转码、金融保险分析等领域。

(4) 数据集成：阿里集团对外提供的稳定高效、弹性伸缩的数据同步平台，为阿里云大数据计算引擎(包括 ODPS、分析型数据库、OSPS)提供离线(批量)、实时(流式)的数据进出通道。

7) 云盾

(1) DDoS 防护服务：是一种针对阿里云服务器在遭受大流量的 DDoS 攻击后导致服务不可用的情况下推出的付费增值服务，用户可以通过配置高防 IP 将攻击流量引流到高防 IP，确保源站的稳定、可靠。其免费为阿里云上的客户提供最高 5 GB 的 DDoS 防护能力。

(2) 安骑士：阿里云推出的一款免费的云服务器安全管理软件，主要提供木马文件查杀、防密码暴力破解、高危漏洞修复等安全防护功能。

(3) 阿里绿网：基于深度学习技术及阿里巴巴多年的海量数据支撑，提供多样化的内容识别服务，能帮助用户有效降低违规风险。

(4) 安全网络：一款集安全、加速和个性化负载均衡于一体的网络接入产品。用户通过接入安全网络可以缓解业务被各种网络攻击造成的影响，提供就近访问的动态加速功能。

(5) 网络安全专家服务：在云盾 DDoS 高防 IP 服务的基础上推出的安全代为托管服务。该服务由阿里云云盾的 DDoS 专家团队为企业客户提供私家定制的 DDoS 防护策略优化、重大活动保障、人工值守等服务，让企业客户在日益严重的 DDoS 攻击下高枕无忧。

(6) 服务器安全托管：为云服务器提供定制化的安全防护策略、木马文件检测和高危漏洞检测和修复工作等服务。当发生安全事件时，阿里云安全团队提供安全事件分析、响应服务，并进行系统防护策略优化。

(7) 渗透测试服务：通过模拟黑客攻击的方式针对用户的网站或业务系统进行专业性的入侵尝试，评估出重大安全漏洞或隐患的增值服务。

(8) 态势感知：专为企业安全运维团队打造，结合云主机和全网的威胁情报，利用机器学习并进行安全大数据分析的威胁检测平台，可以让客户全面、快速、准确地感知过去、现在和未来的安全威胁。

8) 管理与监控

(1) 云监控：一个开放性的监控平台，可以实时监控用户的站点和服务器，并提供多种警告方式(短信、邮件)以保证及时预警，为站点和服务器正常运行保驾护航。

(2) 访问控制：一个稳定、可靠的集中式访问控制服务，可以通过访问控制将阿里云资源的访问及管理权限分配给企业成员或合作伙伴。

9) 应用服务

(1) 日志服务：针对日志收集、存储、查询和分析的服务。日志服务可收集云服务和应用程序生成的日志数据并编制索引，提供实时查询流量日志的服务。

(2) 开放搜索：解决用户结构化数据搜索需求的托管服务，支持数据结构、搜索排序、数据处理自由定制。

(3) 媒体转码：为多媒体数据提供的转码计算服务。它以经济、弹性和高扩展的音/视频转换方法将多媒体数据转码成适合在 PC、TV 以及移动终端上播放的格式。

(4) 性能测试：全球领先的 SaaS 性能测试平台，具有强大的分布式测试能力，可模拟海量用户真实的业务场景，让应用性能问题无所遁形。性能测试包含两个版本：Lite 版适合于业务场景简单的系统，可免费使用；企业版适合于承受大规模压力的系统，同时每月提供免费额度，可以满足大部分企业客户。

(5) 移动数据分析：一款移动 App 数据统计分析产品，提供通用的多维度用户行为分析，支持日志自主分析，助力移动开发者实现基于大数据技术的精细化运营，提升产品质量和体验，增强用户黏性。

10) 万网服务

自 2009 年起，阿里云旗下的万网域名连续 19 年蝉联域名市场第一，近 1000 万个域名在万网注册。除域名外，它还提供云服务器、云虚拟主机、企业邮箱、建站市场、云解析等服务。2015 年 7 月，阿里云官网与万网网站合二为一，万网旗下的域名、云虚拟主机、企业邮箱和建站市场等业务深度整合到阿里云官网，用户可以在该网站上完成网络创业的第一步。

第三篇 实 践 篇

虚拟化技术

Hadoop 和 Spark 平台

HDFS 和 MapReduce

分布式数据库 HBase

分布式数据仓库 Hive

大数据挖掘计算平台 Mahout

第7章　虚拟化技术

随着集群计算、网格计算以及云计算技术的发展和生产系统的部署，虚拟化技术得到了工业界与学术界越来越多的关注。虚拟化技术通过对实际计算机资源的抽象，虚拟出存储资源、网络资源，从而达到对昂贵、紧缺硬件资源的共享。虚拟化技术已经成为构建云计算环境的一项关键技术。本章将详述虚拟化技术的概念、技术原理和特点。

7.1　虚拟化技术简介

虚拟化技术最早起源于20世纪60年代IBM大型机的服务器虚拟化。虚拟化技术的核心思想是利用软件或固件管理程序构成虚拟化层，抽象虚拟出多个可以独立运行各自操作系统的实例，对硬件资源(CPU、内存、外设等)或软件资源在不同层面进行虚拟化，从而在多用户之间共享资源并提高资源的利用率和应用程序的灵活程度。

虚拟化技术可以分为以下几类：

(1) 平台虚拟化：主要针对PC硬件和OS进行虚拟化。

(2) 资源虚拟化：是指对计算机中的特定资源(如网络、存储器、内存等)进行虚拟化。

(3) 应用程序虚拟化：主要指仿真技术和模拟技术。

平台虚拟化是通过虚拟机管理软件，提供一个抽象、虚拟、统一的计算机使用环境，该环境屏蔽了物理硬件的实际物理特性。一般将虚拟机中运行的OS称为客户操作系统(Guest OS)，而将物理机器上运行的操作系统称为主机操作系统(Host OS)。平台虚拟化又可进一步分为完全虚拟化、超级虚拟化、硬件辅助虚拟化、部分虚拟化、操作系统级虚拟化和本地虚拟化。

1．完全虚拟化

完全虚拟化是虚拟机模拟了完整的底层硬件，包括处理器、物理内存、时钟、外设等，使得为原始硬件设计的操作系统或其他系统软件不做任何修改就可以在虚拟机中运行。操作系统与真实硬件之间的交互可以看成是通过一个预先规定的硬件接口进行的。完全虚拟化通过在客户端操作系统和原始硬件之间使用Hypervisor共享底层硬件和进行协调。如图7-1所示，Hypervisor VMM(Virtual Machine Monitor，虚拟机监视器)是关键，它在客户操作系统和裸硬件之间进行协调。底层硬件并不由操作系统所拥有，而是由操作系统通过Hyervisor共享。完全虚拟化的速度比硬件仿真的速度要快，但因为中间经过了Hypervisor的协调过程，所以其性能要低于裸硬件。

Apps
Apps
Guest OS
Guest OS
…
Mgmt
Hypervisor VMM
Hardware

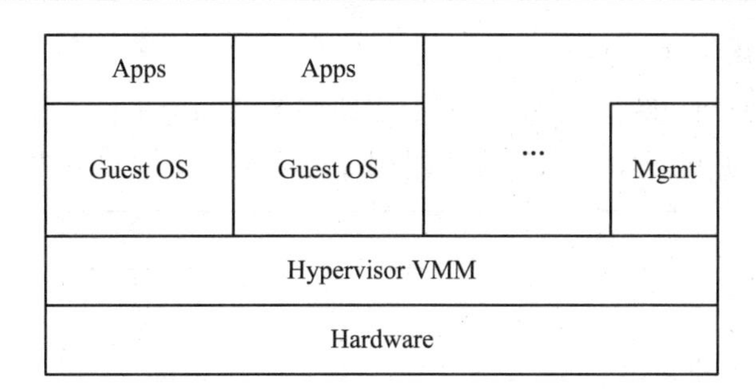

图 7-1　完全虚拟化

2．超级虚拟化

超级虚拟化与完全虚拟化类似，使用 Hypervisor 来实现对底层硬件的共享访问，将与虚拟化有关的代码集成到了操作系统本身，如图 7-2 所示。这种技术不再需要重新编译或捕获特权指令，因为操作系统本身在虚拟化进程中会相互紧密协作。

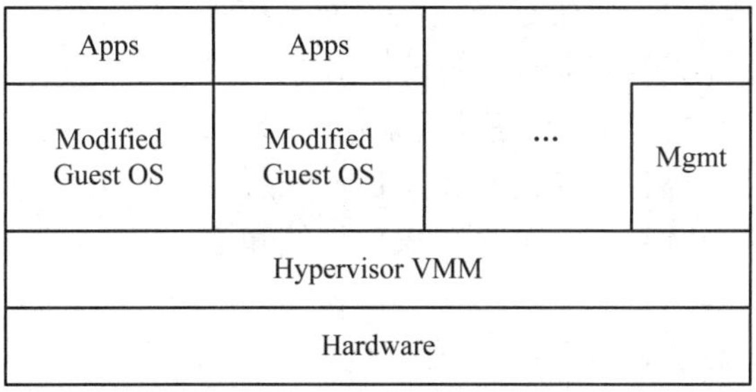

Apps
Apps
Modified Guest OS
Modified Guest OS
…
Mgmt
Hypervisor VMM
Hardware

图 7-2　超级虚拟化

超级虚拟化技术需要为 Hypervisor 修改客户操作系统，这是它的一个缺点。但是超级虚拟化提供了与未经虚拟化的系统相接近的性能。与完全虚拟化类似，超级虚拟化技术可以同时支持多个不同的操作系统。

3．硬件辅助虚拟化

硬件辅助虚拟化是一种对计算机或操作系统的虚拟。虚拟化对用户隐藏了真实的计算机硬件，表现出另一个抽象计算平台。

硬件虚拟化与应用所在的操作系统无关，只与系统硬件相关。硬件虚拟模式的优点是可以达到 100%的物理隔离，不占用任何系统资源，安全性好。其缺点是操作相对复杂，最小粒度是一颗 CPU，而且在进行分区资源变更的时候，移出 CPU 的分区需要重启操作系统。

4．部分虚拟化

部分虚拟化模拟了部分底层硬件。最关键的特征是地址空间的虚拟化，从而保证为虚拟机提供它们自己的地址空间。它比完全虚拟化更加容易实现，在没有硬件辅助的基础上，半虚拟化的子操作系统在网络和磁盘 I/O 方面是性能最好的虚拟机，但是在半虚拟化虚拟机中运行的操作系统则需要做大量的修改，否则无法运行。虚拟机向下兼容能力较弱，便携性较差。

5. 操作系统级虚拟化

操作系统级虚拟化技术是在操作系统上实现服务器的虚拟化，操作系统的虚拟化技术支持单个操作系统，并可以将独立的服务器相互之间简单地隔离开来，如图 7-3 所示。

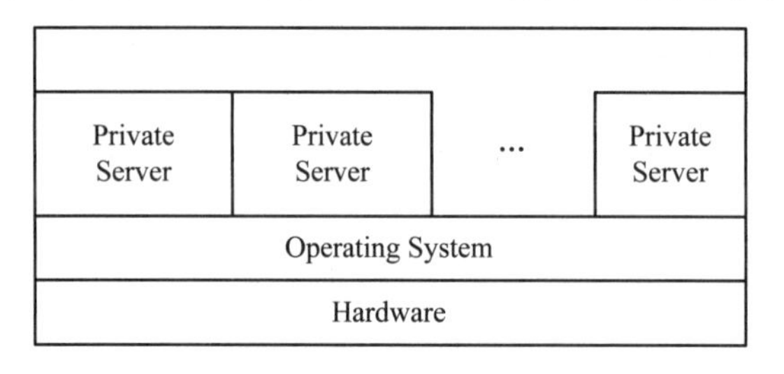

图 7-3　操作系统级虚拟化

X86 架构中，操作系统提供了 4 个特权级(0～3 环)，如图 7-4 所示。0 环用于运行操作系统内核；1 环和 2 环用于操作系统服务；3 环用于应用程序，以及分段和分页的内存保护机制。但目前多数操作系统只使用了 0 环和 3 环两个特权级，对应地存在两种特权解除方式：0/1/3 模型(VMM 运行在 0 环，操作系统运行在 1 环，应用程序在 3 环)和 0/3 模型(VMM 运行在 0 环，操作系统和应用程序在 3 环)。

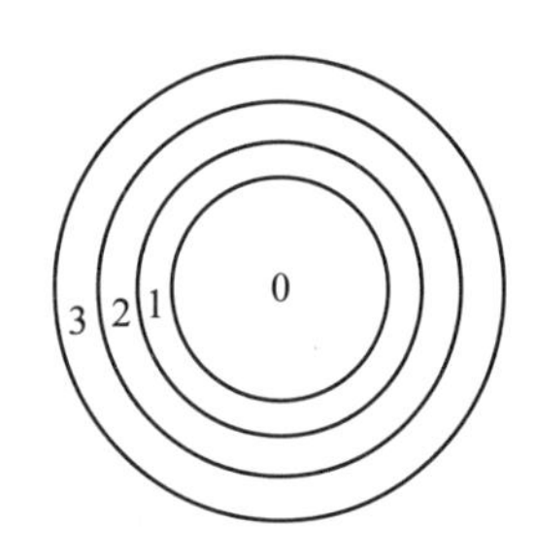

图 7-4　操作系统特权级

操作系统的虚拟化要求对操作系统的内核进行一些修改。虚拟化将 0 环上的权限通过在某一环中植入虚拟机来取得 CUP、内存和 I/O 资源的访问。操作系统的虚拟化是基于一个操作系统的，只需要管理和更新一个操作系统，效率很高，但其不支持同时运行不同系列的操作系统，安全性较差。

6. 本地虚拟化

本地虚拟化又称为混合虚拟化，是完全虚拟化或者半虚拟化与 I/O 加速技术的结合。与完全虚拟化相同，子操作系统不需要修改就可以直接安装。它的优势是用硬件而不是软件中的捕获模拟技术来处理不可虚拟的命令，有选择地应用了内存和 I/O 加速技术。

资源虚拟化、应用程序虚拟化的实现思路与平台虚拟化的类似，感兴趣的读者可以参阅其他资料。

7.2　虚拟化软件技术架构

虚拟化软件在传统操作系统基础之上引入客户操作系统，客户操作系统彼此独立，同时也独立于主机操作系统，所有客户操作系统与主机操作系统同时运行在同一个硬件上。如图 7-5 所示，虚拟机中应用程序及客户操作系统都运行于被虚拟机管理层抽象虚拟化的 CPU、内存和 I/O 资源上。

虚拟化软件层(Virtualization Software Level，VSL)将一个实际主机的物理硬件抽象虚拟化为各个虚拟机共享的虚拟资源，在物理主机的不同层次上插入虚拟化层来创建抽象虚拟机。

通常虚拟化层包括应用程序层、用户 API 层、操作系统层、硬件抽象层和指令体系结构层。

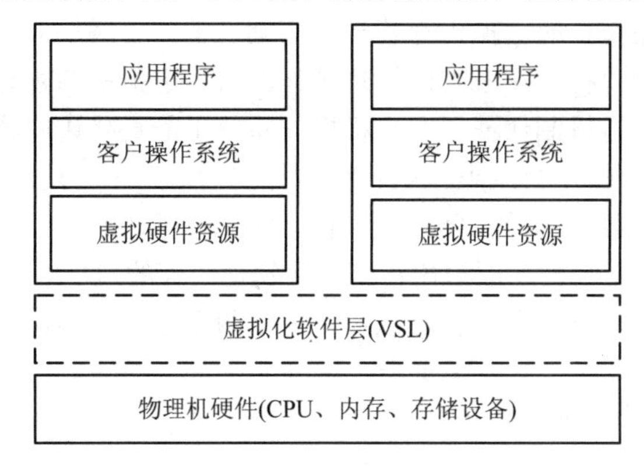

图 7-5 虚拟化后的计算机系统结构

7.2.1 指令体系结构的虚拟化

在指令体系结构层，虚拟化软件通过在已有物理主机的指令体系结构的基础之上虚拟化一个特定的不同于自身的指令体系结构。比如，虚拟化软件可以在 64 位 Intel 架构的物理主机上虚拟出一个 386 的 CPU 指令系统，这样可以在已有指令体系结构主机上运行遗留的、为不同指令体系结构 CPU 编写的二进制代码。虚拟化软件的基本虚拟方式是将虚拟客户机的指令系统解释为主机的指令系统，这就需要在编译器层面增加一个特定的指令翻译层。

7.2.2 硬件抽象层的虚拟化

硬件抽象层的虚拟化是通过对 CPU、内存、硬盘等硬件计算资源抽象虚拟化，为虚拟机产生一个虚拟硬件环境。虚拟出来的客户机操作系统及其应用程序的特权指令首先陷入虚拟化软件中，其用户模式和内核模式之间的切换是由物理硬件来完成的，这就需要引入特殊的运行模式和指令，该模式和指令有别于 CPU 传统的特权指令和非特权指令。对 x86 体系的处理器来说，Intel 公司提供了 VT-x 和 VT-i 技术来简化 CPU 虚拟化并改善其性能。

1. 处理器虚拟化

处理器虚拟化是指在虚拟化软件运行时，CPU 支持在用户模式下运行客户机操作系统的特权指令和非特权指令，当客户机操作系统执行特权指令时，虚拟化软件会提供一个模拟物理 CPU 内核模式运行机制的陷入功能，虚拟化软件为不同客户机操作系统提供统一的硬件访问接口，保证系统的正确性和稳定性。AMD 在 x86 处理器中除了内核模式和用户模式外，还添加了新的模式——特权模式，即环 1。该模式规定 Hypervisor 指令运行在特权模式下，所有客户操作系统的特权指令和敏感指令都会自动陷入 Hypervisor 中，控制权会提交给 Hypervisor，当 Hypervisor 完成客户机操作系统指令后会将控制权传回给客户机操作系统内核。

2. 内存虚拟化

内存虚拟化是指在虚拟执行环境中共享物理内存以及给虚拟机动态分配内存。现代操作系统都提供了虚拟内存支持，通过 MMU 和 TLB 完成了由虚拟内存到物理内存的映射。内存虚拟化意味着在操作系统虚拟内存管理的基础之上需要添加一个客户机操作系统的虚拟内存到虚拟机的物理内存以完成映射管理工作，再将虚拟机的物理内存映射到实际机器的物理内存。该两级映像机制保证了客户机操作系统不能直接访问物理硬件内存。客户机操作系统的页表在虚拟化软件(或虚拟机管理软件)中都有一个影子页表与其相对应，该影子页表随着系统中进程数目的增加会极度膨胀，导致内存开销增大且性能降低。

VMware 使用影子页表进行虚拟内存到实际物理内存的地址映像工作，但其使用 TLB 硬件将虚拟内存直接映射到机器内存，从而避免了两级地址转换。客户机操作系统虚拟内存更新后，VMware 会及时更新影子页表。Intel 针对影子页表的低效率问题，开发了基于硬件的 EPT(扩展页表技术)来加以改进。

3. I/O 设备虚拟化

I/O 设备虚拟化是指管理虚拟设备和共享的实际物理硬件之间的 I/O 功能的映像关系，I/O 设备虚拟化分为全设备虚拟化、半虚拟化和直接虚拟化三种。

全设备虚拟化可以通过模拟一些常用的真实设备，把该设备的所有功能和结构都通过软件模拟出来，客户操作系统的外设访问请求会陷入虚拟化软件中，再由虚拟化软件与 I/O 设备交互，其访问速度会慢于实际物理 I/O 设备。

半虚拟化主要由 Xen 采用，它是指分离驱动模型。I/O 设备的驱动分为前端驱动和后端驱动，前端驱动运行在 Domain U 中，后端驱动运行在 Domain 0 中，前端驱动和后端驱动通过一块共享内存交互。前端驱动响应客户机操作系统的 I/O 请求，后端驱动将客户机操作系统的 I/O 请求映射到真实的 I/O 设备并复用不同虚拟机的 I/O 数据。

直接虚拟化是指虚拟机直接访问设备硬件，以获得较高的性能，且 CPU 开销较低。当前的直接虚拟化主要集中在大规模主机的网络方面。

7.3 虚拟机软件介绍

7.3.1 基于 VirtualBox 的虚拟化技术

VirtualBox 是一款开源虚拟机软件，由德国 Innotek 公司开发，由 Sun Microsystems 公司出品，使用 Qt 编写，在 Sun 被 Oracle 收购后正式更名为 Oracle VM VirtualBox。Innotek 以 GNU General Public License (GPL)释出 VirtualBox，并提供二进制版本及 OSE 版本的代码。使用者可以在 VirtualBox 上安装并且执行 Solaris、Windows、DOS、Linux、OS/2 Warp、BSD 等系统作为客户端操作系统。VirtualBox 支持的虚拟系统包括 Windows(从 Windows 3.1 到 Windows10、Windows Server 2012)、Mac OS X、Linux、OpenBSD、Solaris、IBM OS2 等。与 VMware 及 Virtual PC 比较，VirtualBox 的独到之处在于远端桌面协定(RDP)、iSCSI 及 USB 的支持。

VirtualBox 支持 Intel VT-x 与 AMD AMD-V 硬件虚拟化技术。硬盘被模拟在一个称为虚拟磁盘映像档(Virtual Disk Images)的特殊容器中，此格式不兼容于其他虚拟机平台。此外，VirtualBox 可以读写 VMware VMDK 档和 Virtual PC VHD 档。ISO 映像档可以被挂载成 CD/DVD 装置。例如，下载的 Linux 发行版 DVD 映像档可以直接使用在 VirtualBox 中，而不需烧录在光盘片上，亦可直接在虚拟机上挂载实体光驱。VirtualBox 默认提供了一个与 VESA 兼容的虚拟显卡，以及一个供 Windows、Linux、Solaris、OS/2 客户端系统的额外驱动程序(guest addition)，以获得更好的效能与功能。当虚拟机的视窗被缩放时，会动态地调整分辨率。从 4.1 版本开始，VirtualBox 支持 WDDM 兼容的虚拟显卡，令 Windows Vista 及 Windows 7 可以使用 Windows Aero。在声卡方面，VirtualBox 虚拟一个 Intel ICH AC97 声卡与 SoundBlaster 16 声霸卡。在以太网接口卡方面，VirtualBox 虚拟了数张网络卡：AMD PCnet PCI Ⅱ、AMD PCnet-Fast Ⅲ、Intel Pro/1000 MT Desktop、Intel Pro/1000 MT Server、Intel Pro/1000 T Server。

VirtualBox 的软件界面如图 7-6 所示。

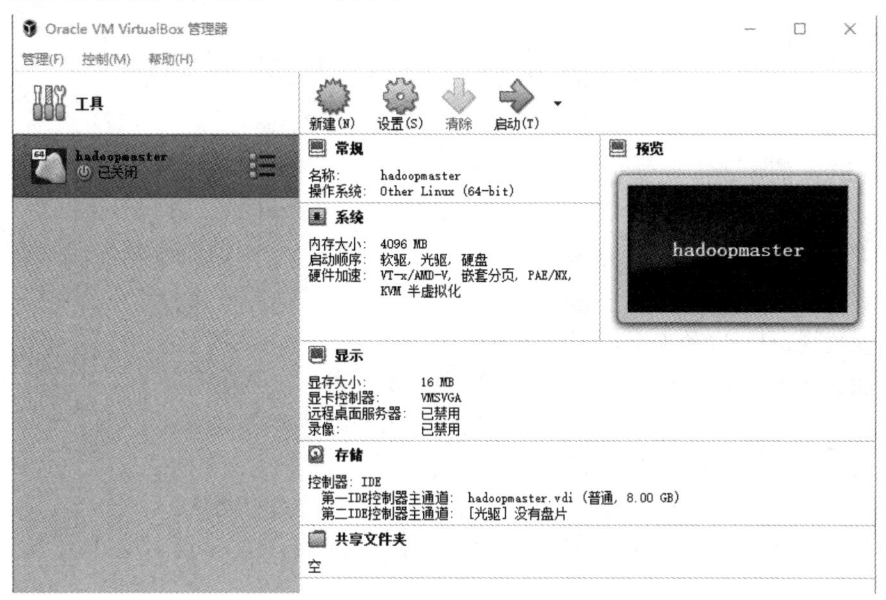

图 7-6　VirtualBox 软件主界面

VirtualBox 提供了多种网络接入模式，主要为 NAT 模式、网桥(Bridged Adapter)模式、主机(Host-only Adapter)模式和内网(Internal)模式。

(1) NAT 模式：最简单的实现虚拟机上网方式，其无须配置，只要默认选择即可接入网络。虚拟机访问网络的所有数据都是由主机提供的，访问速度较慢，虚拟机和主机之间不能互相访问。

(2) 网桥模式：可以为虚拟机模拟出一个独立的网卡，有独立的 IP 地址，所有网络功能和主机一样，虚拟机和主机之间能够互相访问，实现文件的传递和共享。

(3) 内网模式：虚拟机与外网完全断开，只实现虚拟机与虚拟机之间的内部网络模式，虚拟机和主机之间不能互相访问，相当于在虚拟机之间架设了一个独立的局域网。

(4) 主机模式：是所有接入模式中最复杂的一种，需要有比较扎实的网络基础知识才行。前面几种模式所实现的功能通过设置虚拟机及网卡都可以实现。

图 7-7 所示为 VirtualBox 虚拟机的设置界面。

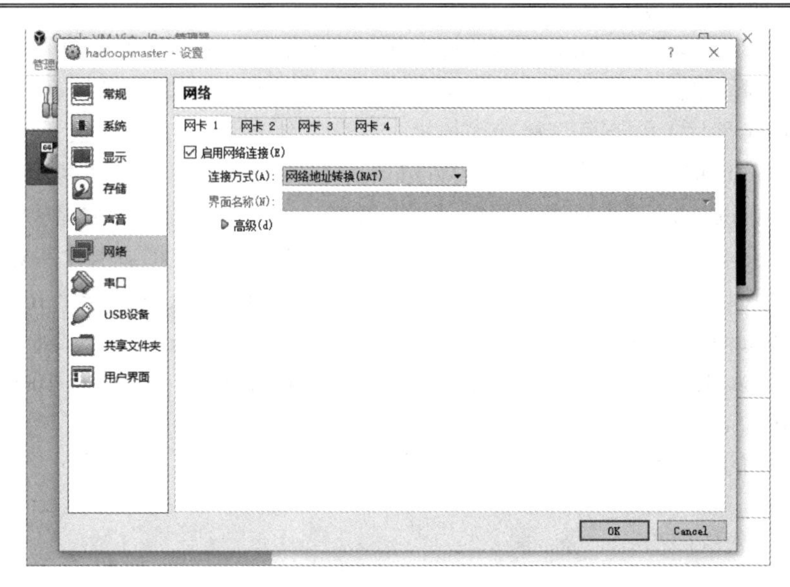

图 7-7　VirtualBox 虚拟机的设置界面

VirtualBox 的主要特点包括以下几方面：

(1) 支持 64 位客户端操作系统，即使主机使用 32 位 CPU；

(2) 支持 SATA 硬盘 NCQ 技术；

(3) 虚拟硬盘快照；

(4) 无缝视窗模式(必须安装客户端驱动)；

(5) 能够在主机端与客户端共享剪贴簿(必须安装客户端驱动)；

(6) 在主机端与客户端间建立分享文件夹(必须安装客户端驱动)；

(7) 内建远端桌面服务器，实现单机多用户；

(8) 支持 VMware VMDK 磁盘档及 Virtual PC VHD 磁盘档格式；

(9) 3D 虚拟化技术支持 OpenGL(2.1 版后支持)、Direct3D(3.0 版后支持)及 WDDM(4.1 版后支持)；

(10) 最多虚拟 32 个 CPU(3.0 版后支持)；

(11) 支持 VT-x 与 AMD-V 硬件虚拟化技术；

(12) iSCSI 支持 USB 和 USB 2.0。

7.3.2　基于 VMware 的虚拟化技术

VMware 是一个“虚拟 PC”软件公司，其提供服务器、桌面虚拟化的解决方案，使用户可以在一台机器上同时运行两个或更多 Windows、Dos、Linux 系统。VMware 的优点有：多个客户机操作系统可以在主系统的平台上运行与切换，这个特点和标准 Windows 应用程序一样；每个客户机操作系统都可以配置虚拟的分区，不影响真实硬盘的数据；可以通过网卡将几台虚拟机连接为一个虚拟局域网，为实验研究和程序开发、部署提供网络环境。VMware 不但提供了虚拟主机服务，提供了最新的 NFV，即网络功能虚拟化服务。

VMware 软件提供了众多虚拟化平台，主要包括以下几类：

(1) VMware 工作站(VMware Workstation)：该软件包含一个用于英特尔 x86 兼容计算

机的虚拟机套装，其允许多个 x86 虚拟机同时被创建和运行。

(2) VMware Player：该软件用于为虚拟机提供宿主服务的免费软件产品，可运行由其他 VMware 产品产生的客户虚拟机，同时也可以自行创建新的虚拟机。

(3) VMware Fusion：这是 VMware 面向苹果电脑推出的一款虚拟机软件。

(4) VMware vSphere：是一整套虚拟化应用产品，包含 VMware ESX Server 4、VMware Virtual Center 4.0、最高支持 8 路的虚拟对称多处理器(Virtual SMP)和 VMotion。

(5) VMware vStorage：结合了能够通过虚拟机有效利用存储资源的新技术，以及能够实现高度灵活兼具自我管理和自行修复功能的数据中心的 Virtual Datacenter OS(VDC-OS)。

(6) VMotion：用来在服务器之间几乎无停滞地移动运行中的虚拟机。

(7) P2V：允许用户使用映射软件将一台物理的服务器制作为虚拟机映射，从而创造出一个从物理机到虚拟机的重现。

VMware Workstation 是一款功能强大的桌面虚拟计算机软件，用户可在单一的桌面上同时运行不同的操作系统，并开发、测试、部署新的应用程序。VMware Workstation 允许操作系统(OS)和应用程序(Application)在一台虚拟机内部运行。虚拟机是独立运行主机操作系统的离散环境。通过 VMware Workstation，用户可以在一个窗口中加载一台虚拟机(即客户机)，客户机可以运行自己的操作系统和应用程序。用户可以在运行于桌面上的多台虚拟机之间切换，通过一个网络(如一个公司的局域网)共享虚拟机，挂起和恢复虚拟机以及退出虚拟机，这些操作不会影响主机操作和任何操作系统或者其他正在运行的应用程序。

VMware WorkStation 的主要特性包括以下几点：

(1) 支持 16 个虚拟 CPU、8 TB SATA 磁盘和 64 GB RAM。

(2) 具有新的虚拟 SATA 磁盘控制器。

(3) 支持 20 个虚拟网络。

(4) USB3 流支持速度更快的文件复制。

(5) 改进应用和 Windows 虚拟机的启动时间。

(6) 固态磁盘直通。

VMware Workstation 主要网络模式包括以下几类：

(1) 桥接模式：在这种模式下，VMWare 虚拟出来的操作系统就像是局域网中的一台独立的主机，它可以访问网内的任何一台机器。

(2) 主机模式：在这种模式下，所有的虚拟系统是可以相互通信的，但虚拟系统和真实的网络是被隔离开的。

(3) NAT 模式：让虚拟系统借助 NAT(网络地址转换)功能，通过宿主机器所在的网络来访问公网。也就是说，使用 NAT 模式可以实现在虚拟系统里访问互联网。

7.3.3 基于 KVM 的硬件虚拟化技术

KVM(Kernel-based Virtual Machine)是一个开源的系统虚拟化模块，自 Linux 2.6.20 之后集成在 Linux 的各个主要发行版本中。它使用 Linux 自身的调度器进行管理，所以相对于 Xen 而言，其核心源码很少。

基于 KVM 的硬件虚拟化有许多优势，通过添加虚拟化功能到一个标准的 Linux 内核，虚拟环境能从所有正在 Linux 内核上运行的工作中受益。在这种模式下，每个虚拟机都是一个常规的 Linux 进程，通过 Linux 调度程序进行调度。通常一个标准的 Linux 进程都有两个执行模式：内核模式和用户模式。对于应用程序而言，用户模式是默认模式，当它需要一些来自内核的服务时(如往磁盘上写入时)就进入内核模式。KVM 添加了第三个模式：客户模式(有自己的内核和用户模式)。

具体来说，客户模式进程是运行在虚拟机内的，它非常像正常模式(无虚拟实例)，有自己的内核和用户空间变量，可以正常使用 kill 和 ps 等命令。因为无虚拟实例，所以 KVM 虚拟机表现为一个正常的进程，可以像其他进程一样被关掉。在客户模式下，KVM 利用硬件虚拟技术来虚拟处理器的形态，使虚拟机的内存管理由内核直接处理。目前版本的 I/O 操作在用户空间中处理，主要通过QEMU(一套由 Fabrice Bellard 所编写的模拟处理器的自由软件)完成。

一个典型的 KVM 安装包括以下部件：

(1) 一个管理虚拟硬件的设备驱动。该驱动通过一个名为/dev/kvm 的字符设备陈列它的功能。

(2) 一个模拟 PC 硬件的用户空间部件。目前，它在用户空间中使用，是一个稍微改动过的 QEMU 进程。

7.3.4 基于 Xen 的虚拟化系统

Xen 是一个基于 X86 架构、发展最快、性能最稳定、占用资源最少的开源虚拟化技术。Xen 可以在一套物理硬件上安全地执行多个虚拟机，与 Linux 构成一个完美的开源组合。Novell SUSE Linux Enterprise Server 最先采用了 Xen 虚拟技术。Xen 特别适用于服务器应用整合，可有效节省运营成本，提高设备利用率，最大化地利用数据中心的 IT 基础架构。

在 Xen 环境中，主要有两个组成部分。

(1) 虚拟机监控器(VMM)，也叫 Hypervisor。Hypervisor 层在硬件与虚拟机之间，是必须最先载入到硬件的第一层。Hypervisor 载入后，就可以部署虚拟机了。

(2) 虚拟机。虚拟机在 Xen 中称为 Domain。在所有虚拟机中，扮演着很重要角色的是 Domain 0，它是运行在 Xen 管理程序之上，具有直接访问硬件和管理其他客户操作系统特权的客户操作系统。通过 Domain 0，管理员可以利用一些 Xen 工具来创建其他虚拟机(Xen 术语中称之为 Domain U)。Domain U 是运行在 Xen 管理程序之上的普通客户操作系统或业务操作系统，不能直接访问硬件资源(如内存、硬盘等)，但可以独立并行地存在多个。

具体来说，Domain 0 负责一些专门的工作，可以享有最高优先级。Hypervisor 中不包含任何与硬件对话的驱动，也没有与管理员对话的接口，这些驱动由 Domain 0 来提供。在 Domain 0 中还会载入一个 Xen 进程，这个进程会管理所有的其他虚拟机，并可以访问这些虚拟机的控制台。在创建虚拟机时，管理员使用配置程序与 Domain 0 直接对话。Domain U 是无特权 Domain，在基于 i386 的 CPU 架构中，它们绝不会享有最高优先级。

Xen 凭着独特的虚拟化性能优势得到了越来越广泛的应用，其应用领域包括以下几个方面：

(1) 服务器应用整合：在虚拟机范围内，在一台物理主机上虚拟出多台服务器，以安装多个不同的应用，充分利用服务器的物理性能，灵活地进行服务器的应用迁移。

(2) 软件开发测试：用户可利用 Linux 的低成本优势非常灵活地搭建多个应用系统开发

平台，由此节省了大量的开发成本，加快了开发进程。

(3) 集群运算：和单独管理每个物理主机相比较，虚拟机管理更加灵活，同时在负载均衡方面更易于控制和隔离。

(4) 多操作系统配置：以开发和测试为目的，同时运行多个操作系统。

(5) 内核开发：在虚拟机的沙盒中进行内核的测试和调试时，无须为了测试而单独架设一台独立的机器。

(6) 为客户操作系统提供硬件技术支持：得益于现存操作系统的广泛硬件支持，其可以开发新的操作系统，比如 Linux。

实验 1　VMware 虚拟机的安装与配置

1. 实验简介

本次实验主要介绍 VMware 软件中虚拟机的创建、系统参数的配置和 CentOS 操作系统的安装，通过实践操作让学生掌握虚拟机创建、配置及 Linux 系统安装的方法，为后面的学习和实验打下基础。

2. 实验目的

(1) 熟悉并掌握 VMware 软件中虚拟机的创建和配置步骤。

(2) 熟悉并掌握 VMware 软件的虚拟网络配置。

(3) 熟悉并掌握 CentOS 操作系统的安装。

3. 实验主要内容

1) 虚拟机创建及配置

如图 7-8 所示，在 VMware 软件界面中选择“文件”菜单中“新建虚拟机”菜单项，进入虚拟机新建向导，通过虚拟机新建向导，对虚拟机 CPU、内存、虚拟磁盘大小及存放位置、虚拟机操作系统进行设置。

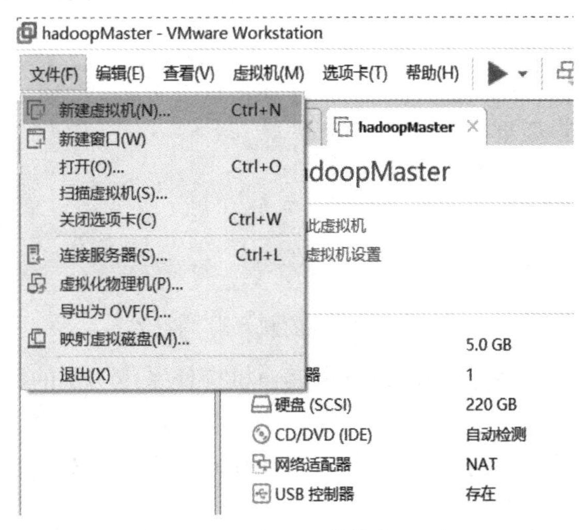

图 7-8　VMware 软件主界面

在创建虚拟机时，可以选择 VMware 推荐的虚拟机配置，也可选择定义设置系统参数。自定义选项对熟悉 VMware 的用户来说，其创建的虚拟机更符合用户的实际需要，如图 7-9 所示。本次实验选择的是自定义设置。

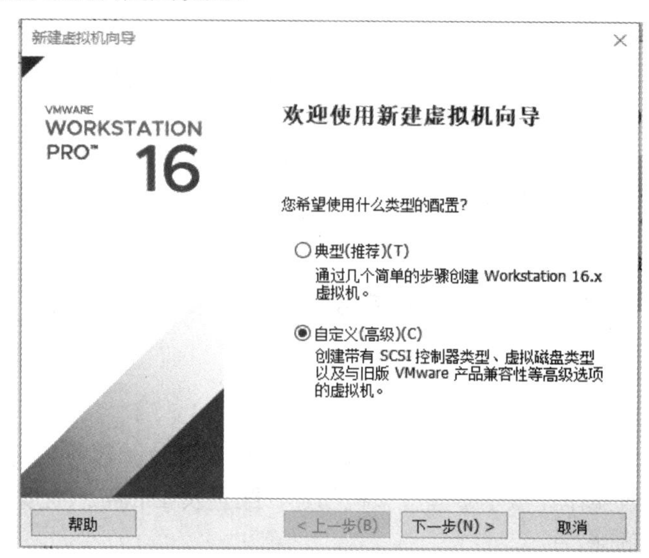

图 7-9 虚拟机创建向导

如果创建虚拟机要在低版本的 VMware 软件上运行时，需要对硬件兼容性进行配置，否则虚拟机不具有向下兼容性，虚拟机的硬件兼容性设置如图 7-10 所示。

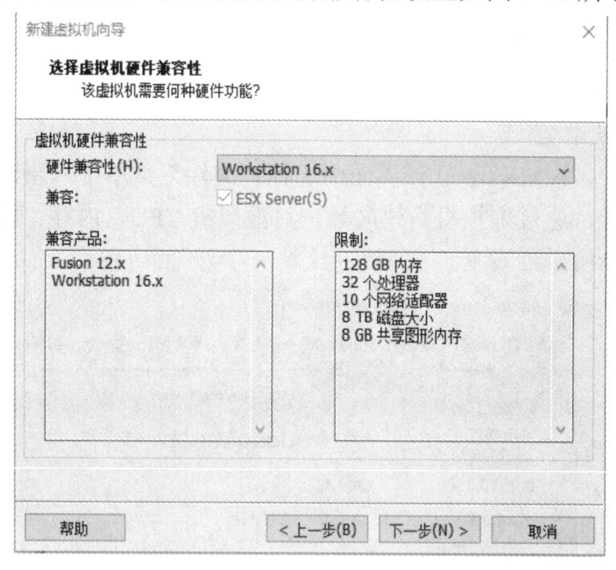

图 7-10 虚拟机的硬件兼容性设置

然后进行虚拟机操作系统的安装设置和客户机操作系统类型的选择，分别如图 7-11、图 7-12 所示。

再对虚拟机名称和存放位置进行设置，默认存储在系统盘 C 盘用户目录下，可根据需要修改存储目录，如图 7-13 所示。

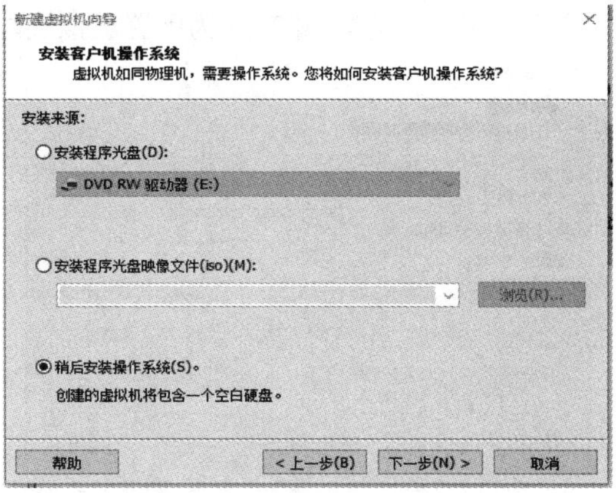

图 7-11　虚拟机操作系统的安装设置

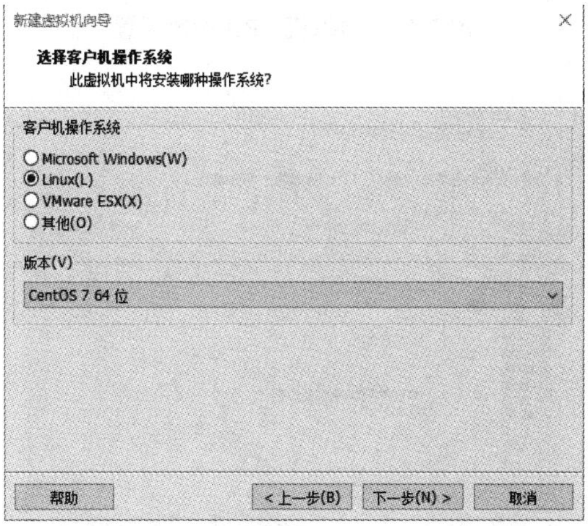

图 7-12　虚拟机操作系统类型的选择

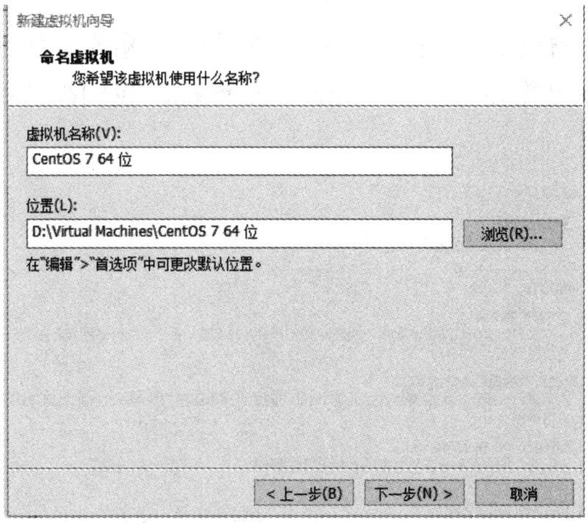

图 7-13　虚拟机命名及存储位置设置

下一步配置虚拟的 CPU 数目及核心数目，如图 7-14 所示。

VMware 软件本身及虚拟机的运行都会占用大量内存，对物理机器的运行速度和性能有着较大的影响，VMware 软件会根据 PC 的内存大小及虚拟机运行的内存需要，给出虚拟机内存推荐配置以及最大内存、最小内存。图 7-15 为配置虚拟机内存参数的界面。

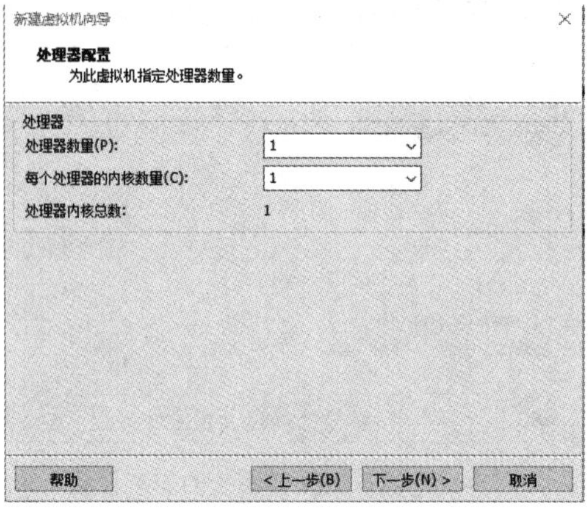

图 7-14　虚拟机 CPU 参数配置

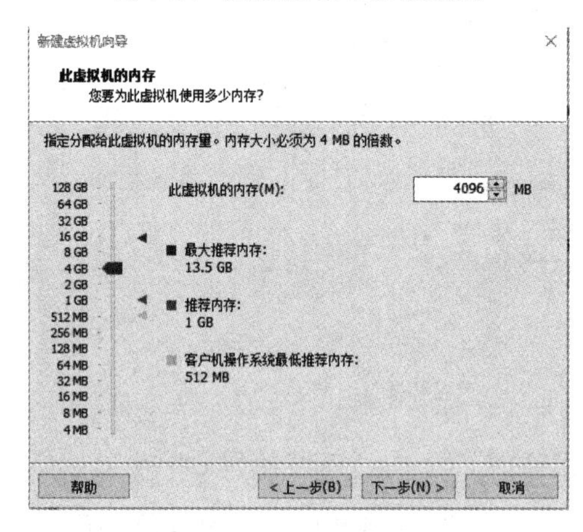

图 7-15　虚拟机内存参数配置

对虚拟机网络接口进行配置主要有三种：使用桥接网络、使用仅主机模式网络和使用网络地址转换(NAT)，如果需要共享主机 Internet 连接，我们需选择 NAT 模式，如图 7-16 所示。

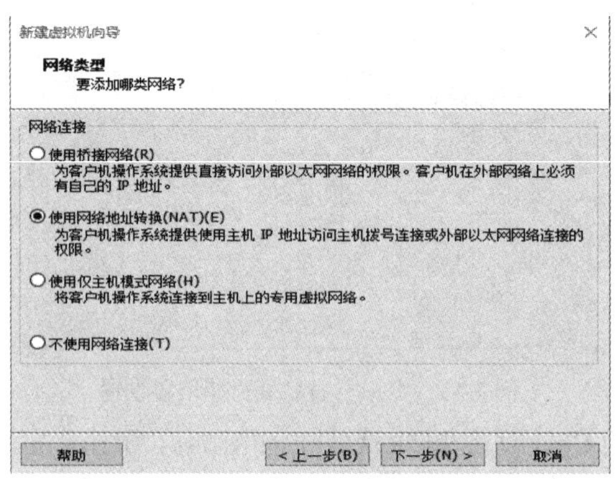

图 7-16　虚拟机网络参数配置

图 7-17～图 7-19 是对虚拟机虚拟硬盘进行配置的界面。VMware 会利用物理主机上文件系统模拟出虚拟硬盘，同时 VMware 也提供直接使用物理硬盘的选择，选择该项应注意物理 PC 的硬盘上数据丢失的问题。

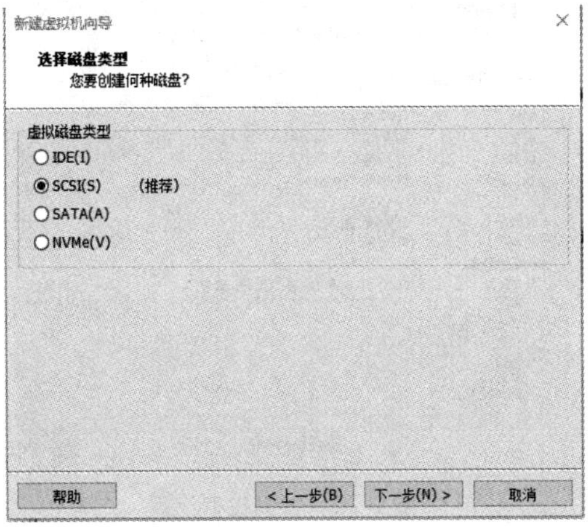

图 7-17　虚拟硬盘类型

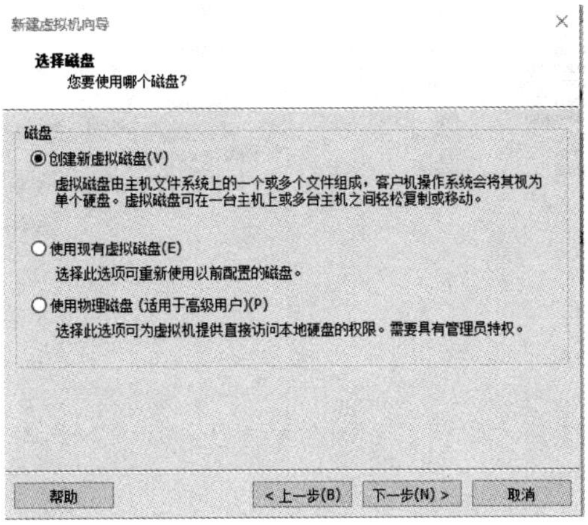

图 7-18　创建虚拟硬盘

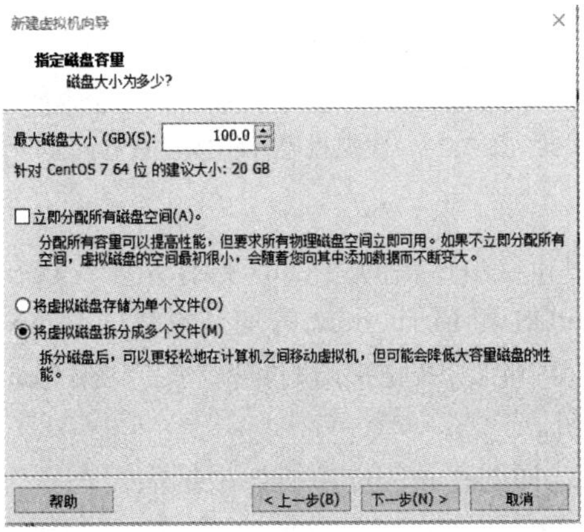

图 7-19　虚拟硬盘容量

可通过虚拟机管理界面查看虚拟机概况，对虚拟机的其他硬件参数继续进行设置，如USB端口、声卡、显卡等，如图7-20和图7-21所示。

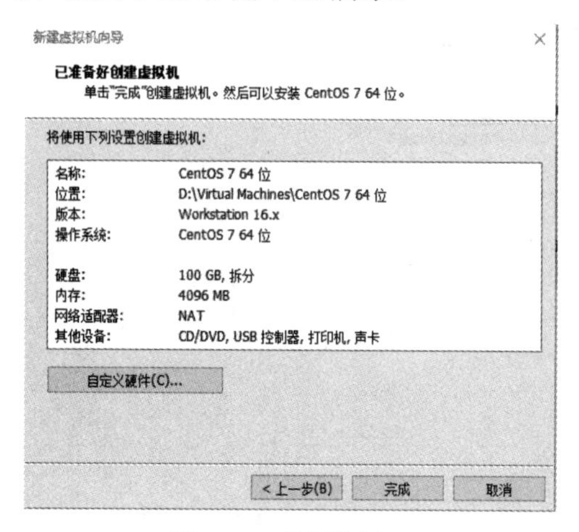

图 7-20　虚拟机概况

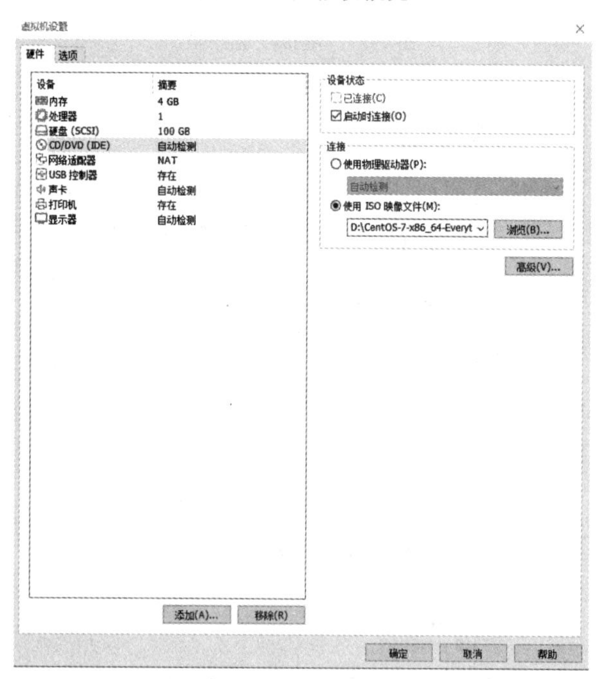

图 7-21　虚拟机硬件参数设置界面

2) Linux系统安装

Linux是一套免费使用和自由传播的类Unix操作系统，现在的云计算开发平台或应用大多基于它。Ubuntu、CentOS和Linux mint等均是流行的Linux发行版本。各版本的功能各有特色，指令系统也大同小异。以后我们的实践将主要在CentOS 7.9中完成。下面先创建后面实验所需要的虚拟机。

首先启动VMWare，选择创建新的虚拟机，根据需要在新建虚拟机向导界面选择不同的安装来源，如图7-22所示。

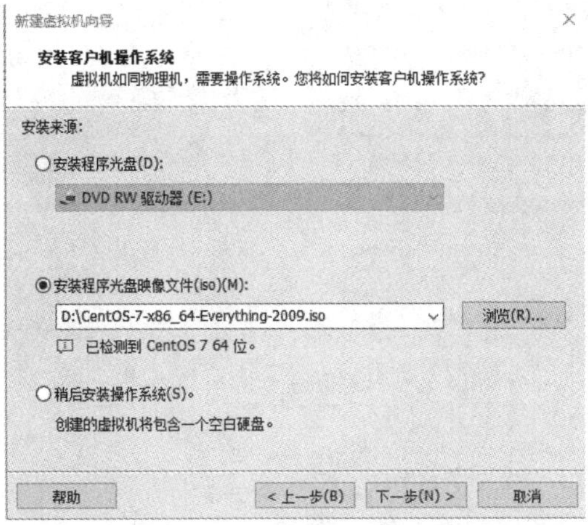

新建虚拟机向导

安装客户机操作系统

虚拟机如同物理机，需要操作系统。您将如何安装客户机操作系统?

安装来源:

○安装程序光盘(D):

DVD RW 驱动器 (E:)

◉安装程序光盘映像文件(iso)(M):

D:\CentOS-7-x86_64-Everything-2009.iso　浏览(R)...

已检测到 CentOS 7 64 位。

○稍后安装操作系统(S)。

创建的虚拟机将包含一个空白硬盘。

帮助　< 上一步(B)　下一步(N) >　取消

图 7-22　CentOS 虚拟机安装来源选择

图 7-23～图 7-27 分别为在 CentOS 系统的安装过程及系统启动后进入的图形桌面环境。

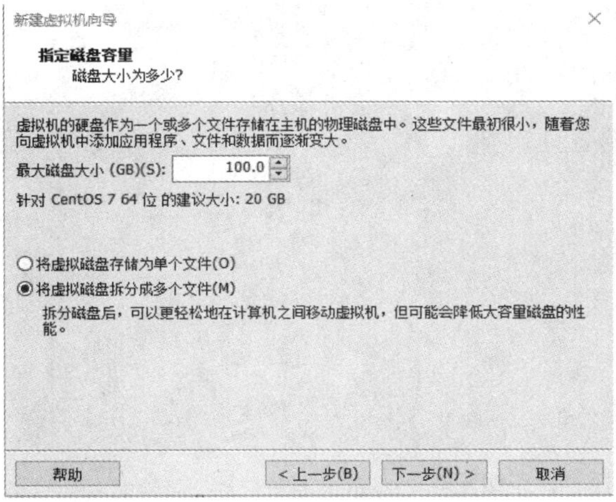

新建虚拟机向导

指定磁盘容量

磁盘大小为多少?

虚拟机的硬盘作为一个或多个文件存储在主机的物理磁盘中。这些文件最初很小，随着您向虚拟机中添加应用程序、文件和数据而逐渐变大。

最大磁盘大小 (GB)(S): 100.0

针对 CentOS 7 64 位 的建议大小: 20 GB

○将虚拟磁盘存储为单个文件(O)

◉将虚拟磁盘拆分成多个文件(M)

拆分磁盘后，可以更轻松地在计算机之间移动虚拟机，但可能会降低大容量磁盘的性能。

帮助　< 上一步(B)　下一步(N) >　取消

图 7-23　选定磁盘容量

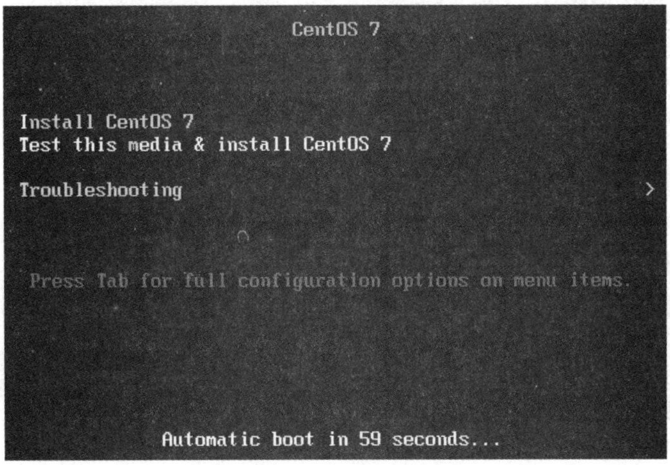

CentOS 7

Install CentOS 7

Test this media & install CentOS 7

Troubleshooting

Press Tab for full configuration options on menu items.

Automatic boot in 59 seconds...

图 7-24　CentOS 安装界面

```
[  OK  ] Closed Open-iSCSI iscsiuio Socket.
[  OK  ] Stopped target System Initialization.
[  OK  ] Stopped target Local Encrypted Volumes.
[  OK  ] Stopped target Swap.
[  OK  ] Stopped target Local File Systems.
[  OK  ] Stopped Apply Kernel Variables.
[  OK  ] Stopped Open-iSCSI.
[  OK  ] Started Cleaning Up and Shutting Down Daemons.
         Stopping Device-Mapper Multipath Device Controller...
[  OK  ] Stopped Device-Mapper Multipath Device Controller.
[  OK  ] Stopped udev Coldplug all Devices.
[  OK  ] Stopped dracut pre-trigger hook.
         Stopping udev Kernel Device Manager...
[  OK  ] Stopped udev Kernel Device Manager.
[  OK  ] Started Plymouth switch root service.
[  OK  ] Stopped Create Static Device Nodes in /dev.
[  OK  ] Stopped Create list of required static device nodes for
[  OK  ] Stopped dracut pre-udev hook.
[  OK  ] Stopped dracut cmdline hook.
[  OK  ] Closed udev Control Socket.
[  OK  ] Closed udev Kernel Socket.
         Starting Cleanup udevd DB...
[  OK  ] Started Cleanup udevd DB.
[  OK  ] Reached target Switch Root.
         Starting Switch Root...
```

图 7-25　CentOS 系统配置状态界面

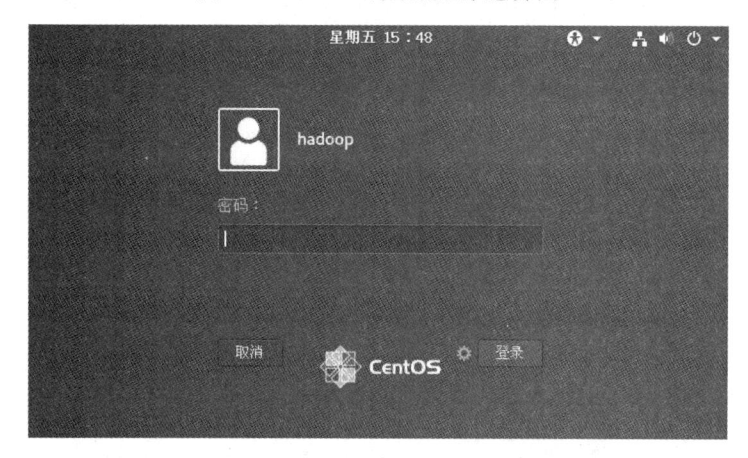

图 7-26　CentOS 系统启动登录界面

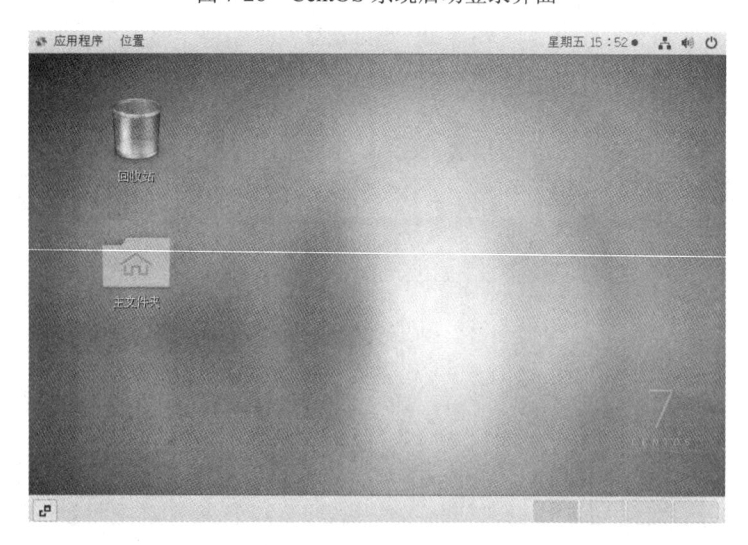

图 7-27　CentOS 系统桌面

在虚拟机创建完成后，可以根据需要通过克隆操作非常方便地创建新的虚拟机，为了配合后面的实验需要，我们就依据 HadoopMaster 虚拟机克隆创建了 HadoopSlave1 和 HadoopSlave2 虚拟机，其创建过程如图 7-28～图 7-31 所示。

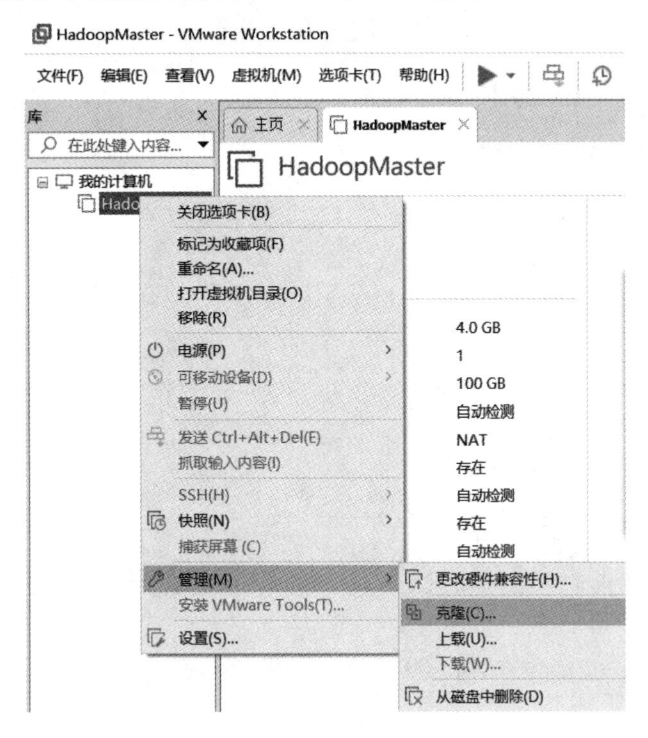

图 7-28　选择克隆操作

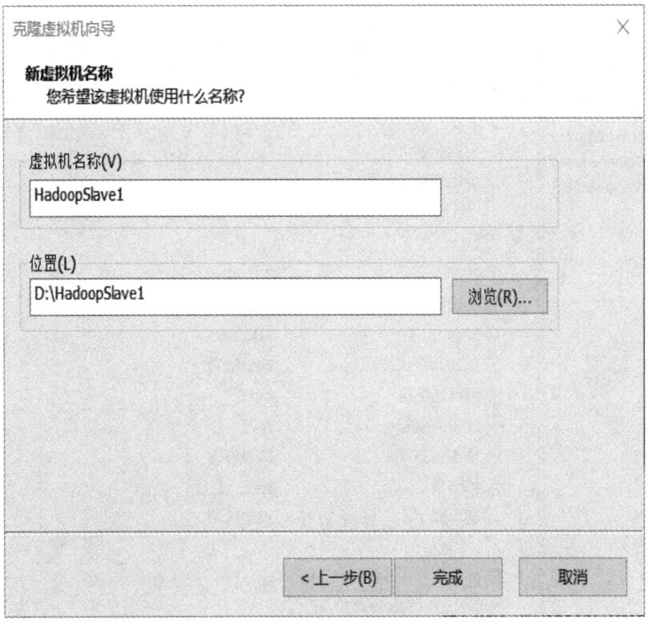

克隆虚拟机向导

新虚拟机名称

您希望该虚拟机使用什么名称?

虚拟机名称(V)

HadoopSlave1

位置(L)

D:\HadoopSlave1

浏览(R)...

< 上一步(B)　完成　取消

图 7-29　确定克隆虚拟机名称及存储位置

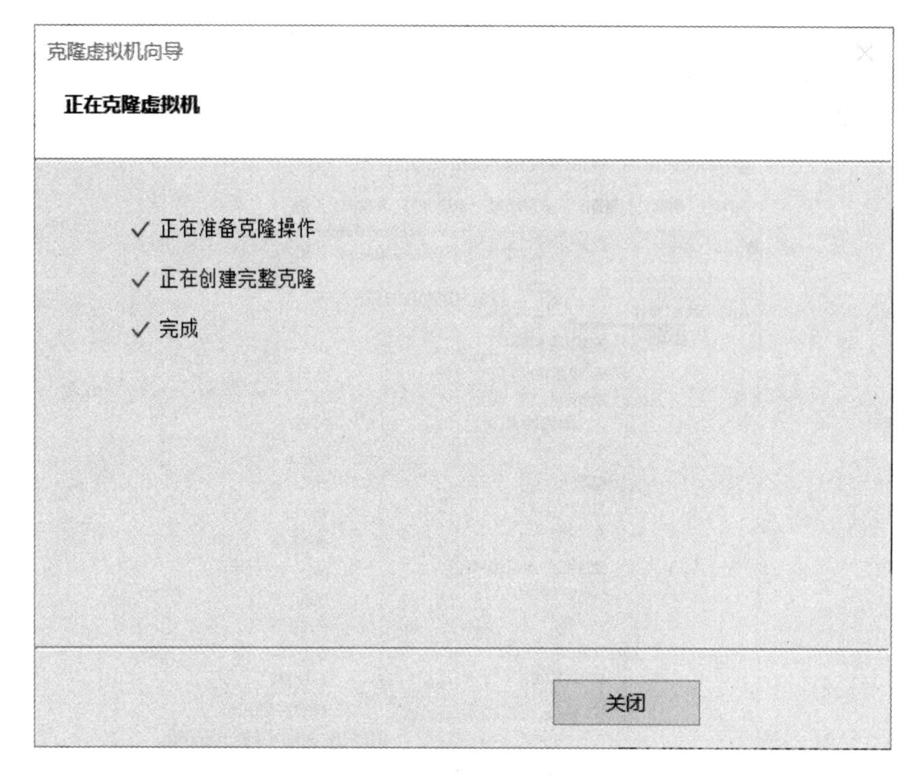

图 7-30　虚拟机克隆完成界面

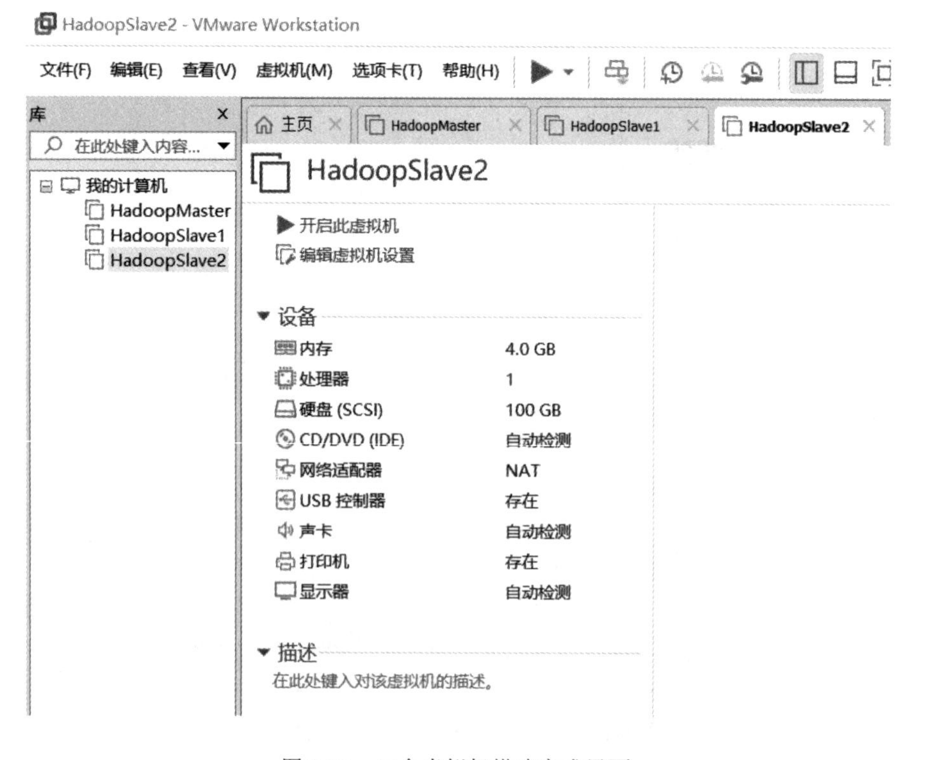

图 7-31　三台虚拟机搭建完成界面

4．思考题

打开图 7-32 所示的 VMware 虚拟网络编辑器，分别将虚拟机的网络类型设为桥接模式、NAT 模式和仅主机模式，在报告中完成以下工作：

(1) 详述三种模式的配置步骤；

(2) 比较分析三种模式的特点及适用场景；

(3) 分别分析在三种模式下主机 PC 与虚拟机之间的网络状态及可访问性。

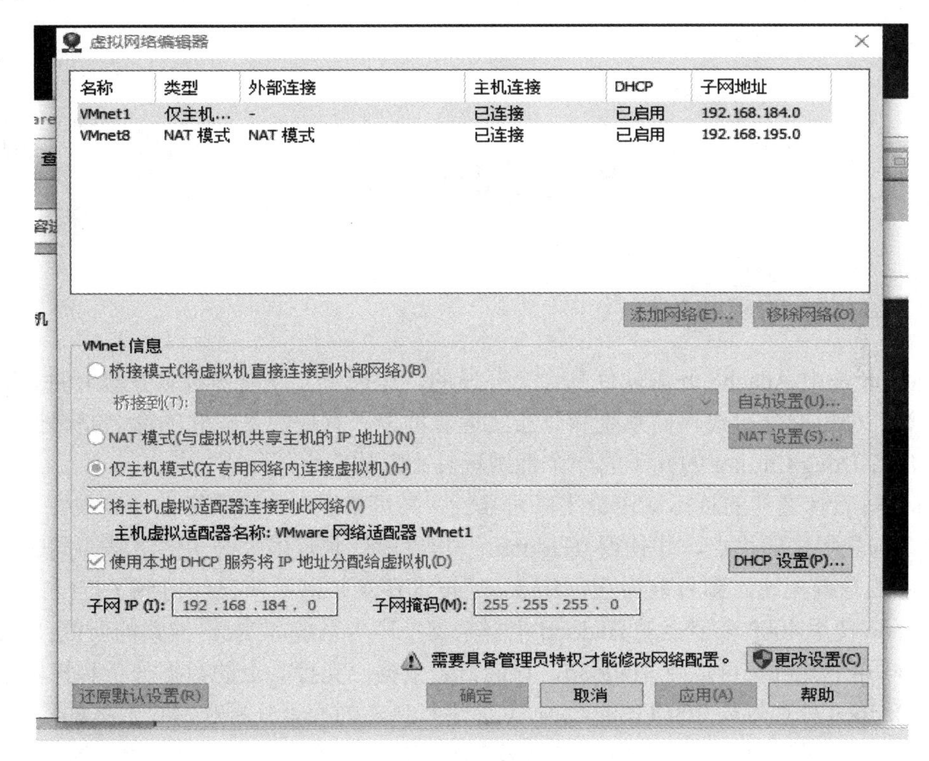

图 7-32　虚拟网络编辑器

第 8 章 Hadoop 和 Spark 平台

8.1 认识 Hadoop

8.1.1 Hadoop 的起源及特点

Hadoop 是由 Apache 开源软件基金会开发的，运行于大规模普通服务器上的大数据存储、计算、分析的分布式存储系统和分布式运算框架。有趣的是，它的命名是来源于该项目的创建者 Doug Cutting 的儿子的一个毛绒玩具小象的名字。

Hadoop 设计之初的目标就定位于高可靠性、高可拓展性、高容错性和高效性，正是这些设计上与生俱来的优点，才使得 Hadoop 一出现就受到众多大公司的青睐，同时也引起了研究界的普遍关注。到目前为止，Hadoop 技术在互联网领域已经得到了广泛的运用，例如，Yahoo 使用 4000 个节点的 Hadoop 集群来支持广告系统和 Web 搜索的研究；Facebook 使用 1000 个节点的集群运行 Hadoop，存储日志数据，支持其上的数据分析和机器学习；百度用 Hadoop 处理每周 200 TB 的数据，从而进行日志的搜索分析和网页数据的挖掘工作；中国移动研究院基于 Hadoop 开发了“大云”(Big Cloud)系统，不但用于相关的数据分析，还可以对外提供服务；淘宝的 Hadoop 系统用于存储并处理电子商务交易的相关数据。国内的高校和科研院所基于 Hadoop 在数据存储、资源管理、作业调度、性能优化、系统高可用性和安全性方面进行研究，相关研究成果多以开源形式贡献给 Hadoop 社区。

除了上述大型企业将 Hadoop 技术运用在自身的服务中外，一些提供 Hadoop 解决方案的商业型公司也纷纷跟进，利用自身技术对 Hadoop 进行优化、改进、二次开发等，然后以公司自有产品形式对外提供 Hadoop 的商业服务。比较知名的有创办于 2008 年的 Cloudera 公司，它是一家专门从事基于 Apache Hadoop 的数据管理软件销售和服务的公司，它希望充当大数据领域中类似 RedHat 在 Linux 世界中的角色。该公司基于 Apache Hadoop 发行了相应的商业版本 Cloudera Enterprise，它还提供 Hadoop 相关的支持、咨询、培训等服务。在 2009 年，Cloudera 聘请了 Doug Cutting(Hadoop 的创始人)担任公司的首席架构师，从而更加强了 Cloudera 公司在 Hadoop 生态系统中的影响和地位。Oracle 也已经将 Cloudera 的 Hadoop 发行版和 Cloudera Manager 整合到 Oracle Big Data Appliance 中。同样，Intel 也基于 Hadoop 发行了自己的版本 IDH。从这些可以看出，越来越多的企业将 Hadoop 技术作为进入大数据领域的必备技术。

Hadoop 主要有以下几个优点：

(1) 高可靠性。Hadoop 按位存储和处理数据的能力值得人们信赖。

(2) 高扩展性。Hadoop 是在可用的计算机集簇间分配数据并完成计算任务的，这些集簇可以方便地扩展到数以千计的节点中。

(3) 高效性。Hadoop 能够在节点之间动态地移动数据，并保证各个节点的动态平衡，因此，其处理速度非常快。

(4) 高容错性。Hadoop 能够自动保存数据的多个副本，并且能够自动将失败的任务重新进行分配。

(5) 低成本。与一体机、商用数据仓库以及 QlikView、Yonghong Z-Suite 等数据集市相比，Hadoop 是开源的，因此项目的软件成本会大大降低。

此外，Hadoop 带有用 Java 语言编写的框架，因此运行在 Linux 平台上是非常理想的。Hadoop 上的应用程序也可以使用其他语言编写，比如 C++。

8.1.2　Hadoop 版本变化

Apache Hadoop 的版本自 2006 年起的 0.X 到 2011 年的 1.X、2012 年的 2.X，以及 2016 年开始发布的 3.X，呈现多版本并行发布的特点。

1. Hadoop 1.0

Hadoop 1.0 是第一代 Hadoop，其包含三个大版本，分别是 0.20.x，0.21.x 和 0.22.x，其中，0.20.x 最后演化成 1.0.x，变成了稳定版。Hadoop1.0 由分布式存储系统 HDFS(Hadoop Distributed File System)和分布式计算框架 MapReduce 组成，其中的 HDFS 由一个 NameNode 和多个 DateNode 组成，MapReduce 由一个 JobTracker 和多个 TaskTracker 组成。由于只有一个 NameNode 节点，因此容易导致单点故障，使 Hadoop 1.0 面临 HDFS 的高可用问题。

2. Hadoop 2.0

Hadoop 2.0 是第二代 Hadoop，其包含两个版本，分别是 0.23.x 和 2.x，它们完全不同于 Hadoop 1.0，是一套全新的架构。针对 Hadoop1.0 单 NameNode 制约 HDFS 的扩展性问题，Hadoop 2.0 提出 HDFS Federation，它让多个 NameNode 分管不同的目录，进而实现访问隔离和横向扩展，同时彻底解决了 NameNode 的单点故障问题；针对 Hadoop1.0 中的 MapReduce 在扩展性和多框架支持等方面的不足，Hadoop 2.0 引入资源管理框架 Yarn(Yet Another Resource Negotiator)，将 JobTracker 中的资源管理和作业控制分开，分别由 ResourceManager(负责所有应用程序的资源分配)和 ApplicationMaster(负责管理一个应用程序)实现。同时，Yarn 是 Hadoop2.0 中的通用资源管理模块，其不仅可以为 MapReduce 进行资源管理和调度，也可以为其他各类应用程序进行资源管理和调度，如 Tez、Spark、Storm 等。

Hadoop 1.0 与 Hadoop 2.0 的框架如图 8-1 所示。

3. Hadoop 3.0

Hadoop 3.0 是第三代 Hadoop，其支持的最低 Java 版本是 JDK 8.0。具有 HDFS 支持擦除编码、Yarn 时间线服务、支持机会容器和分布式计划、支持两个以上的 NameNode、多个服务的默认端口移出临时端口范围、Intra-DataNode 平衡器、重做守护程序和任务堆管理、

S3A 客户端的一致性和元数据缓存等多项新增功能。对 Hadoop 3.0 的具体细节感兴趣的读者可以参考 Hadoop 官网(https://hadoop.apache.org/)上的相关内容。

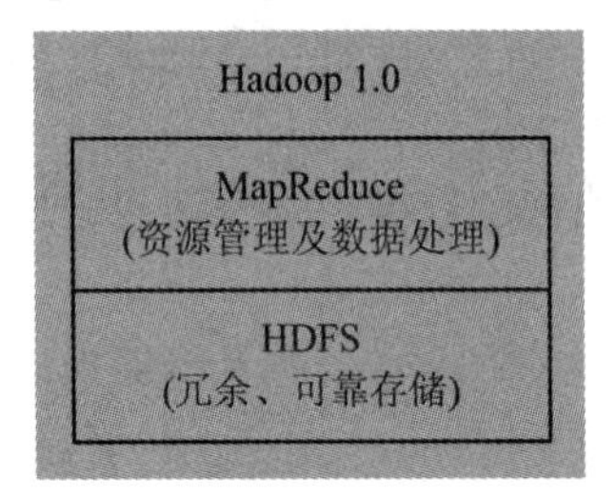

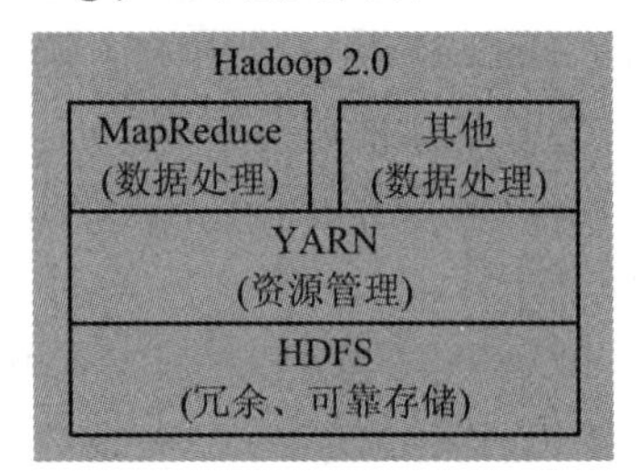

图 8-1　Hadoop 1.0 与 Hadoop 2.0 的框架

8.2　Hadoop 的组成和部署

8.2.1　Hadoop 的组成

下面以 Hadoop 2.0 为例说明 Hadoop 的组成，如图 8-2 所示。Hadoop 由许多元素构成，其最底部是 HDFS，完成 Hadoop 集群中所有存储节点的文件存储；而 MapReduce 计算框架主要完成分布式并行计算。此外，数据仓库工具 Hive 和分布式数据库 HBase 等基本涵盖了 Hadoop 分布式平台的主要核心技术。

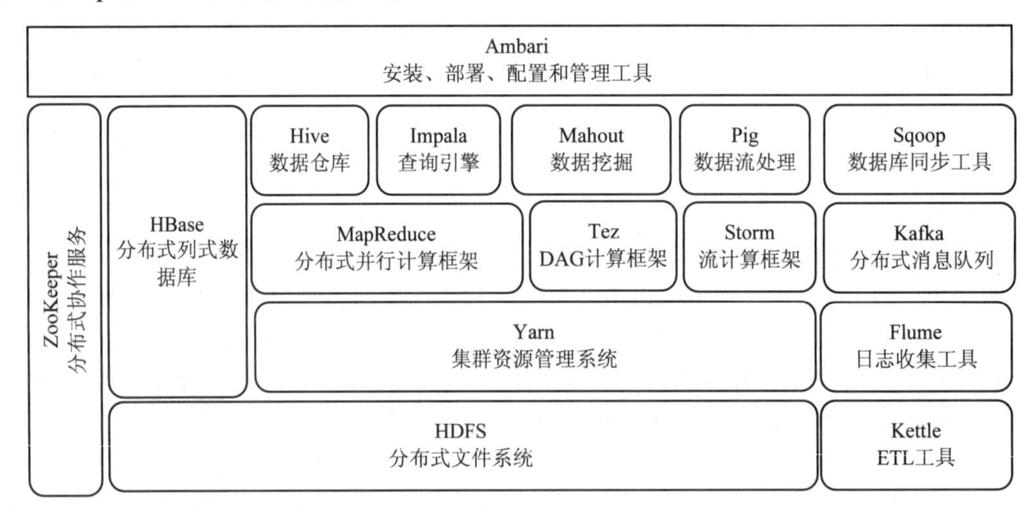

图 8-2　Hadoop 组成

下面简单介绍 Hadoop 项目的各个组成部分。

1. HDFS 分布式文件系统

HDFS 是 Apache Hadoop Core 项目的一部分，最开始是作为 Apache Nutch 搜索引擎项目的基础架构而开发的。HDFS 被设计成适合运行在通用硬件(commodity hardware)上的分布式文件系统。它是一个高度容错性的系统，适合部署在廉价的机器上，能提供高吞吐量的数据访问，非常适合大规模数据集上的应用。其详细介绍见第 9 章。

2. MapReduce 分布式并行计算框架

MapReduce 分布式并行计算框架用于大规模数据集(一般大于 1 TB)的并行运算。概念 Map(映射)和 Reduce(归约)是其主要思想。其特性都是从函数式编程语言里借鉴的，还有从向量编程语言里借鉴的。它极大地方便了编程人员在不会分布式并行编程的情况下，将自己的程序运行在分布式系统上。它的实现是指定一个 Map(映像)函数，用来把一组键值对映像成一组新的键值对；指定并发的 Reduce(归约)函数，用来保证所有映像的键值对中的每一个共享相同的键组。详细介绍见第 9 章。

3. HBase 分布式数据库

HBase 是 Apache Hadoop 项目的子项目。它是一个分布式的、面向列的开源数据库，该技术来源于 Fay Chang 所撰写的 Google 论文“Bigtable：一个结构化数据的分布式存储系统”。就像 Bigtable 利用了 Google 文件系统(File System)所提供的分布式数据存储一样，HBase 在 Hadoop 之上提供了类似于 Bigtable 的性能。HBase 不同于一般的关系数据库，它是一个适合于非结构化数据存储的数据库。另一个不同的是 HBase 中的数据存储是基于列的模式，而不是基于行的模式。详细介绍见第 10 章。

4. Hive 数据仓库

Hive 是基于 Hadoop 的一个数据仓库工具，可以将结构化的数据文件映射为一张数据库表，并提供简单的 SQL 查询功能，可以将 SQL 语句转换为 MapReduce 任务进行运行。Hive 的学习成本低，可以通过类 SQL 语句快速实现简单的 MapReduce 统计，而不必开发专门的 MapReduce 应用，十分适合用于数据仓库的统计分析。详细介绍见第 10 章。

5. Sqoop 数据库同步工具

Sqoop 项目开始于 2009 年，最早是作为 Hadoop 的一个第三方模块存在，后来为了让使用者能够快速地部署，也为了让开发人员能够更快速地迭代开发，Sqoop 独立成为一个 Apache 项目。它主要用于在 Hadoop 与传统的数据库等之间进行数据的传递，可以将一个关系数据库(如 MySQL、Oracle、PostgreSQL 等)中的数据导入到 Hadoop 的 HDFS 中，也可以将 HDFS 的数据导入到关系数据库中。

6. Kettle 工具

Kettle 是 ETL(Extract Transform and Load)工具集，它允许用户管理来自不同数据库的数据，通过提供一个图形化的用户环境来描述想做什么。Kettle 中有两种脚本文件：transformation 和 job，transformation 完成针对数据的基础转换；job 则完成整个工作流的控制。

7. Flume 数据收集工具

Flume 是 Cloudera 提供的一个高可用的、高可靠的、分布式的可以对海量日志进行采集、聚合和传输的系统，Flume 支持在日志系统中定制各类数据发送方，用于收集数据；同时，Flume 具有对数据进行简单处理，并写到各种数据接收方(可定制)的能力。

8. Kafka 分布式消息队列

Kafka 是一种高吞吐量的分布式发布订阅消息系统，通过 Hadoop 的并行加载机制来统一线上和离线的消息处理，也是为了通过集群机来提供实时的消费。它可以处理消费者规模的网站中的所有动作流数据，而这些动作(如网页浏览、搜索和评论等)是分析现代网络上的许多社会功能的一个关键因素。

9. Storm 实时流计算框架

Storm 是一个免费开源、分布式、高容错的实时计算系统。Storm 令持续不断的流计算变得容易，弥补了 Hadoop 批处理所不能满足的实时要求。Storm 经常用于实时分析、在线机器学习、持续计算、分布式远程调用和 ETL 等领域。Storm 的部署管理非常简单，而且，在同类的流式计算工具中，Storm 的性能也是非常出众的。

10. Mahout 数据挖掘

Mahout 是 Apache 的开源项目，其提供一些可扩展的机器学习领域经典算法，旨在帮助开发人员更加方便快捷地创建智能应用程序。Mahout 包含许多数据挖掘的算法实现，包括聚类、分类、推荐过滤、频繁子项挖掘等。此外，通过使用 Apache Hadoop 库，Mahout 可以有效地扩展到云中。

11. Impala 查询引擎

Impala 是 Cloudera 公司主导开发的新型查询系统，它提供 SQL 语义，能查询存储在 Hadoop 的 HDFS 和 HBase 中的 PB 级大数据。已有的 Hive 系统虽然也提供了 SQL 语义，但由于 Hive 底层执行使用的是 MapReduce 引擎，仍然是一个批处理过程，难以满足查询的交互性。相比之下，Impala 的最大特点就是它的处理速度快。

12. ZooKeeper 协作服务

ZooKeeper 是一个分布式的、开放源码的应用程序的协调服务工具，它为分布式应用提供一致性服务，是 Google 的 Chubby 的一个开源实现，是 Hadoop 和 HBase 的重要组件。它提供的功能包括配置维护、域名服务、分布式同步及组服务等。

13. Yarn 通用资源管理

Yarn 是一个资源管理调度模块，负责为运算程序提供服务器运算资源，相当于一个分布式的操作系统平台，而 MapReduce 等运算程序则相当于运行于操作系统之上的应用程序。Yarn 主要由 ResourceManager、NodeManager、ApplicationMaster 和 Container 等组件构成。其中，ResourceManager 负责处理客户端请求、启动和监控 ApplicationMaster、监控 NodeManager 的资源分配与调度；NodeManager 负责单个节点上的资源管理，处理来自 ResourceManager 的命令，处理来自 ApplicationMaster 的命令；ApplicationMaster 负责数据切分、为应用程序申请资源并分配给内部任务、任务监控与容错；Container 完成对任务运行环境的抽象，封装 CPU、内存等多维资源以及环境变量、启动命令等任务运行相关的信息。

8.2.2 Hadoop 的部署

Hadoop 有三种部署模式：单机模式、伪分布模式和完全分布模式。下面分别简单介绍。

1. 单机模式

单机模式是 Hadoop 的默认模式。当首次解压 Hadoop 的源码包时，Hadoop 无法了解硬件安装环境，便保守地选择最小配置。在这种默认模式下所有的 3 个 XML 文件均为空。当配置文件为空时，Hadoop 会完全运行在本地。因为不需要与其他节点交互，单机模式不使用 HDFS，也不加载任何 Hadoop 的守护进程。该模式主要用于开发调试 MapReduce 程序的应用逻辑。

2. 伪分布模式

可以将伪分布模式的 Hadoop 看作只有一个节点的集群，在这个集群中，这个节点既是 Master，也是 Slave；既是 NameNode，也是 DataNode。

在伪分布模式中，需要简单地修改 Hadoop 的配置文件。例如：

(1) conf/hadoop-env.sh：配置 JAVA_HOME。

(2) core-site.xml：配置 HDFS 节点名称和地址。

(3) hdfs-site.xml：配置 HDFS 存储目录，复制数量。

(4) mapred-site.xml：配置 Mapreduce 的运行环境，如指定 Yarn。

3. 完全分布式模式

完全分布式模式将构建一个 Hadoop 集群，实现真正的分布式。其体系结构由两层网络拓扑组成，形成多个机架(Rack)，每个机架会有 30～40 台机器，这些机器共享具有 GB 级别带宽的网络交换机。

在配置 Hadoop 时，配置文件分为如下两类。

(1) 只读类型的默认文件：core-default.xml、hdfs-default.xml、mapred-default.xml、yarn-site.xml。

(2) 定位(site-specific)设置：core-site.xml、hdfs-site.xml、mapred-site.xml、yarn-site.xml。

除此之外，也可以通过设置 hadoop-env.sh 来为 Hadoop 的守护进程设置环境变量(在 bin/文件夹内)。Hadoop 通过 org.apache.hadoop.conf.configuration 来读取配置文件。在 Hadoop 的设置中，通过资源(resource)定位，每个资源由一系列 name/value 对以 XML 文件的形式构成，它以一个字符串命名，或以 Hadoop 定义的 Path 类命名(这个类是用于定位文件系统内的文件或文件夹的)。如果以字符串命名，Hadoop 会通过 classpath 调用此文件；如果以 Path 类命名，那么 Hadoop 会直接在本地文件系统中搜索文件。

具体配置流程如下：

(1) 配置 etc/hosts 文件，使主机名解析为 IP，或者使用 DNS 服务解析主机名；

(2) 配置 ssh 密码连入：每个节点用 ahpu 登录，进入主工作目录，ssh-keygen -t rsa 生产公钥，然后将每个节点的公钥复制到同一个文件中，再将这个包含所有节点公钥的文件复制到每个节点 authorized_keys 目录，这样每个节点之间彼此可以实现免密码连接；

(3) 配置 NameNode，修改 site 文件；

(4) 配置 hadoop-env.sh；

(5) 配置 Masters 和 Slaves 文件；

(6) 向各个节点复制 Hadoop；

(7) 格式化 NameNode；

(8) 启动 Hadoop；

(9) 用 JPS 检验各后台进程是否成功启动。

在 8.4 节的实验中将通过虚拟机简单模拟 Hadoop 的部署过程。

8.3 认识 Spark

8.3.1 Spark 概述

近几年来，大数据机器学习和数据挖掘的并行化算法研究成为大数据领域一个较为重要的研究热点。早几年，国内外研究者和业界比较关注的是在 Hadoop 平台上的并行化算法设计。然而，Hadoop MapReduce 平台由于网络和磁盘读写开销大，难以高效地实现需要大量迭代计算的机器学习并行化算法。

Spark 是 Apache 下的开源项目，由加州大学伯克利分校 AMP 实验室(Algorithms, Machines, and People Lab)开发，是一种与 Hadoop 相似的开源集群计算环境，但 Spark 启用了内存分布数据集，除了能够提供交互式查询外，它还可以优化迭代工作负载，可用来构建大型的、低延迟的数据分析应用程序，这使得 Spark 在某些工作负载方面表现得更加优越。近年来，国内外开始关注在 Spark 平台上如何实现各种机器学习和数据挖掘并行化算法的设计。

Spark 是用 Scala 语言实现的，它将 Scala 用作其应用程序框架。与 Hadoop 不同，Spark 和 Scala 能够紧密集成，其中的 Scala 可以像操作本地集合对象一样轻松地操作分布式数据集。

尽管创建 Spark 是为了支持分布式数据集上的迭代作业，但是实际上它是对 Hadoop 的补充，可以在 Hadoop 文件系统中并行运行。通过名为 Mesos 的第三方集群框架可以支持此行为。

Spark 生态系统的目标就是将批处理、交互式处理、流式处理融合到同一个软件栈中。其运作的代价小，在节点出现故障及运行滞后时有容错的能力。

对于最终用户或开发者而言，Spark 的生态系统有如下特性：

(1) Spark 生态系统兼容 Hadoop 生态系统(兼容 HDFS 和 Yarn)；

(2) Spark 生态系统学习成本很低；

(3) Spark 性能表现优异；

(4) Spark 有强大的社区支持；

(5) Spark 支持多种语言接口编程(Java、Scala、Python、R)。

Spark 支持四种运行模式，分别如下：

(1) 本地运行模式：所有 Spark 进程运行在同一个 Java 虚拟机(Java Virtual Machine，JVM)中；

(2) 集群单机模式：使用 Spark 自己内置的任务调度框架；

(3) 基于 Mesos：Mesos 是一个流行的开源集群计算框架；

(4) 基于 Yarn：Yarn 是一个与 Hadoop 关联的集群计算和资源调度框架，从 Hadoop 2.0 开始引入。

8.3.2　Spark 的框架

Spark 的框架如图 8-3 所示。下面分别加以介绍。

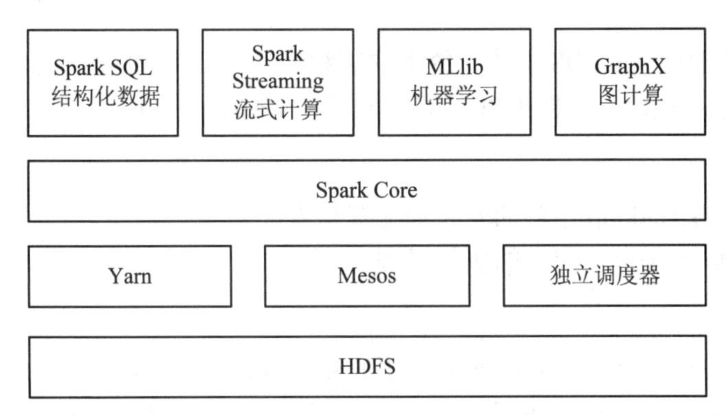

图 8-3　Spark 框架

(1) Spark Core：实现了 Spark 的基本功能，包含任务调度、内存管理、错误恢复、存储及数据分析等。Spark Core 中还包含了对弹性分布式数据集(Resilient Distributed Dataset，RDD)的 API 定义。RDD 表示分布在多个计算节点上可以并行操作的元素集合，是 Spark 主要的编程抽象。Spark Core 提供了创建和操作这些集合的多个 API。

(2) Spark SQL：是 Spark 用来操作结构化数据的组件。通过 Spark SQL 可以使用 SQL 或 Apache Hive 版本的 SQL 方言(HQL)来查询数据。Spark SQL 支持多种数据源，比如 Hive 表、Parquet 以及 JSON 等。除了为 Spark 提供了一个 SQL 接口，Spark SQL 还支持开发者将 SQL 和传统的 RDD 编程的数据操作方式相结合，不论是使用 Python、Java 还是 Scala，开发者都可以在单个应用中同时使用 SQL 和复杂的数据分析。

(3) Spark Streaming：构建在 Spark 上处理流数据的框架。其基本原理是先将流数据分成小的时间片断(几秒)，再以类似 batch 批量处理的方式来处理这小部分数据。Spark Streaming 构建在 Spark 上，一方面是因为 Spark 的低延迟执行引擎(多于 100 ms)虽然比不上专门的流式数据处理软件，也可以用于实时计算；另一方面，相比基于 Record 的其他处理框架(如 Storm)，一部分窄依赖的 RDD 数据集可以从源数据重新计算，以达到处理容错的目的。此外，小批量的处理方式使得它可以同时兼容批量和实时数据处理的逻辑和算法，从而方便了一些需要历史数据和实时数据联合分析的特定应用场合。

(4) MLlib：提供了很多种机器学习算法，包括分类、回归、聚类、协同过滤等，还提供了模型评估、数据导入等额外的支持功能。MLlib 还提供了一些更底层的机器学习原语，包括一个通用的梯度下降优化算法。所有这些方法都被设计为可以在集群上轻松伸缩的架构。

(5) GraphX：用来操作图(比如社交网络的朋友关系图)的程序库，可以进行并行的图计算。与 Spark Streaming 和 Spark SQL 类似，GraphX 也扩展了 Spark 的 RDD API，能用来创建一个顶点和边都包含任意属性的有向图。GraphX 还支持针对图的各种操作(如进行图分割的 subgraph 和操作所有顶点的 mapVertices)以及一些常用图算法(如 PageRank 和三角计数)。

实验 2　CentOS 环境下 Hadoop 的安装与配置

1. 实验简介

本次实验主要为在 CentOS 操作系统下安装和配置 Hadoop 平台，通过实践操作熟悉和掌握 Hadoop 平台的配置，并通过 PI 计算实验验证 Hadoop 的执行过程。

2. 实验目的

(1) 熟悉并掌握 Hadoop 平台的安装和配置步骤；

(2) 了解 Hadoop 平台下程序的执行过程。

3. 实验准备

在 CentOS 系统上安装 Hadoop 之前，需要先准备以下程序：

(1) JDK1.8(或更高版本)。Hadoop 是用 Java 编写的程序，Hadoop 的编译及 MapReduce 的运行都需要使用 JDK。

(2) SSH(安全外壳协议)。Hadoop 需要通过 SSH 来启动 Slave 列表中各台主机的守护进程。

(3) Hadoop。Hadoop 的下载地址为 http://hadoop.apache.org/releases.html，现在较稳定的版本是 Hadoop3.3.1，本实验使用的是 Hadoop3.1.2。

(4) MapReduce 的实现框架为 Yarn(详细内容见第 9 章)。

4. 实验内容

1) 启动虚拟客户机

启动 VMware Workstation，选择之前实验中已经安装好的虚拟机 HadoopMaster、HadoopSlave1 和 HadoopSlave2，通过开启虚拟机操作分别打开三台虚拟机，如图 8-4 所示。

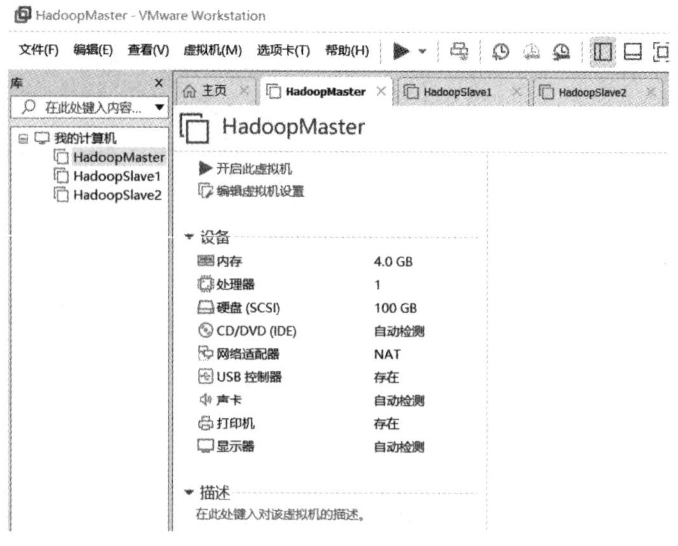

图 8-4　启动虚拟客户机

2) Linux系统配置

以下操作步骤需要在 HadoopMaster 和 HadoopSlave 节点上分别进行完整操作，所有的命令操作都在终端环境中的 root 用户下完成。从当前用户 ahpu 切换到 root 用户的命令如下：

```
[ahpu@master ~]$ su root
```

此步骤中需要输入建立虚拟机时设定的密码。

3) 配置主机名

(1) HadoopMaster 节点。

使用 vi 编辑主机名：

```
[root@master ~]$ vi /etc/hostname
```

配置信息如下：

```
master
```

如果已经存在，则不修改，将 HadoopMaster 节点的主机名改为 master。

使修改命令生效：

```
[root@master ~]$ hostname master
```

检测主机名是否修改成功命令如下：

```
[root@master ~]$ hostname
```

在检测主机名操作之前需要关闭当前终端，重新打开一个终端。

命令如果执行无误，将会有如下输出：

```
[root@master ahpu]#hostname master
[root@master ahpu]#hostname
master
```

(2) HadoopSlave1 节点。

使用 vi 编辑主机名：

```
[root@slave1 ahpu]$ vi /etc/hostname
```

配置信息如下：

```
slave1
```

如果已经存在，则不修改，将 Hadoopslave1 节点的主机名改为 slave1。

使修改命令生效：

```
[root@slave1 ahpu]$ hostname slave1
```

检测主机名是否修改成功命令如下：

```
[root@slave1 ahpu]$ hostname
```

在检测主机名操作之前需要关闭当前终端，重新打开一个终端。

命令如果执行无误，将会有如下输出：

```
[root@slavel ahpu]# hostname slavel
```

```
[root@slavel ahpu]# hostname
slavel
```

(3) HadoopSlave2 节点的设置参照 HadoopSlave1 节点的设置。

使用 vi 编辑主机名：

```
[root@slave2 ahpu]$ vi /etc/hostname
```

配置信息如下：

```
slave2
```

如果已经存在，则不修改，将 Hadoopslave2 节点的主机名改为 slave2。

使修改命令生效：

```
[root@slave2 ahpu]$ hostname slave2
```

检测主机名是否修改成功命令如下：

```
[root@slave2 ahpu]$ hostname
```

在检测主机名操作之前需要关闭当前终端，重新打开一个终端。

命令如果执行无误，将会有如下输出：

```
[root@slave2 ahpu]@hostname slave2
[root@slave2 ahpu]@hostname
slave2
```

4) 关闭防火墙

此操作也在需要在 HadoopSlave1 和 Hadoopslave2 节点执行。

在终端中执行下面的命令：

```
[root@master ~]$ setup
```

出现的结果如图 8-5 所示。

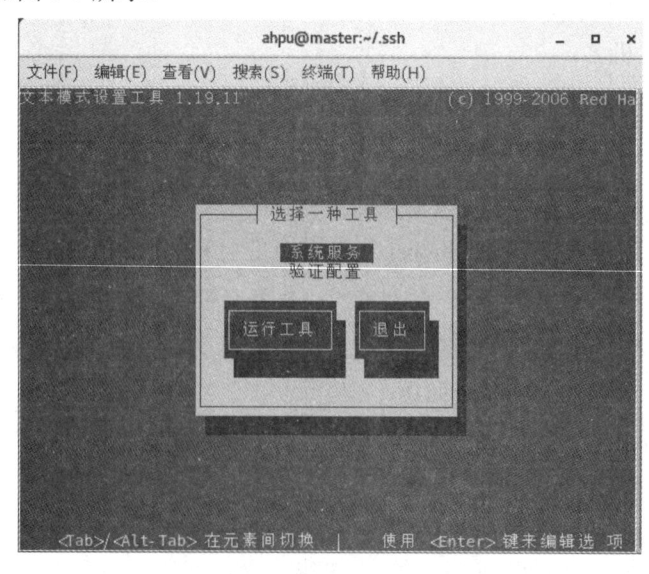

图 8-5　关闭防火墙选择界面

选择“系统服务”选项，回车后进入选项，向下滑动鼠标或者使用向下方向键找到“firewalld.service”选项(如果该项前面有“*”标，则单击空格键关闭防火墙)，如图 8-6 所示，然后使用 Tab 键选择“确定”保存修改内容。

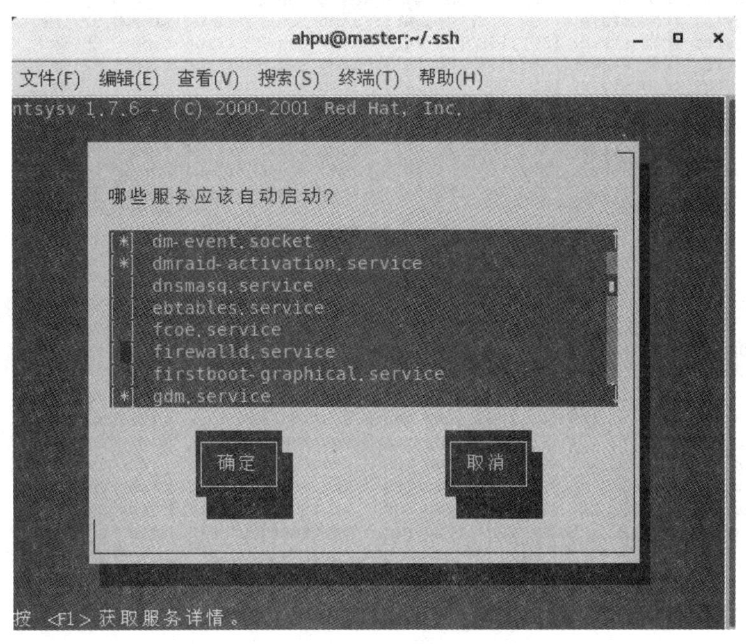

图 8-6　关闭防火墙确认界面

5) 配置hosts列表

此操作也需要在 HadoopSlave1 和 HadoopSlave2 节点执行。

此配置需要在 root 用户下完成(使用 su 命令修改用户)。编辑主机名列表的命令如下：

```
[root@master ahpu]$ vi /etc/hosts
```

将下面的三行代码添加到/etc/hosts 文件中：

```
192.168.126.140 master
192.168.126.141 slave1
192.168.126.142 slave2
```

注意：这里的 master、slave1 和 slave2 节点对应的 IP 地址需要通过 ifconfig 命令查看后进行配置。要查看 master 的 IP 地址，可使用下面的命令：

```
[ahpu@master ~]$ ifconfig
```

验证是否配置成功的命令如下：

```
[ahpu@master ~]$ ping master
[ahpu@master ~]$ ping slave1
[ahpu@master ~]$ ping slave2
```

如果出现图 8-7 所示的信息，则表示配置成功。

如果出现图 8-8 所示的信息，则表示配置失败。

```
ahpu@master:~
文件(F) 编辑(E) 查看(V) 搜索(S) 终端(T) 帮助(H)
[ahpu@master ~]$ ping slave1
PING slave1 (192.168.126.141) 56(84) bytes of data.
64 bytes from slave1 (192.168.126.141): icmp_seq=1 ttl=64 time=0.677 ms
64 bytes from slave1 (192.168.126.141): icmp_seq=2 ttl=64 time=0.261 ms
64 bytes from slave1 (192.168.126.141): icmp_seq=3 ttl=64 time=2.62 ms
64 bytes from slave1 (192.168.126.141): icmp_seq=4 ttl=64 time=2.57 ms
64 bytes from slave1 (192.168.126.141): icmp_seq=5 ttl=64 time=0.370 ms
64 bytes from slave1 (192.168.126.141): icmp_seq=6 ttl=64 time=0.299 ms
64 bytes from slave1 (192.168.126.141): icmp_seq=7 ttl=64 time=0.361 ms
64 bytes from slave1 (192.168.126.141): icmp_seq=8 ttl=64 time=0.445 ms
64 bytes from slave1 (192.168.126.141): icmp_seq=9 ttl=64 time=0.617 ms
```

图 8-7　slave1 配置成功测试界面

```
ahpu@master:~
文件(F) 编辑(E) 查看(V) 搜索(S) 终端(T) 帮助(H)
[ahpu@master ~]$ ping slave2
PING slave2 (192.168.126.142) 56(84) bytes of data.
From master (192.168.126.140) icmp_seq=1 Destination Host Unreachable
From master (192.168.126.140) icmp_seq=2 Destination Host Unreachable
From master (192.168.126.140) icmp_seq=3 Destination Host Unreachable
From master (192.168.126.140) icmp_seq=4 Destination Host Unreachable
From master (192.168.126.140) icmp_seq=5 Destination Host Unreachable
From master (192.168.126.140) icmp_seq=6 Destination Host Unreachable
From master (192.168.126.140) icmp_seq=7 Destination Host Unreachable
```

图 8-8　slave2 配置失败测试界面

6) 安装JDK

此操作亦需要在 HadoopSlave1 节点和 HadoopSlave2 节点执行。

将 JDK 文件解压后放到/usr/local/java 目录下。

```
[ahpu@master software]$ tar –zvxf jdk-8u291-linux-x64.tar.gz
[ahpu@master software]$ mv jdk1.8.0_291 /usr/local/java
```

使用 vi 配置环境变量：

```
[ahpu@master ~]$ vi /etc/profile
```

复制并粘贴以下内容，添加到上面 vi 打开的文件中：

```
export JAVA_HOME=/usr/local/java
export PATH=$JAVA_HOME/bin:$PATH
```

使改动生效的命令如下：

```
[ahpu@master ~]$ source /etc/profile
```

测试配置的命令如下：

```
[ahpu@master ~]$ java -version
```

如果出现图 8-9 所示的信息，则表示 JDK 安装成功。

```
ahpu@master:~
文件(F) 编辑(E) 查看(V) 搜索(S) 终端(T) 帮助(H)
[ahpu@master ~]$ java -version
java version "1.8.0_291"
Java(TM) SE Runtime Environment (build 1.8.0_291-b10)
Java HotSpot(TM) 64-Bit Server VM (build 25.291-b10, mixed mode)
[ahpu@master ~]$
```

图 8-9　JDK 安装成功测试界面

7) 免密钥登录配置

该部分所有的操作都要在 ahpu 用户下完成。

(1) HadoopMaster 节点。

在终端生成密钥的命令如下(一路点击回车，生成密钥)：

```
[ahpu@master ~]$ ssh-keygen -t rsa
```

生成的密钥在.ssh 目录下，如图 8-10 所示。

```
ahpu@master:~
文件(F) 编辑(E) 查看(V) 搜索(S) 终端(T) 帮助(H)
[ahpu@master ~]$ ssh-keygen -t rsa
Generating public/private rsa key pair.
Enter file in which to save the key (/home/ahpu/.ssh/id_rsa):
Created directory '/home/ahpu/.ssh'.
Enter passphrase (empty for no passphrase):
Enter same passphrase again:
Your identification has been saved in /home/ahpu/.ssh/id_rsa.
Your public key has been saved in /home/ahpu/.ssh/id_rsa.pub.
The key fingerprint is:
SHA256:XnsgDWWmBrX0s3fjfhfvN+FG3rRceUfzQrgk+QX06Hc ahpu@master
The key's randomart image is:
+---[RSA 2048]----+
|       ..o +     |
|        o B  .   |
|         = o= o  |
|       .  o+o= o..|
|         S.=+.+o.+|
|       .  o.++oE**|
|        . ....*oX|
|           . . B*|
|              oo=|
+----[SHA256]-----+
[ahpu@master ~]$ 
```

图 8-10　密钥生成界面

复制公钥文件，命令如下：

```
[ahpu@master .ssh] $ cat ~/.ssh/id_rsa.pub >> ~/.ssh/authorized_keys
```

执行 Linux 下的 ls -l 命令后会看到如图 8-11 所示的密钥文件列表。

```
[ahpu@master .ssh]$ ls -l
总用量 12
-rw-rw-r-- 1 ahpu ahpu  393 11月 13 09:18 authorized_keys
-rw------- 1 ahpu ahpu 1675 11月 13 09:10 id_rsa
-rw-r--r-- 1 ahpu ahpu  393 11月 13 09:10 id_rsa.pub
[ahpu@master .ssh]$ 
```

图 8-11　执行 ls-l 命令后的文件列表

修改 authorized_keys 文件的权限，命令如下：

```
[ahpu@master .ssh]$ chmod 600 ~/.ssh/authorized_keys
```

修改完权限后，文件列表情况如图 8-12 所示。

```
[ahpu@master .ssh]$ chmod 600 ~/.ssh/authorized_keys
[ahpu@master .ssh]$ ls -l
总用量 12
-rw------- 1 ahpu ahpu  393 11月 13 09:18 authorized_keys
-rw------- 1 ahpu ahpu 1675 11月 13 09:10 id_rsa
-rw-r--r-- 1 ahpu ahpu  393 11月 13 09:10 id_rsa.pub
```

图 8-12　修改完权限后的文件列表

将 authorized_keys 文件分别复制到 slave1 和 slave2 节点，命令如下：

```
[ahpu@master .ssh]$ scp ~/.ssh/authorized_keys ahpu@slave1:~/
[ahpu@master .ssh]$ scp ~/.ssh/authorized_keys ahpu@slave2:~/
```

当提示输入 yes/no 的时候，输入 yes 并回车。

(2) HadoopSlave1 节点。

在终端生成密钥，命令如下(一路点击回车，生成密钥)：

```
[ahpu@slave1 ~]$ ssh-keygen -t rsa
```

将 authorized_keys 文件移动到.ssh 目录：

```
[ahpu@slave1 ~]$ mv authorized_keys ~/.ssh/
```

修改 authorized_keys 文件的权限，命令如下：

```
[ahpu@slave1 ~]$ cd ~/.ssh
[ahpu@slave1 .ssh]$ chmod 600 authorized_keys
```

HadoopSlave2 节点的设置步骤和 HadoopSlave1 节点的一样，此处不再介绍。

(3) 验证免密钥登陆。

在 HadoopMaster 机器上执行下面的命令：

```
[ahpu@master ~]$ ssh slave1
```

如果出现如图 8-13 所示的内容，则表示免密钥配置成功。

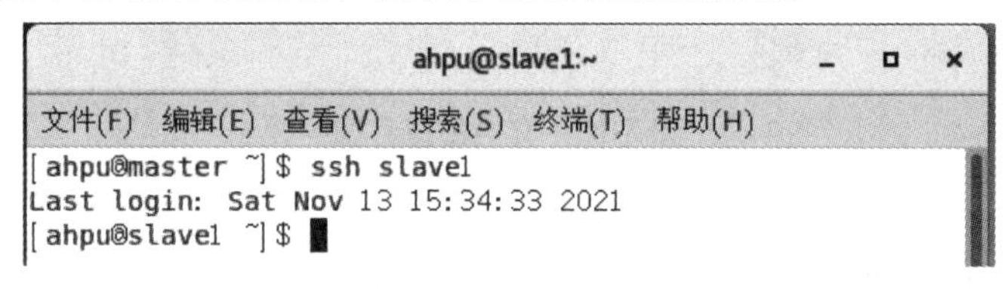

图 8-13 免密钥配置成功界面

8) Hadoop配置部署

每个节点上的 Hadoop 配置基本相同，在 HadoopMaster 节点操作完成后复制到另一个节点即可。下面所有的操作都使用 ahpu 用户。

(1) Hadoop 安装包解压。

复制并解压 Hadoop 安装包，命令如下：

```
[ahpu@master software]$ tar –zvxf hadoop-3.1.2.tar.gz
[ahpu@master software]$ mv hadoop-3.1.2 /usr/local/hadoop
```

若用 ls-l 命令看到如图 8-14 所示的内容，则表示解压成功。

(2) 配置环境变量 hadoop-env.sh。

环境变量文件中，只需要配置 JDK 的路径即可。命令如下：

```
[ahpu@master hadoop]$ vi /usr/local/hadoop/etc/hadoop/hadoop-env.sh
```

在文件的靠前部分找到下面的一行代码：

```
export JAVA_HOME=${JAVA_HOME}
```

```
[ahpu@master ~]$ cd /usr/local/hadoop
[ahpu@master hadoop]$ ls -l
总用量 180
drwxr-xr-x 2 ahpu ahpu    203 1月    3 2021 bin
drwxr-xr-x 3 ahpu ahpu     20 1月    3 2021 etc
drwxr-xr-x 2 ahpu ahpu    106 1月    3 2021 include
drwxr-xr-x 3 ahpu ahpu     20 1月    3 2021 lib
drwxr-xr-x 4 ahpu ahpu    288 1月    3 2021 libexec
-rw-rw-r-- 1 ahpu ahpu 150569 12月   5 2020 LICENSE.txt
-rw-rw-r-- 1 ahpu ahpu  21943 12月   5 2020 NOTICE.txt
-rw-rw-r-- 1 ahpu ahpu   1361 12月   5 2020 README.txt
drwxr-xr-x 3 ahpu ahpu   4096 1月    3 2021 sbin
drwxr-xr-x 4 ahpu ahpu     31 1月    3 2021 share
```

图 8-14　解压成功

将这行代码修改为下面的代码：

```
export JAVA_HOME=/usr/local/java
```

然后保存文件。

(3) 配置环境变量 yarn-env.sh。

环境变量文件中只需要配置 JDK 的路径即可。

```
[ahpu@master hadoop]$ vi /usr/local/hadoop/etc/hadoop/yarn-env.sh
```

修改 JAVA_HOME 的命令如下：

```
export JAVA_HOME=/usr/local/java
```

然后保存文件。

(4) 配置核心组件 core-site.xml。

使用 vi 编辑：

```
[ahpu@master hadoop]$ vi /usr/local/hadoop/etc/hadoop/core-site.xml
```

用下面的代码替换 core-site.xml 中的内容：

```
<?xml version="1.0" encoding="UTF-8"?>
<?xml-stylesheet type="text/xsl" href="configuration.xsl"?>
<!-- Put site-specific property overrides in this file. -->
<configuration>
    <property>
        <name>fs.defaultFS</name>
        <value>hdfs://master:9000</value>
    </property>
    <property>
        <name>hadoop.tmp.dir</name>
        <value>/usr/local/hadoop/hadoopdata</value>
    </property>
</configuration>
```

(5) 配置文件系统 hdfs-site.xml。

使用 vi 编辑：

```
[ahpu@master hadoop]$ vi /usr/local/hadoop/etc/hadoop/hdfs-site.xml
```

用下面的代码替换 hdfs-site.xml 中的内容：

```
<?xml version="1.0" encoding="UTF-8"?>
<?xml-stylesheet type="text/xsl" href="configuration.xsl"?>
<!-- Put site-specific property overrides in this file. -->
<configuration>
        <property>
                <name>dfs.namenode.http-address</name>
                <value>master:50070</value>
        </property>
        <property>
                <name>dfs.namenode.secondary.http-address</name>
                <value>slave1:50090</value>
        </property>
        <property>
                 <name>dfs.namenode.name.dir</name>
                 <value>/usr/local/hadoop/hadoopname</value>
        </property>
        <property>
                <name>dfs.replication</name>
                <value>2</value>
         </property>
         <property>
                <name>dfs.datanode.data.dir</name>
                <value>/usr/local/hadoop/hadoopdata</value>
        </property>
</configuration>
```

(6) 配置文件系统 yarn-site.xml。

使用 vi 编辑：

```
[ahpu@master hadoop]$ vi /usr/local/hadoop/etc/hadoop/yarn-site.xml
```

用下面的代码替换 yarn-site.xml 中的内容：

```
<?xml version="1.0" encoding="UTF-8"?>
<?xml-stylesheet type="text/xsl" href="configuration.xsl"?>
<!-- Put site-specific property overrides in this file. -->
<configuration>
    <property>
        <name>yarn.resourcemanager.hostname</name>
        <value>master</value>
```

```
        </property>
        <property>
            <name>yarn.nodemanager.aux-services</name>
            <value>mapreduce_shuffle</value>
        </property>
        <property>
            <name>yarn.nodemanager.aux-services.mapreduce.shuffle.class</name>
            <value>org.apache.hadoop.mapred.ShuffleHandler</value>
        </property>
    </configuration>
```

(7) 配置计算框架 mapred-site.xml。

使用 vi 编辑：

```
[ahpu@master hadoop]$ vi /usr/local/hadoop/etc/hadoop/mapred-site.xml
```

用下面的代码替换 mapred-site.xml 中的内容：

```
<?xml version="1.0" encoding="UTF-8"?>
<?xml-stylesheet type="text/xsl" href="configuration.xsl"?>
<!-- Put site-specific property overrides in this file. -->
<configuration>
    <property>
        <name>mapreduce.framework.name</name>
        <value>yarn</value>
    </property>
    <property>
        <name>mapreduce.application.classpath</name>
        <value>
         /usr/local/hadoop/etc/hadoop,
         /usr/local/hadoop/share/hadoop/common/*,
         /usr/local/hadoop/share/hadoop/common/lib/*,
         /usr/local/hadoop/share/hadoop/hdfs/*,
         /usr/local/hadoop/share/hadoop/hdfs/lib/*,
         /usr/local/hadoop/share/hadoop/mapreduce/*,
         /usr/local/hadoop/share/hadoop/mapreduce/lib/*,
         /usr/local/hadoop/share/hadoop/yarn/*,
         /usr/local/hadoop/share/hadoop/yarn/lib/*
        </value>
    </property>
</configuration>
```

说明：以上配置中指明 mapreduce 将运行在 yarn 上。亦可使用如下配置修改

property，则不需运行在 yarn 上。

```
<property>
    <name>mapreduce.job.tracker</name>
    <value>hdfs://master:8001</value>
</property>
```

(8) 在 master 节点配置 workers 文件。

使用 vi 编辑：

```
slave1
slave2
```

(9) 在 master 节点/usr/local/hadoop/sbin/目录下，配置 start-all.sh 和 stop-all.sh 文件。

使用 vi 编辑，在文件头部或末尾处分别添加以下语句：

```
HDFS_DATANODE_USER=ahpu
HDFS_DATANODE_SECURE_USER=hdfs
HDFS_NAMENODE_USER= ahpu
HDFS_SECONDARYNAMENODE_USER= ahpu
YARN_RESOURCEMANAGER_USER= ahpu
HADOOP_SECURE_DN_USER=yarn
YARN_NODEMANAGER_USER= ahpu
```

(10) 在 master 节点/usr/local/hadoop/sbin/目录下，配置 start-dfs.sh 和 stop-dfs.sh 文件。

使用 vi 编辑，在文件头部或末尾处分别添加以下语句：

```
HDFS_DATANODE_USER= ahpu
HDFS_DATANODE_SECURE_USER=hdfs
HDFS_NAMENODE_USER= ahpu
HDFS_SECONDARYNAMENODE_USER= ahpu
```

(11) 在 master 节点/usr/local/hadoop/sbin/目录下，配置 start-yarn.sh 和 stop-yarn.sh 文件。

使用 vi 编辑，在文件头部或末尾处分别添加以下语句：

```
YARN_RESOURCEMANAGER_USER= ahpu
HADOOP_SECURE_DN_USER=yarn
YARN_NODEMANAGER_USER= ahpu
```

9) 复制到从节点

使用下面的命令将已经配置完成的 Hadoop 复制到从节点 HadoopSlave1 和 HadoopSlave2 上：

```
[ahpu@master hadoop]$ scp –r /usr/local/hadoop ahpu@slave1:/usr/local
[ahpu@master hadoop]$ scp –r /usr/local/hadoop ahpu@slave2:/usr/local
```

注意：因为之前已经配置了免密钥登录，这里可以直接远程复制。

10) 启动Hadoop集群

下面所有的操作在 ahpu 用户下执行。

(1) 配置 Hadoop 启动的系统环境变量。

该节的配置需要同时在主从三个节点(HadoopMaster、HadoopSlave1 和 HadoopSlave2)上进行操作，操作命令如下：

```
[ahpu@master ~]$ vi /etc/profile
```

将下面的代码追加到/etc/profile 末尾：

```
export HADOOP_HOME=/usr/local/hadoop
export PATH=$HADOOP_HOME/bin:$HADOOP_HOME/sbin:$PATH
```

然后执行命令：

```
[ahpu@master ~]$ source /etc/profile
```

(2) 启动 Hadoop 集群

① 格式化文件系统。该操作需要在 HadoopMaster 节点上执行，格式化命令如下：

```
[ahpu@master ~]$ hdfs namenode -format
```

② 启动 Hadoop。使用 start-all.sh 启动 Hadoop 集群，首先进入 Hadoop 安装主目录，然后执行如下的启动命令：

```
[ahpu@master ~]$ cd /usr/local/hadoop
[ahpu@master hadoop]$ sbin/start-all.sh
```

③ 查看进程是否启动。

在 HadoopMaster 的终端执行 jps 命令，在打印结果中会看到 5 个进程，分别是 ResourceManager、Jps、NameNode、DataNode 和 SecondaryNameNode，如图 8-15 所示。如果出现了这 5 个进程，则表示主节点进程启动成功。

```
[ahpu@master ~]$ jps
3200 NameNode
3842 NodeManager
3718 ResourceManager
3335 DataNode
4382 Jps
```

图 8-15　主节点进程启动成功

在 HadoopSlave1 的终端执行 jps 命令，在打印结果中会看到 4 个进程，分别是 NodeManager、DataNode、SecondaryNameNode 和 Jps，如图 8-16 所示。如果出现了这 4 个进程，则表示从节点进程启动成功。

```
[ahpu@slave1 ~]$ jps
3136 DataNode
3738 Jps
3243 SecondaryNameNode
3373 NodeManager
```

图 8-16　从节点 1 进程启动成功

在 HadoopSlave2 的终端执行 jps 命令，在打印结果中会看到 3 个进程，分别是 NodeManager、DataNode 和 Jps，如图 8-17 所示。如果出现了图 8-17 中的这 3 个进程，则表示从节点进程启动成功。

```
[ahpu@slave2 ~]$ jps
3273 NodeManager
3134 DataNode
3631 Jps
```

图 8-17　从节点 2 进程启动成功

④ 从 Web UI 查看集群是否成功启动。

在 HadoopMaster 上启动 Firefox 浏览器，在浏览器地址栏中输入 http://master: 50070/，再检查 namenode 和 datanode 是否正常。Hadoop 启动测试界面如图 8-18 所示。

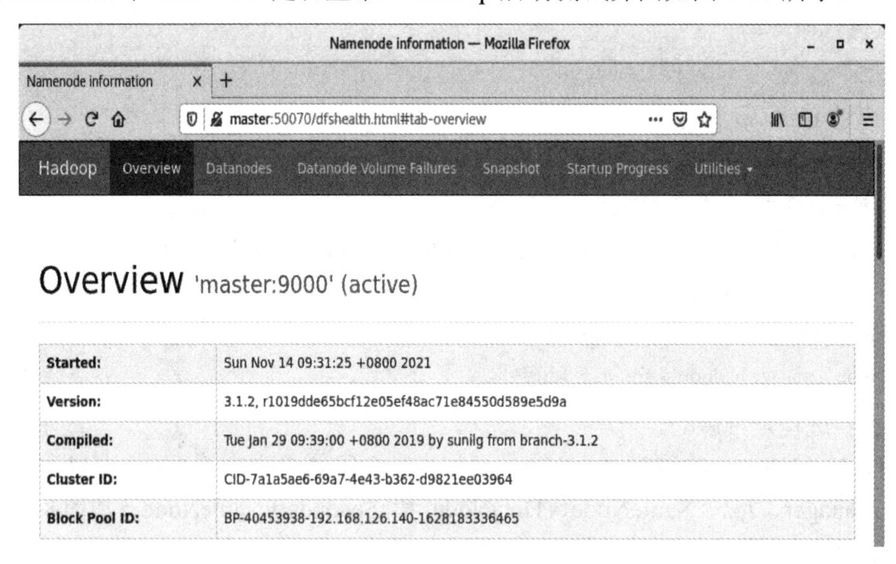

图 8-18　Hadoop 启动测试界面

在 HadoopMaster 上启动 Firefox 浏览器，在浏览器地址栏中输入 http:// master:8088/，然后检查 Yarn 是否正常，页面如图 8-19 所示。

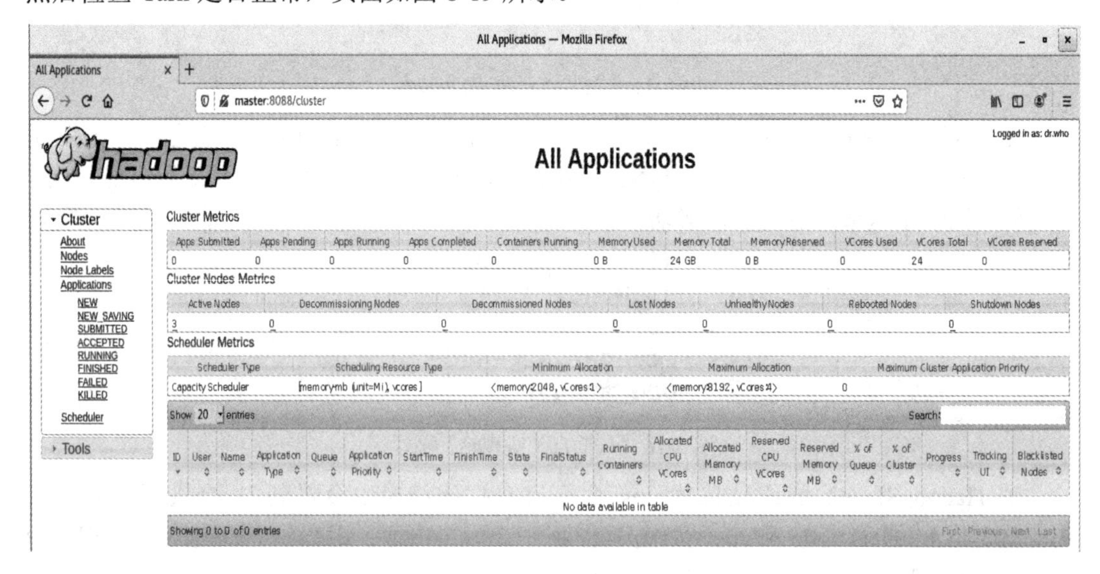

图 8-19　Yarn 启动测试界面

⑤ 运行 PI 实例检查集群是否成功。进入 Hadoop 安装主目录，执行下面的命令：

```
[ahpu@master ~]$ cd /usr/local/Hadoop/share/hadoop/mapreduce
[ahpu@master ~]$ hadoop jar /usr/local/hadoop/share/hadoop/mapreduce/
hadoop-mapreduce-examples-3.1.2.jar pi 10 10
```

将看到如图 8-20 的执行结果。

```
[ahpu@master ~]$ hadoop jar /usr/local/hadoop/share/hadoop/mapreduce/hadoop-mapreduce
-examples-3.1.2.jar pi 10 10
Number of Maps  =10
Samples per Map =10
Wrote input for Map #0
Wrote input for Map #1
Wrote input for Map #2
Wrote input for Map #3
Wrote input for Map #4
Wrote input for Map #5
Wrote input for Map #6
Wrote input for Map #7
Wrote input for Map #8
Wrote input for Map #9
Starting Job
2021-11-14 10:05:41,353 INFO client.RMProxy: Connecting to ResourceManager at master/
192.168.126.140:8032
```

图 8-20　执行结果

最后输出结果如图 8-21 所示。

```
Job Finished in 80.848 seconds
Estimated value of Pi is 3.20000000000000000000
[ahpu@master ~]$ 
```

图 8-21　最后输出结果

如果以上的 3 个验证步骤都没有问题，说明集群正常启动。

实验 3　Spark 平台的安装与配置

1. 实验简介

本次实验主要是通过实践操作熟悉和掌握 Spark 平台的配置，并通过例子程序验证 Spark 的执行过程。

2. 实验目的

(1) 熟悉并掌握 Spark 平台的安装和配置步骤；

(2) 了解 Spark 平台下程序的执行过程。

3. 实验准备

Hadoop 已经安装成功，并正常启动。

4. 实验内容

Spark 安装在 HadoopMaster 节点上。下面的所有操作都在 HadoopMaster 节点上进行。

1) 解压并安装Spark

注意：本实验使用的 Spark 是 3.1.2 版本，实际实验时可以改变，在进行操作时替换成实际的版本即可。

使用下面的命令解压 Spark 安装包：

```
tar –zvxf spark-3.1.2-bin-hadoop3.2.tgz
```

执行 ls -l 命令后会看到如图 8-22 所示的内容，这些内容是 Spark 包含的文件。

```
[ahpu@master ~]$ cd spark-3.1.2-bin-hadoop3.2
[ahpu@master spark-3.1.2-bin-hadoop3.2]$ ls -l
总用量 124
drwxr-xr-x 2 ahpu root  4096 5月  24 12:45 bin
drwxr-xr-x 2 ahpu root   197 5月  24 12:45 conf
drwxr-xr-x 5 ahpu root    50 5月  24 12:45 data
drwxr-xr-x 4 ahpu root    29 5月  24 12:45 examples
drwxr-xr-x 2 ahpu root 12288 5月  24 12:45 jars
drwxr-xr-x 4 ahpu root    38 5月  24 12:45 kubernetes
-rw-r--r-- 1 ahpu root 23235 5月  24 12:45 LICENSE
drwxr-xr-x 2 ahpu root  4096 5月  24 12:45 licenses
-rw-r--r-- 1 ahpu root 57677 5月  24 12:45 NOTICE
drwxr-xr-x 9 ahpu root   327 5月  24 12:45 python
drwxr-xr-x 3 ahpu root    17 5月  24 12:45 R
-rw-r--r-- 1 ahpu root  4488 5月  24 12:45 README.md
-rw-r--r-- 1 ahpu root   183 5月  24 12:45 RELEASE
drwxr-xr-x 2 ahpu root  4096 5月  24 12:45 sbin
drwxr-xr-x 2 ahpu root    42 5月  24 12:45 yarn
```

图 8-22　执行 ls–l 命令后的界面

执行 spark-shell 命令，会出现如图 8-23 所示的内容。

```
[ahpu@master bin]$ ./spark-shell
21/11/14 23:50:32 WARN NativeCodeLoader: Unable to load native-hadoop library for your
platform... using builtin-java classes where applicable
Using Spark's default log4j profile: org/apache/spark/log4j-defaults.properties
Setting default log level to "WARN".
To adjust logging level use sc.setLogLevel(newLevel). For SparkR, use setLogLevel(newLe
vel).
Spark context Web UI available at http://master:4040
Spark context available as 'sc' (master = local[*], app id = local-1636905050673).
Spark session available as 'spark'.
Welcome to
      ____              __
     / __/__  ___ _____/ /__
    _\ \/ _ \/ _ `/ __/  '_/
   /___/ .__/\_,_/_/ /_/\_\   version 3.1.2
      /_/

Using Scala version 2.12.10 (Java HotSpot(TM) 64-Bit Server VM, Java 1.8.0_291)
Type in expressions to have them evaluated.
Type :help for more information.

scala>
```

图 8-23　执行 spark-shell 命令后的界面

2) 配置Hadoop环境变量

在 Yarn 上运行 Spark 需要配置 HADOOP_CONF_DIR、YARN_CONF_DIR 和 HDFS_CONF_DIR 环境变量。

执行如下命令：

```
vi /etc/profile
```

在其中添加如下代码：

```
export HADOOP_CONF_DIR=$HADOOP_HOME/etc/hadoop
export HDFS_CONF_DIR=$HADOOP_HOME/etc/hadoop
export YARN_CONF_DIR=$HADOOP_HOME/etc/hadoop
```

保存后关闭，执行如下命令：

```
source /etc/prpfile
```

使得环境变量生效。

3) 验证Spark安装

进入 Spark 安装主目录，执行如下命令：

```
./bin/spark-submit --class org.apache.spark.examples.SparkPi \
--master yarn-cluster \
--num-executors 3 \
--driver-memory 1g \
--executor-memory 1g \
--executor-cores 1 \
examples/jars/spark-examples_2.12-3.1.2.jar \
10
```

若运行正常，则出现如图 8-24 所示的内容。

```
2021-11-18 15:21:54,910 INFO cluster.YarnClientSchedulerBackend: Add WebUI Filter. org.apache.hadoop.yarn.server
.webproxy.amfilter.AmIpFilter, Map(PROXY_HOSTS -> master, PROXY_URI_BASES -> http://master:8088/proxy/applicatio
n_1637219920481_0001), /proxy/application_1637219920481_0001
2021-11-18 15:21:55,313 INFO yarn.Client: Application report for application_1637219920481_0001 (state: RUNNING)
2021-11-18 15:21:55,314 INFO yarn.Client:
         client token: N/A
         diagnostics: N/A
         ApplicationMaster host: 192.168.126.142
         ApplicationMaster RPC port: -1
         queue: default
         start time: 1637220098797
         final status: UNDEFINED
         tracking URL: http://master:8088/proxy/application_1637219920481_0001/
         user: ahpu
2021-11-18 15:21:55,316 INFO cluster.YarnClientSchedulerBackend: Application application_1637219920481_0001 has
started running.
2021-11-18 15:21:55,338 INFO util.Utils: Successfully started service 'org.apache.spark.network.netty.NettyBlock
TransferService' on port 33583.
```

图 8-24 运行正常

在图 8-25 中，State 状态为 FINISHED，表示当前 Yarn 中 Spark 任务已经完成计算的作业；FinalStatus 最终状态为 SUCCEEDED，表示当前 Spark 任务执行成功，返回控制台查看输出信息，执行结果如图 8-26 所示(结果可能会有微小差别)。

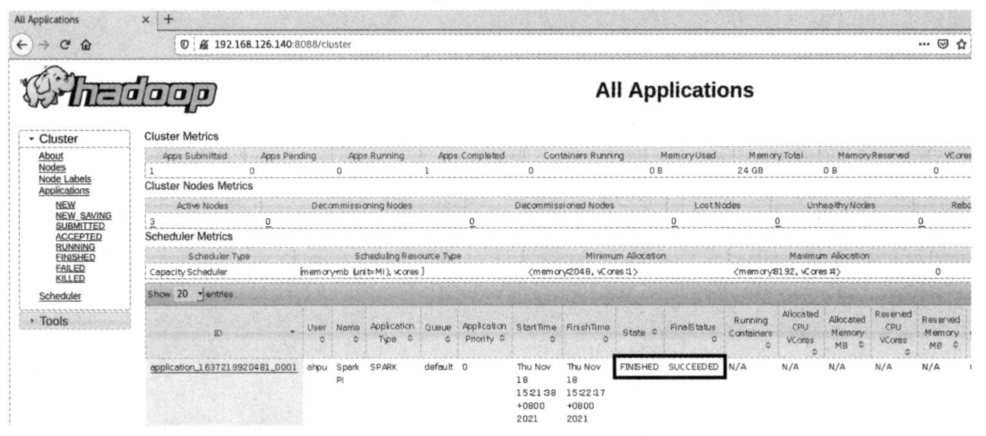

图 8-25 查看 Yarn 中执行完成的 Spark 任务

```
2021-11-15 15:12:39,081 INFO cluster.YarnScheduler: Killing all running tasks in stage 0: Stag
e finished
2021-11-15 15:12:39,085 INFO scheduler.DAGScheduler: Job 0 finished: reduce at SparkPi.scala:3
8, took 20.427751 s
Pi is roughly 3.1398511398511397
2021-11-15 15:12:39,136 INFO server.AbstractConnector: Stopped Spark@2c22a348{HTTP/1.1, (http/
1.1)}{0.0.0.0:4040}
2021-11-15 15:12:39,159 INFO ui.SparkUI: Stopped Spark web UI at http://master:4040
```

图 8-26　执行结果

此外，在浏览器中输入如下内容：

```
http://master:4040/
```

将出现如图 8-27 所示的界面。

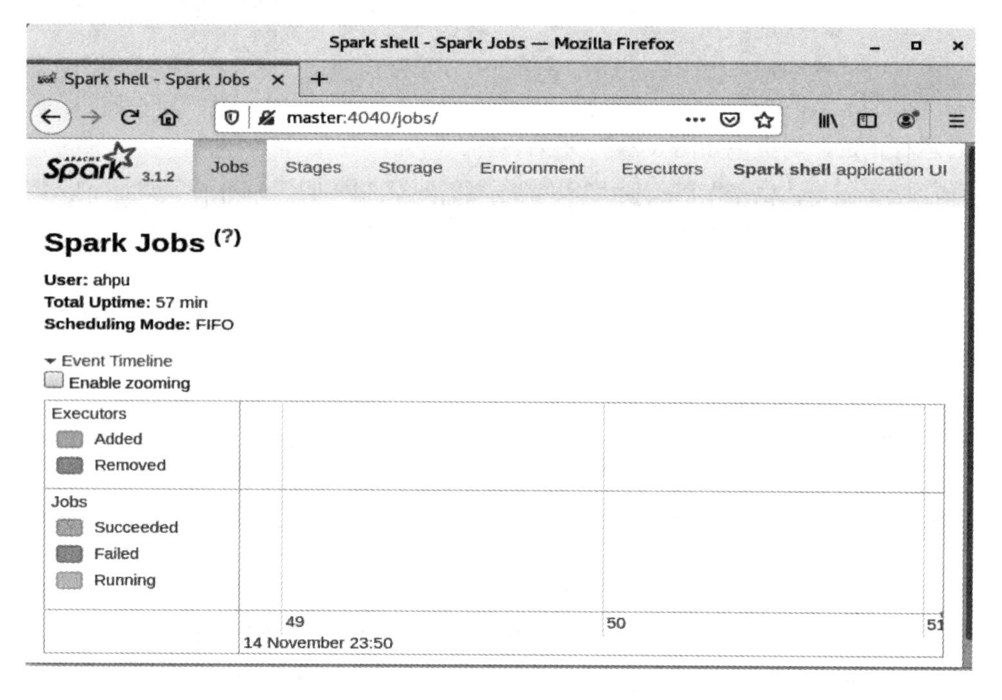

图 8-27　通过浏览器查看 Spark 任务执行情况

第 9 章　分布式文件系统及并行计算框架

9.1　分布式文件系统 HDFS

在第 8 章中我们已经说明 HDFS 是分布式计算的存储基石，下面将重点说明 HDFS 的体系结构和其数据管理的过程。

9.1.1　HDFS 的结构及文件访问

1. HDFS 体系结构

HDFS 采用了主从(Master/Slave)结构模式，一个 HDFS 集群由一个 NameNode 和若干个 DataNode 组成。其中 NameNode 作为主服务器，负责管理文件系统的命名空间和 Client(客户端)对文件的访问操作；集群中的 DataNode 负责管理存储的数据。HDFS 允许用户以文件的形式存储数据。从内部看，文件被分成若干个数据块，而且这若干个数据块存储在一组 DataNode 上。NameNode 执行文件系统的命名空间操作(比如打开、关闭、重命名文件或目录等)也负责数据块到具体 DataNode 的映射。DataNode 负责处理文件系统客户端的文件读写请求，并在 NameNode 的统一调度下进行数据块的创建、删除和复制工作。Secondary NameNode 是一个用来监控 HDFS 状态的辅助后台程序。每个集群都有一个 Secondary NameNode，通常部署在一个单独的服务器上。Secondary NameNode 不同于 NameNode，它不接受或者记录任何实时的数据变化，但是它会与 NameNode 进行通信，以便定期地保存 HDFS 元数据的快照。由于 NameNode 是单点的，通过 Secondary NameNode 的快照功能可以辅助维护 NameNode 元数据，并将 NameNode 的宕机时间和数据损失降到最小。图 9-1 所示为 HDFS 的体系结构。

NameNode 和 DataNode 都可以在普通商用计算机上运行。这些计算机通常运作的是 Linux 操作系统。HDFS 采用 Java 语言开发，因此任何支持 Java 的机器都可以部署 NameNode 和 DataNode。一个典型的部署场景是集群中的一台机器运行一个 NameNode 实例，其他机器分别运行一个 DataNode 实例。当然，一台机器也可以运行多个 DataNode 实例。总之，集群中单一 NameNode 的设计大大简化了系统的架构。另外，虽然 NameNode 是所有 HDFS 的元数据的唯一所有者，但是程序访问文件时，实际的文件数据流并不会通过 NameNode 传送，而是从 NameNode 获得所需访问数据块的存储位置信息后直接去访问对应的 DataNode 获取数据。这样设计有两点好处：一是可以允许一个文件的数据能同时在不同

DataNode 上并发访问，从而提高了数据访问的速度；二是可以大大减少 NameNode 的负担，避免 NameNode 成为数据访问瓶颈。

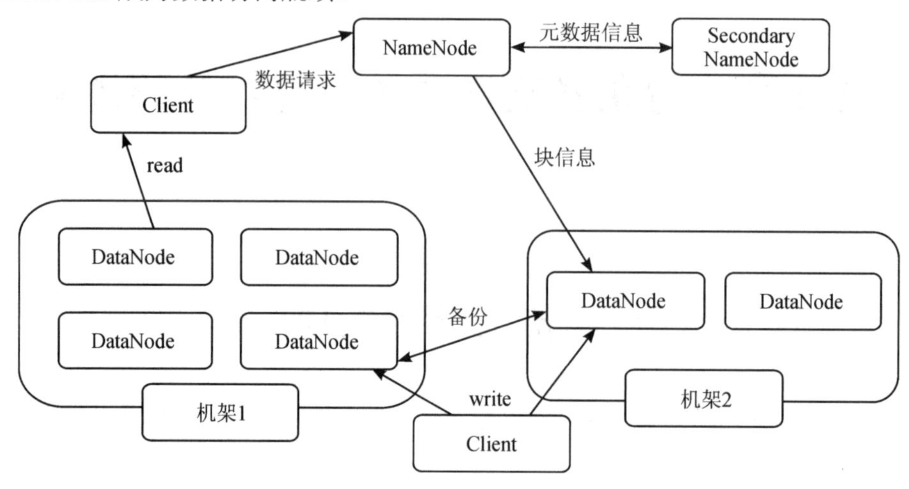

图 9-1　HDFS 体系结构

HDFS 的基本文件访问过程是：

(1) 首先，用户的应用程序通过 HDFS 的客户端程序将文件名发送至 NameNode。

(2) NameNode 接收到文件名之后，在 HDFS 目录中检索文件名对应的数据块，再根据数据块信息找到保存数据块的 DataNode 地址，并将这些地址回送给客户端。

(3) 客户端接收到这些 DataNode 地址之后，与这些 DataNode 并行地进行数据传输操作，同时将操作结果的相关日志(比如是否成功，修改后的数据块信息等)提交到 NameNode。

2. 相关概念

1) 数据块Block

为了提高硬盘的效率，文件系统中最小的数据读写单位不是字节，而是一个更大的概念——数据块。但是，数据块的信息对于用户来说是透明的，除非通过特殊的工具，否则很难看到具体的数据块信息。

HDFS 同样也有数据块的概念。但是与一般文件系统中大小为若干 KB 的数据块不同，早期版本中数据块的默认大小是 64 MB，从 Hadoop 2.7.3 开始数据块的默认大小变为 128 MB，而且在不少的实际部署中，HDFS 的数据块甚至会被设置得更大，比文件系统上几个 KB 的数据块大了几千倍。

将数据块设置这么大的原因是为了减少寻址开销的时间。在 HDFS 中，当应用发起数据传输请求时，NameNode 会首先检索文件对应的数据块信息，找到数据块对应的 DataNode，DataNode 再根据数据块信息在自身的存储中寻找相应的文件，进而与应用程序之间交换数据。因为检索的过程都是单机运行，所以需要增加数据块大小，这样就可以减少寻址的频度和时间开销了。

2) 命名空间

HDFS 中的文件命名遵循了传统的“目录/子目录/文件”格式。通过命令行或者 API 可以创建目录，并且将文件保存在目录中，也可以对文件进行创建、删除、重命名操作。

不过，HDFS中不允许使用链接(硬链接和符号链接都不允许)。命名空间由NameNode管理，所有对命名空间的改动(包括创建、删除、重命名，或是改变属性等，但是不包括打开、读取、写入数据)都会被HDFS记录下来。

HDFS允许用户配置文件在HDFS上保存的副本数量，保存的副本数称作“副本因子”(Replication Factor)，这个信息也保存在NameNode中。

3) 通信协议

作为一个分布式文件系统，HDFS中大部分的数据都是通过网络进行传输的。为了保证传输的可靠性，HDFS采用TCP协议作为底层的支撑协议。应用可以向NameNode主动发起TCP连接。应用和NameNode交互的协议称为Client协议，NameNode和DataNode交互的协议称为DataNode协议(这些协议的具体内容请参考其他资料)。而用户和DataNode的交互是通过发起远程过程调用(Remote Procedure Call，RPC)，并由NameNode响应来完成的。另外，NameNode不会主动发起远程过程调用请求。

4) 客户端

严格来讲，客户端并不能算是HDFS的一部分，但是客户端是用户和HDFS之间通信最常见也是最方便的渠道，而且部署的HDFS都会提供客户端。

客户端为用户提供了一种可以通过与Linux中的Shell类似的方式访问HDFS的数据。客户端支持最常见的操作(如打开、读取、写入等)，而且命令的格式也和Shell十分相似，大大方便了程序员和管理员的操作。

9.1.2　HDFS的数据管理

1. HDFS的三个重要角色的交互关系

从前面的介绍和图9-1中可以看出，HDFS通过三个重要角色(NameNode、DataNode、Client)来进行文件系统的管理。NameNode可以看作是分布式文件系统中的管理者，主要负责管理文件系统的命名空间，集群配置信息，存储块的复制。NameNode会将文件系统的Metadata存储在内存中，这些信息主要包括了文件信息、每一个文件对应的文件块(Block)的信息和每一个文件块在DataNode的信息等。DataNode是文件存储的基本单元。它将Block存储在本地文件系统中，保存了Block的Metadata，同时周期性地将所有存储在Block的信息发送给NameNode。Client就是需要获取分布式文件系统文件的应用程序。下面通过三个操作来说明它们之间的交互关系。

1) 文件写入

(1) Client向NameNode发起文件写入的请求。

(2) NameNode根据文件大小和文件块配置情况，返回给Client所管理部分的DataNode的信息。

(3) Client将文件划分为多个Block，根据DataNode的地址信息按顺序写入每一个DataNode块中。

2) 文件读取

(1) Client向NameNode发起文件读取的请求。

(2) NameNode 返回文件存储的 DataNode 的信息。

(3) Client 读取文件信息。

3) 文件块(Block)复制

(1) NameNode 发现部分文件的 Block 不符合最小复制数的要求，或者部分 DataNode 失效。

(2) 通知 DataNode 相互复制 Block。

(3) DataNode 开始直接相互复制。

2. HDFS 的读写过程

下面具体说明一个 HDFS 的读写过程，如图 9-2 和图 9-3 所示。

1) HDFS写过程

NameNode 负责管理存储在 HDFS 上的所有文件的元数据，它会确认客户端的请求，并记录下文件的名字和存储这个文件的 DataNode 集合。它把该信息存储在内存中的文件分配表里。

例如，客户端发送一个请求给 NameNode，它要将“ahpu.log”文件写入到 HDFS。那么，其执行流程如图 9-2 所示。具体步骤如下：

第一步：客户端发消息给 NameNode，说要将“ahpu.log”文件写入，如图 9-2 中的①。

第二步：NameNode 发消息给客户端，叫客户端写到 DataNode A、B 和 D，并直接联系 DataNode B，如图 9-2 中的②。

第三步：客户端发消息给 DataNode B，叫它保存一份“ahpu.log”文件，并且发送一份副本给 DataNode A 和 DataNode D，如图 9-2 中的③。

第四步：DataNode B 发消息给 DataNode A，叫它保存一份“ahpu.log”文件，并且发送一份副本给 DataNode D，如图 9-2 中的④。

第五步：DataNode A 发消息给 DataNode D，叫它保存一份“ahpu.log”文件，如图 9-2 中的④。

第六步：DataNode D 发确认消息给 DataNode A，如图 9-2 中的⑤。

第七步：DataNode A 发确认消息给 DataNode B，如图 9-2 中的⑤。

第八步：DataNode B 发确认消息给客户端，表示写入完成，如图 9-2 中的⑥。

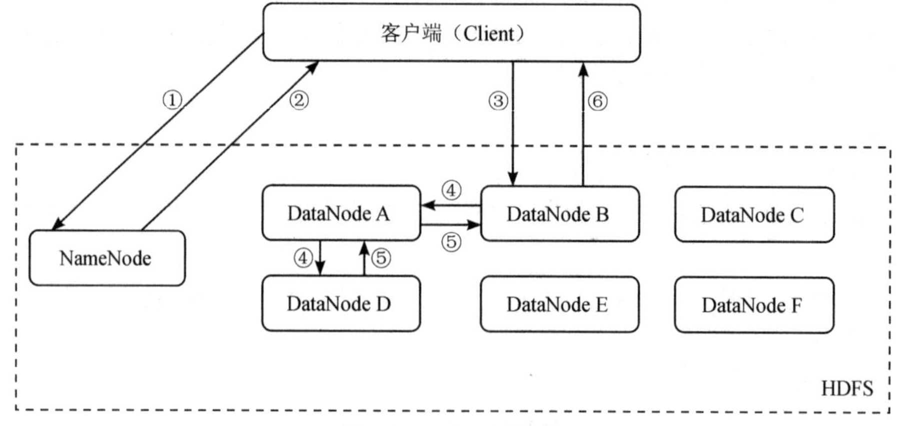

图 9-2　HDFS 写过程

在分布式文件系统的设计中，其挑战之一是如何确保数据的一致性。对于 HDFS 来说，直到所有要保存数据的 DataNodes 确认它们都有文件的副本时，数据才被认为写入完成。因此，数据一致性是在写的阶段完成的。一个客户端无论选择从哪个 DataNode 读取，都将得到相同的数据。

2) HDFS读过程

为了理解读的过程，可以认为一个文件是由存储在 DataNode 上的数据块组成的。客户端查看之前写入的内容的执行流程如图 9-3 所示，具体步骤如下：

第一步：客户端询问 NameNode 它应该从哪里读取文件，如图 9-3 中的①。

第二步：NameNode 发送数据块的信息给客户端，如图 9-3 中的②。数据块信息包含了保存着文件副本的 DataNode 的 IP 地址，以及 DataNode 在本地硬盘查找数据块所需要的数据块 ID。

第三步：客户端检查数据块信息，联系相关的 DataNode，请求数据块，如图 9-3 中的③。

第四步：DataNode 返回文件内容给客户端，然后关闭连接，完成读操作，如图 9-3 中的④。

客户端并行从不同的 DataNode 中获取一个文件的数据块，然后联结这些数据块，拼成完整的文件。

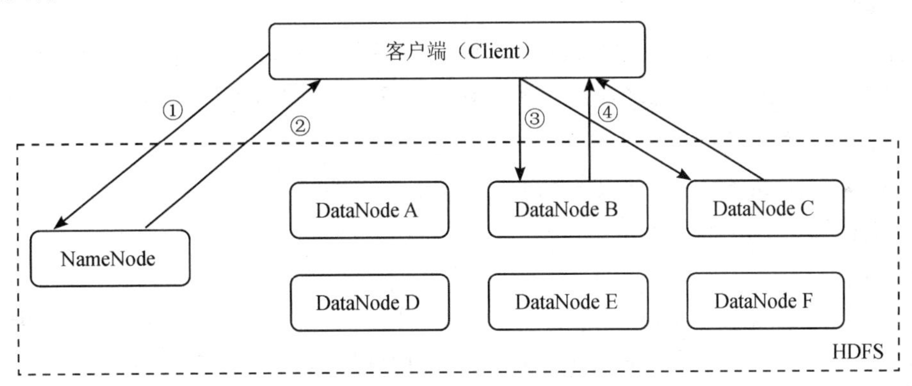

图 9-3　HDFS 读过程

作为分布式文件系统，HDFS 在数据管理方面有借鉴性的功能包括如下几个方面：

(1) Block 的放置。一个 Block 会有三份备份：一份放在 NameNode 指定的 DataNode 上；另一份放在与指定 DataNode 非同一 Rack 上的 DataNode 上；最后一份放在与指定 DataNode 同一 Rack 上的 DataNode 上。备份无非就是为了数据安全，考虑同一 Rack 的失败情况以及不同 Rack 之间数据拷贝性能问题，就采用这种配置方式。

(2) 心跳检测。用心跳检测 DataNode 的健康状况，如果发现问题，就采取数据备份的方式来保证数据的安全性。

(3) 数据复制。在 DataNode 失败、需要平衡 DataNode 的存储利用率和需要平衡 DataNode 数据交互压力等场景下，可以使用 HDFS 的 balancer 命令配置一个 Threshold 来平衡每一个 DataNode 磁盘利用率。例如，设置了 Threshold 为 10%，那么执行 balancer 命令时，首先会统计所有 DataNode 的磁盘利用率的平均值，然后进行判断，如果某一个 DataNode 的磁盘利用率超过这个平均值，那么将会把这个 DataNode 的 Block 转移到磁盘利用率低的 DataNode 中，这对于新节点的加入来说十分有用。

(4) 数据校验。采用 CRC32 作数据校验。在写入 Block 的时候，除了写入数据以外，还会写入校验信息，在读取的时候需要先检验后读入。

(5) 单个 NameNode。如果单个 NameNode 失败，任务处理信息将会记录在本地文件系统和远端的文件系统中。

(6) 数据管道性的写入。当客户端要写入文件到 DataNode 上时，首先会读取一个 Block 然后写到第一个 DataNode 上，再由第一个 DataNode 传递到备份的 DataNode 上，一直到所有需要写入这个 Block 的 DataNode 都成功写入为止，客户端才会开始写下一个 Block。

(7) 安全模式。分布式文件系统启动时会首先进入安全模式，当分布式文件系统处于安全模式时，文件系统中的内容不允许被修改和删除，直到安全模式结束。安全模式主要是为了在系统启动的时候检查各个 DataNode 上数据块的有效性，同时根据策略进行必要的复制或者删除部分数据块。

9.1.3 HDFS 操作命令与编程接口

1. HDFS 启动与关闭

HDFS 和普通的硬盘上的文件系统不一样，它是通过 Java 虚拟机运行在整个集群当中的，所以当 Hadoop 程序写好之后，需要启动 HDFS 文件系统，才能运行。

1) HDFS的启动过程

(1) 进入到 NameNode 对应节点的 Hadoop 安装目录下。

(2) 执行如下的启动命令：

```
start-dfs.sh
```

这一命令会启动 NameNode，然后根据 conf/slaves 中的记录逐个启动 DataNode，最后根据 conf/masters 中记录的 Secondary NameNode 地址启动 SecondaryNameNode。其运行界面如图 9-4 所示。

```
[ahpu@master ~]$ start-dfs.sh
Starting namenodes on [master]
Starting datanodes
Starting secondary namenodes [slave1]
[ahpu@master ~]$ █
```

图 9-4 HDFS 启动成功界面

2) HDFS的关闭过程

运行以下关闭命令：

```
stop-dfs.sh
```

这一命令的运行过程正好是 bin/start-dfs.sh 的逆过程，关闭 Secondary NameNode，然后关闭每个 DataNode，最后关闭 NameNode 自身。其运行界面如图 9-5 所示。

```
[ahpu@master ~]$ stop-dfs.sh
Stopping namenodes on [master]
Stopping datanodes
Stopping secondary namenodes [slave1]
[ahpu@master ~]$
```

图 9-5　HDFS 关闭成功界面

2. HDFS 文件操作命令

命令基本格式：

```
bin/hadoop fs –cmd <args>
```

说明：这里 cmd 是具体的命令，要注意的是 cmd 前的短线“-”不要忽略。此外，某些文件操作中 hadoop 命令已被 hdfs 命令取代。

1) ls

Is 命令的基本格式如下：

```
hadoop fs -ls /
```

列出 hdfs 文件系统根目录下的目录和文件，命令如下：

```
hadoop fs -ls –R /
```

列出 hdfs 文件系统所有的目录和文件。

2) put

put 命令的基本格式如下：

```
hadoop fs -put <local file>   <hdfs file>
```

hdfs file 的父目录一定要存在，否则命令不会执行。

```
hadoop fs -put <local file or dir> ... <hdfs file>
```

hdfs dir 一定要存在，否则命令不会执行。

```
hadoop fs -put <hdfs file>
```

从键盘读取输入 hdfs file 中，按 Ctrl+D 结束输入，hdfs file 不能存在，否则命令不会执行。

3) moveFromLocal

moveFromLocal 命令的基本格式如下：

```
hadoop fs -moveFromLocal <local src> …<hdfs dst>
```

与 put 相类似，命令执行后源文件 local src 被删除，也可以从键盘读取输入到 hdfs file 中。

4) copyFromLocal

copyFromLocal 命令的基本格式如下：

```
hadoop fs -copyFromLocal <local src> …<hdfs dst>
```

与 put 相类似，也可以从键盘读取输入到 hdfs file 中。

5) get

get 命令的基本格式如下：

```
hadoop fs -get <hdfs file> …<local file or dir>
```

local file 不能和 hdfs file 名字相同，否则会提示文件已存在，没有重名的文件会复制到本地。

```
hadoop fs -get <hdfs file> …<local file or dir>
```

拷贝多个文件或目录到本地时，本地要为文件夹路径。

注意：如果用户不是 root，local 路径要为用户文件夹下的路径，否则会出现权限问题。

6) copyToLocal

copyToLocal 命令的基本格式如下：

```
hadoop fs - copyToLocal <local src> …<hdfs dst>
```

与 get 类似。

7) rm

rm 命令的基本格式如下：

```
hadoop fs - rm <hdfs file> …hadoop fs –rm –r <hdfs dir>…
```

每次可以删除多个文件或目录。

8) mkdir

mkdir 命令的基本格式如下：

```
hadoop fs –mkdir <hdfs path>
```

只能逐级地建目录，父目录不存在的话使用这个命令会报错。

```
hadoop fs –mkdir -p<hdfs path>
```

所创建的目录如果父目录不存在就创建该父目录。

9) getmerge

getmerge 命令的基本格式如下：

```
hadoop fs –getmerge <hdfs dir> <local file>
hadoop fs –getmerge <hdfs dir> <local file>
```

将 hdfs 指定目录下的所有文件排序后合并到 local 指定的文件中，文件不存在时会自动创建，文件存在时会覆盖里面的内容。

```
hadoop fs –getmerge -nl <hdfs dir> <local file>
```

加上 nl 后，合并到 local file 中的 hdfs 文件之间会空出一行。

10) cp

cp 命令的基本格式如下：

```
hadoop fs –cp <hdfs dir> <hdfs file>
```

将文件拷贝到目标路径中，目标文件不能存在，否则命令不能执行，相当于给文件重命名并保存，源文件还依然存在。

```
hadoop fs –cp <hdfs dir or dir> …<hdfs file>
```

目标文件夹要存在，否则命令不能执行。

11) mv

mv 命令的基本格式如下：

```
hadoop fs –mv <hdfs dir> <hdfs file>
```

目标文件不能存在，否则命令不能执行，相当于给文件重命名并保存，源文件不存在 hadoop。

```
hadoop fs -mv < hdfs file or dir >... < hdfs dir >
```

源路径有多个时，目标路径必须为目录，且必须存在。

注意：跨文件系统的移动(从 local 移动到 hdfs，或者反过来)都是不允许的。

12) count

count 命令的基本格式如下：

```
hadoop fs -count < hdfs path >
```

统计 hdfs 对应路径下的目录个数，文件个数，文件总计大小。显示为目录个数，文件个数，文件总计大小以及输入路径。

13) text

text 命令的基本格式如下：

```
hadoop fs -text < hdfs file>
```

将文本文件或某些格式的非文本文件通过文本格式输出。

14) setrep

setrep 命令的基本格式如下：

```
hadoop fs -setrep -R 3 < hdfs path >
```

改变一个文件在 hdfs 中的副本个数，上述命令中数字 3 为所设置的副本个数，-R 选项可以对一个目录下的所有目录+文件递归执行改变副本个数的操作。

15) stat

stat 命令的基本格式如下：

```
hdoop fs -stat [format] < hdfs path >
```

返回对应路径的状态信息。

[format]可选的参数有：%b(文件大小)，%o(Block 大小)，%n(文件名)，%r(副本个数)，%y(最后一次修改的日期和时间)。

16) tail

tail 命令的基本格式如下：

```
hadoop fs -tail < hdfs file >
```

在标准输出中显示文件末尾的 1 KB 数据。

17) archive

archive 命令的基本格式如下：

```
hadoop archive -archiveName name.har -p < hdfs parent dir > < src >* < hdfs dst >
```

命令中，参数 name：压缩文件名，自己可以任意取；< hdfs parent dir > ：压缩文件所在的父目录；< src >*：要压缩的文件名；< hdfs dst >：压缩文件存放路径。

示例如下：

```
hadoop archive -archiveName hadoop.har -p /user 1.txt 2.txt /des
```

示例中，将 hdfs 中/user 目录下的文件 1.txt，2.txt 压缩成一个名叫 hadoop.har 的文件，然后存放在 hdfs 中/des 目录下，如果 1.txt 和 2.txt 不写，就是将/user 目录下所有的目录和文件压缩成一个名叫 hadoop.har 的文件并存放在 hdfs 中/des 目录下。

显示 har 的内容可以用如下命令：

```
hadoop fs -ls /des/hadoop.har
```

显示 har 压缩的是哪些文件时，可以用如下命令：

```
hadoop fs -ls -R har:///des/hadoop.har
```

注意：har 文件不能进行二次压缩。如果想给.har 加文件，只能找到原来的文件，再重新创建一个。har 文件中原来的数据并没有变化，har 文件真正的作用是减少 NameNode 和 DataNode 过多的空间浪费。

18) balancer

balancer 命令的基本格式如下：

```
hdfs balancer
```

如果管理员发现某些 DataNode 保存的数据过多，某些 DataNode 保存的数据相对较少，就可以使用上述命令手动启动内部的均衡过程。

19) dfsadmin

dfsadmin 命令的基本格式如下：

```
hdfs dfsadmin -help
```

管理员可以通过 dfsadmin 管理 HDFS，其用法可以通过上述命令查看。

```
hdfs dfsadmin -report
```

显示文件系统的基本数据可以用如下命令：

```
hdfs dfsadmin -safemode < enter | leave | get | wait >
```

enter：进入安全模式；

leave：离开安全模式；

get：获知是否开启安全模式；

wait：等待离开安全模式。

20) distcp

distcp 命令用来在两个 HDFS 之间拷贝数据。

3. HDFS 编程接口

1) 编程基础知识

在 Hadoop 中，用作文件操作的主类位于 org.apache.hadoop.fs 软件包中，包括常见的 open、read、write、close 等操作。

Hadoop 文件的 API 起点是 FileSystem 类，这是一个与文件系统交互的抽象类，我们通过调用 factory 的方法 FileSystem.get(Configuration conf)来取得所需的 FileSystem 实例，使用如下的命令我们可以获得与 HDFS 接口的 FileSystem 对象：

```
Configuration conf = new Configuration();
FileSystem hdfs = FileSystem.get(conf);//获得 HDFS 的 FileSystem 对象
```

如果我们要实现 HDFS 与本地文件系统的交互，我们还需要获取本地文件系统的 FileSystem 对象。

```
FileSystem local = FileSystem.getLocal(conf);          //获得本地文件系统的 FileSystem 对象
```

2) HDFS基本文件操作的API

我们将按照“创建、打开、获取文件信息、获取目录信息、读取、写入、关闭、删除”的顺序依次讲解 Hadoop 提供的文件操作的 API。

(1) 创建文件。

FileSystem.create 方法有很多种定义形式，参数最多的一个如下：

```
public abstract FSDataOutputStream create(Path f,
    FsPermission permission,
    boolean overwrite,
    int bufferSize,
    short replication,
    long blockSize,
    Progressable progress)
Throws IOException
```

那些参数较少的 create 只不过是将其中的一部分参数用默认值代替，最终还是要调用这个函数。其中各项的含义如下：

- f：文件名。
- overwrite：如果已存在同名文件，overwrite=true 覆盖之，否则抛出错误；默认为 true。
- buffersize：文件缓存大小。默认值为 Configuration 中 io.file.buffer.size 的值，如果 Configuration 中未显式设置该值，则是 4096。
- replication：创建的副本个数，默认值为 1。
- blockSize：文件的 block 大小，默认值为 Configuration 中 fs.local.block.size 的值，如果 Configuration 中未显式设置该值，则是 32M。
- permission 和 progress 的值与具体文件系统实现有关。

在大部分情况下，只需要用到以下几个最简单的版本：

```
publicFSDataOutputStream create(Path f);
publicFSDataOutputStream create(Path f,boolean overwrite);
publicFSDataOutputStream create(Path f,boolean overwrite,int bufferSize);
```

(2) 打开文件。

FileSystem.open 方法有 2 个，其中参数最多的一个定义如下：

```
public abstract FSDataInputStream open(Path f, intbufferSize) throws IOException
```

其中，各项的含义如下：

- f：文件名。
- buffersize：文件缓存大小。默认值为 Configuration 中 io.file.buffer.size 的值，如果 Configur ation 中未显式设置该值，则是 4096。

(3) 获取文件信息。

FileSystem.getFileStatus 方法的格式如下：

```
public abstract FileStatus getFileStatus(Path f) throws IOException;
```

这一函数会返回一个 FileStatus 对象。通过阅读源代码可知，FileStatus 保存了文件的很多信息，包括：

- path：文件路径。
- length：文件长度。
- isDir：是否为目录。
- block_replication：数据块副本因子。
- blockSize：文件长度(数据块数)。
- modification_time：最近一次修改时间。
- access_time：最近一次访问时间。
- owner：文件所属用户。
- group：文件所属组。

如果想了解文件的这些信息，可以在获得文件的 FileStatus 实例之后，调用相应的 getXXX 方法(比如，用方法 FileStatus.getModificationTime( )可获得最近修改时间)。

(4) 获取目录信息。

获取目录信息不仅是目录本身，还有目录之下的文件和子目录信息，如下所述。

FileStatus.listStatus 方法的格式如下：

```
public FileStatus[] listStatus(Path f) throws IOException;
```

如果 f 是目录，那么将目录之下的每个目录或文件信息保存在 FileStatus 数组中并返回；如果 f 是文件，则和 getFileStatus 的功能一致。

另外，listStatus 还有参数为 Path[]的版本的接口定义以及参数带路径过滤器 PathFilter 的接口定义，参数为 Path[]的 listStatus 就是对这个数组中的每个 path 都调用上面的参数为 Path 的 listStatus。参数中的 PathFilter 则是一个接口，实现接口的 accept 方法可以自定义文件过滤规则。

另外，HDFS 还可以通过正则表达式匹配文件名来提取需要的文件，这个方法如下：

```
public FileStatus[] globStatus (Path pathPattern) throws IOException;
```

参数 pathPattern 可以像正则表达式一样，使用通配符来表示匹配规则：

- ?：表示任意的单个字符。
- *：表示任意长度的任意字符，可以用来表示前缀后缀，比如*.java 表示所有 java 文件。
- [abc]：表示匹配 a，b，c 中的单个字符。
- [a-b]：表示匹配 a～b 范围内的单个字符。
- [^a]：表示匹配除 a 之外的单个字符。
- \c：表示取消特殊字符的转义，比如*的结果是*，而不是随意匹配。
- {ab，cd}：表示匹配 ab 或者 cd 中的一个串。
- {ab，c{de，fh}}：表示匹配 ab 或者 cde 或者 cfh 中的一个串。

(5) 读取。

调用 open 打开文件之后，使用一个 FSDataInputStream 对象来负责数据的读取。通过 FSDataInputStream 进行文件读取时，提供的 API 就是 FSDataInputStream.read 方法，如下所示：

```
public int read(long position, byte[] buffer, int offset, int length) throws IOException
```

函数的意义：从文件的指定位置 position 开始，读取最多 length 字节的数据，保存到从 offset 个元素开始的 buffer 中。其返回值为实际读取的字节数。此函数不改变文件当前的 offset 值。不过，使用更多的还有如下所示的一种简化版本：

```
public final int read(byte[] b)throws IOException
```

从文件当前位置读取最多长度为 b.len 的数据保存到 b 中，其返回值为实际读取的字节数。

(6) 写入。

从接口定义可以看出，调用 create 创建文件以后，使用了一个 FSDataOutputStream 对象来负责数据的写入。通过 FSDataOutputStream 进行文件写入时，最常用的 API 就是 write 方法：

```
public void write(byte[] b,int off,int len) throws IOException
```

函数的意义是：将 b 中从 off 开始的最多 len 个字节的数据写入文件的当前位置。其返回值为实际写入的字节数。

(7) 关闭。

关闭为打开的逆过程，FileSystem.close 的定义如下：

```
public void close() throws IOException
```

不需要其他操作而关闭文件。释放所有持有的锁。

(8) 删除。

删除过程 FileSystem.delete 的定义如下：

```
public abstract boolean delete(Path f,boolean recursive) throws IOException
```

其中，各项含义如下：

- f：待删除的文件名。
- recursive：如果 recursive 为 true，并且 f 是目录，那么会递归删除 f 下所有文件；如果 f 是文件，recursive 为 true 还是 false 均无影响。

另外，类似 Java 中 File 的接口 DeleteOnExit，如果某些文件需要删除，但是当前不能被删，或者说当时删除代价太大，想留到退出时再删除的话，FileSystem 中也提供了一个 deleteOnExit 接口：

```
public Boolean deleteOnExit (Path f) throws IOException
```

标记文件 f，当文件系统关闭时才真正删除此文件。但是这个文件 f 在文件系统关闭前必须存在。

有关详细过程将在实验 4 中展示。

9.2　并行计算框架 MapReduce

MapReduce 是 Hadoop 上并行程序开发的编程框架，下面将重点说明 MapReduce 的原理、处理过程，并对 MapReduce 实例 WordCount 进行解析。

9.2.1 MapReduce 原理

MapReduce 采用“分而治之”的思想，把对大规模数据集的操作分发给一个主节点管理下的各个分节点共同完成，然后通过整合各个节点的中间结果来得到最终结果。简单地说，MapReduce 就是“任务的分解与结果的汇总”。

Hadoop 1.0 中用于执行 MapReduce 任务的机器角色分别是 JobTracker 和 TaskTracker，一个 Hadoop 集群中有一个 JobTracker 和多个 TaskTracker。一个 JobTracker 负责作业的分发、管理和调度，同时还必须和集群中所有的节点保持 Heartbeat 通信调度工作，其负担很重，如果集群的数量和提交 Job 的数量不断增加，那么 JobTracker 的任务量也会随之快速上涨，造成 JobTracker 内存和网络宽带的快速消耗。这样的最终结果就是 JobTracker 成为集群的瓶颈，成为集群作业的中心点和风险的核心。而 TaskTracker 端由于作业分配信息过于简单，有可能将多个资源消耗多或者运行时间长的 Task 分配到同一个 Node 上，这样会造成作业的单点失败或等待时间过长的问题。

为解决 Hadoop 1.0 存在的问题，在 Hadoop 2.0 中 MapReduce 的主要设计思路是将 JobTracker 承担的集群资源管理和作业管理进行分离，借助 Yarn 将分离出来的集群资源管理交由全局的资源管理器(ResourceManager)管理，分离出来的作业管理由针对每个作业的应用主题 ApplicationMaster 管理；TaskTracker 演化成节点管理器(NodeManger)。这样全局的资源管理器和局部的节点管理器就组成了数据计算框架。其中，资源管理器将成为整个集群中资源最终的分配者；针对作业的应用主体就成为具体的框架库，负责两个任务：与资源管理器通信获取资源，与节点管理器配合完成节点的 Task 任务。

9.2.2 MapReduce 处理过程

在分布式计算中，MapReduce 框架负责处理并行编程中分布式存储、工作调度、负载均衡、容错均衡、容错处理以及网络通信等复杂问题，把处理过程高度抽象为两个函数：map 和 reduce。其中，map 负责把任务分解成多个任务，reduce 负责把分解后多任务处理的结果汇总起来。

需要注意的是，用 MapReduce 来处理的数据集(或任务)必须具备这样的特点：待处理的数据集可以分解成许多小的数据集，而且每一个小数据集都可以完全并行地进行处理。

在 Hadoop 中，每个 MapReduce 任务都被初始化为一个 Job，每个 Job 又可以分为两种阶段：map 阶段和 reduce 阶段。这两个阶段分别用两个函数表示，即 map 函数和 reduce 函数。map 函数接收一个<key,value>形式的输入，然后同样产生一个<key,value>形式的中间输出；Hadoop 函数接收一个如<key,(list of values)>形式的输入，然后通过 Shuffle 阶段(包括 partition 分区、sort 排序、group 分组、combine 合并等可选择的编程操作)对这个 value 集合进行处理，每个 reduce 产生 0 或 1 个输出，reduce 的输出也是<key,value>形式的，如图 9-6 所示。

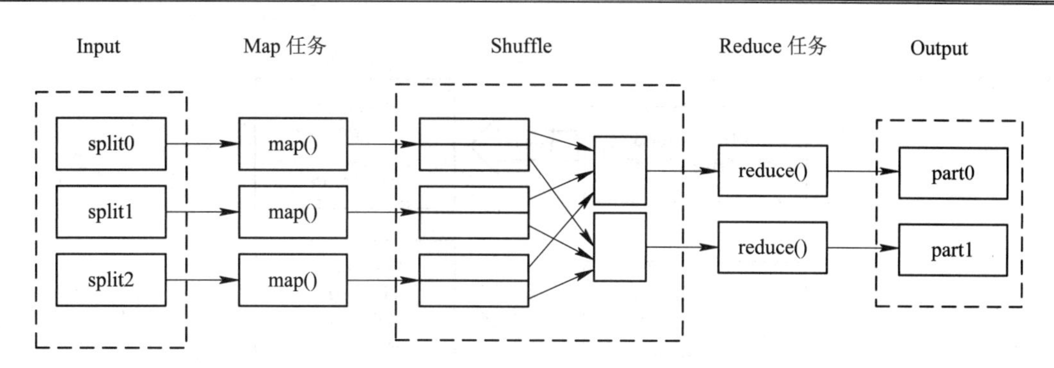

图 9-6　MapReduce 处理过程

9.2.3　WordCount 实例解析

1. WordCount 功能说明

单词计数是最简单也是最能体现 MapReduce 思想的程序之一，可以称为 MapReduce 版“Hello World”，该程序的完整代码可以在 Hadoop 安装包的“src/examples”目录下找到。单词计数主要完成的任务是统计一系列文本文件中每个单词出现的次数，如图 9-7 所示。

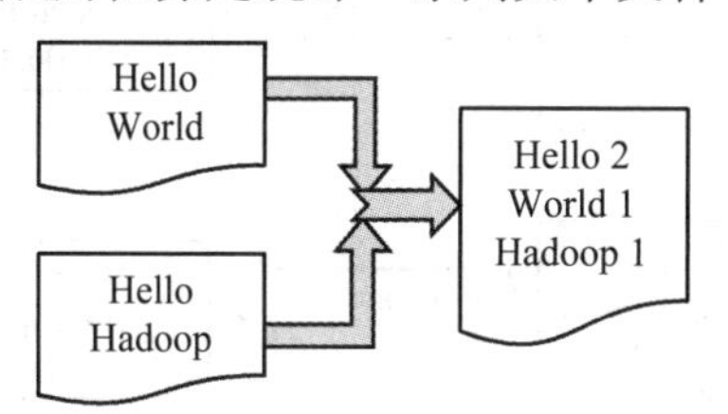

图 9-7　WordCount 效果示意图

WordCount 示例

2. WordCount 执行过程

(1) 将文件拆分成 split，由于测试用的文件较小，所以每个文件为一个 split，并将文件按行分割形成<key,value>对，如图 9-8 所示。这一步由 MapReduce 框架自动完成，其中偏移量(即 key 值)包括了回车所占的字符数(Windows 和 Linux 环境会不同)。

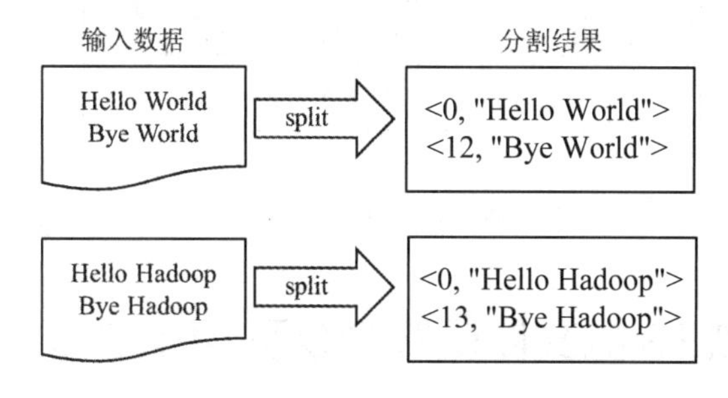

图 9-8　WordCount 的 split 过程

(2) 将分割好的<key,value>对交给用户定义的 map 函数进行处理，生成新的<key,value>对，如图 9-9 所示。

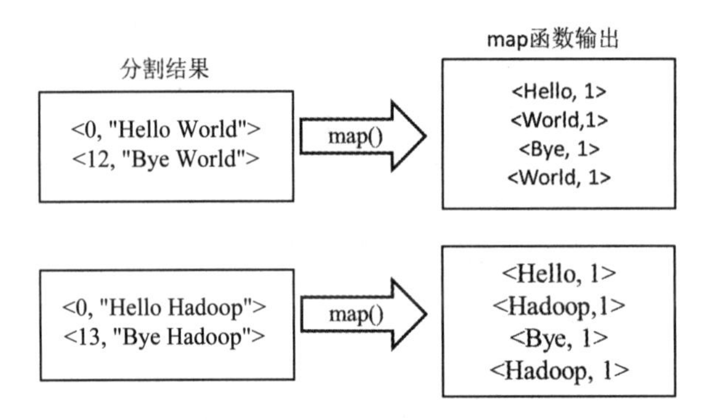

图 9-9　执行 map 方法

(3) 得到 map 函数输出的<key,value>对后，Map 任务会将它们按照 key 值进行排序，并执行 Combine 过程，将 key 值相同的 value 值进行累加，得到 Map 任务的最终输出结果。如图 9-10 所示。需要说明的是，Combine 是可以选择的操作，如果不经过 Combine 过程，将直接输出<key,list(value)>，在 Reduce 阶段再执行 list(value)中值的累加。

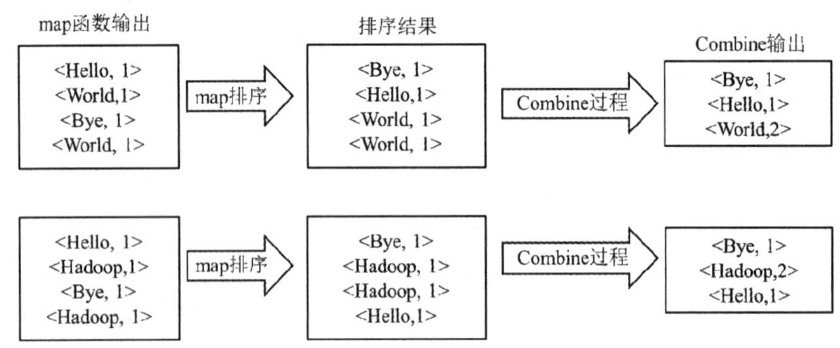

图 9-10　Map 端排序及 Combine 过程

(4) Reduce 任务先对从 Map 任务接收的数据进行排序，再交由用户自定义的 reduce 函数进行处理，得到新的<key,value>对，并作为 WordCount 的输出结果，如图 9-11 所示。

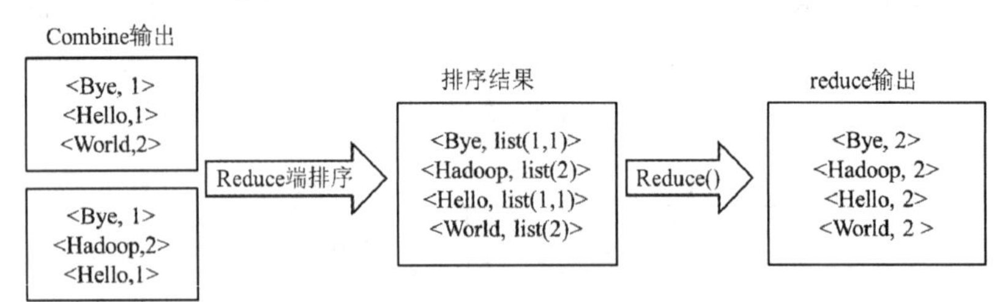

图 9-11　Reduce 端排序及输出结果

实验 4　HDFS 的文件操作命令及 API 编程

实验 4 演示

1. 实验简介

本次实验主要通过实践操作，熟悉 HDFS 的文件操作命令，并了解 API 编程的步骤及方法。

2. 实验目的

(1) 熟悉并掌握 HDFS 的文件操作命令；

(2) 了解 HDFS API 的使用方法，掌握 Hadoop 下的调用及执行过程。

3. 实验准备

Hadoop 已经成功安装，并正常启动。

4. 实验内容

1) HDFS的文件操作命令

请用命令完成以下操作：

(1) 启动 Hadoop，通过 jps 命令查看启动进程，通过 web 方式查看 NameNode 和 JobTracker；

(2) 通过 ls 命令查看 Hadoop 下 tmp 目录中的文件，包括 dfs 目录和 mapred 目录；

(3) 进入 Hadoop 目录，执行命令：Hadoop fs －ls /，列出 HDFS 上的文件；

(4) 在 HDFS 上 /user 下创建一个你自己拼音名字的目录；

(5) 退出 Hadoop 目录，回到本地系统，创建一个 test 目录，进入 test 目录，执行 echo “hello world” >test1.txt 命令创建 test1.txt 文件，并输入“hello world”内容；

(6) 继续回到 Hadoop 目录下，将刚才在本地创建的 test1.txt 上传(put)到 HDFS 下你名字的目录下；

(7) 查看 HDFS 上刚才上传的文件的内容；

(8) Hadoop 目录，回到本地系统，彻底删除 test 目录(rm－rf test)；

(9) 回到 Hadoop 目录下，将 HDFS 上的 test1.txt 文件下载到本地系统(/home/ahpu/)并查看；

(10) 在 HDFS 上删除 test1.txt 文件。

2) HDFS API编程实验

编写程序实现如下功能：在输入文件目录下的所有文件中，检索某一特定字符串所出现的行，将这些行的内容输出到本地文件系统的输出文件夹中。这一功能在分析 MapReduce 作业的 Reduce 输出时很有用。

这个程序假定只有第一层目录下的文件才有效，而且，假定文件都是文本文件。当然，如果输入文件夹是 Reduce 结果的输出，那么在一般情况下，上述条件都能满足。为了防止单个的输出文件过大，这里还加了一个文件最大行数限制，当文件行数达到最大值时，便关闭此文件，再创建另外的文件并继续保存。保存的结果文件名为 1，2，3，4，…，以此类推。

程序名：ResultFilter。

输入参数：4 个输入参数。参数的含义如下：

<dfs path>：HDFS 上的路径；

<local path>：本地路径；

<match str>：待查找的字符串；

<single file lines>：结果每个文件的行数。

ResultFilter 的代码如下：

```
import java.util.Scanner;
import java.io.IOException;
import java.io.File;
import org.apache.hadoop.conf.Configuration;
import org.apache.hadoop.fs.FSDataInputStream;
import org.apache.hadoop.fs.FSDataOutputStream;
import org.apache.hadoop.fs.FileStatus;
import org.apache.hadoop.fs.FileSystem;
import org.apache.hadoop.fs.Path;
public class resultFilter
{
    public static void main(String[] args) throws IOException {
        Configuration conf = new Configuration();
        // 以下两句中,hdfs 和 local 分别对应 HDFS 实例和本地文件系统实例
        FileSystem hdfs = FileSystem.get(conf);
        FileSystem local = FileSystem.getLocal(conf);
        Path inputDir, localFile;
        FileStatus[] inputFiles;
        FSDataOutputStream out = null;
        FSDataInputStream in = null;
        Scanner scan;
        String str;
        byte[] buf;
        int singleFileLines;
        int numLines, numFiles, i;
        if(args.length!=4)
        {
            // 输入参数数量不够,提示参数格式后终止程序执行
            System.err.println("usage resultFilter <dfs path><local path>" +
            " <match str><single file lines>");
            return;
        }
        inputDir = new Path(args[0]);
        singleFileLines = Integer.parseInt(args[3]);
        try {
            inputFiles = hdfs.listStatus(inputDir);         //获得目录信息
```

```
            numLines = 0;
            numFiles = 1;                               //输出文件从 1 开始编号
            localFile = new Path(args[1]);
            if(local.exists(localFile))                 //若目标路径存在,则删除之
                local.delete(localFile, true);
            for (i = 0; i<inputFiles.length; i++) {
                if(inputFiles[i].isDir() == true)       //忽略子目录
                        continue;
System.out.println(inputFiles[i].getPath().getName());
in = hdfs.open(inputFiles[i].getPath());
            scan = new Scanner(in);
            while (scan.hasNext()) {
                str = scan.nextLine();
                if(str.indexOf(args[2])==-1)
                    continue;                           //如果该行没有 match 字符串,则忽略之
                numLines++;
                if(numLines == 1)                       //如果是 1,说明需要新建文件了
                {
                    localFile = new Path(args[1] + File.separator + numFiles);
                    out = local.create(localFile);      //创建文件
                    numFiles++;
                }
                buf = (str+"\n").getBytes();
                out.write(buf, 0, buf.length);          //将字符串写入输出流
                if(numLines == singleFileLines)         //如果已满足相应行数,关闭文件
                {
                    out.close();
                    numLines = 0;                       //行数变为 0,重新统计
                }
            }// end of while
                scan.close();
                in.close();
            }// end of for
            if(out != null)
                out.close();
            } // end of try
            catch (IOException e) {
                e.printStackTrace();
```

```
                }
            }// end of main
        }// end of resultFilter
        System.out.println(inputFiles[i].getPath().getName());
                in = hdfs.open(inputFiles[i].getPath());
                scan = new Scanner(in);
                while (scan.hasNext()) {
                    str = scan.nextLine();
                    if(str.indexOf(args[2])==-1)
                        continue;                    //如果该行没有 match 字符串,则忽略之
                    numLines++;
                    if(numLines == 1)                //如果是 1,说明需要新建文件了
                    {
                        localFile = new Path(args[1] + File.separator + numFiles);
                        out = local.create(localFile);        //创建文件
                        numFiles++;
                    }
                    buf = (str+"\n").getBytes();
                    out.write(buf, 0, buf.length);            //将字符串写入输出流
                    if(numLines == singleFileLines)           //如果已满足相应行数,关闭文件
                    {
                        out.close();
                        numLines = 0;                         //行数变为 0,重新统计
                    }
                }// end of while
                    scan.close();
                    in.close();
                }// end of for
                if(out != null)
                    out.close();
                } // end of try
                catch (IOException e) {
                    e.printStackTrace();
                }
            }// end of main
        }// end of resultFilter
```

上述程序的逻辑很简单，获取该目录下所有文件的信息，对每一个文件进行的操作是打开文件，循环读取数据，写入目标位置，然后关闭文件，最后关闭输出文件。

程序编译与执行命令如下：

```
[ahpu@master document]$ javac -classpath
/usr/local/hadoop/share/hadoop/common/hadoop-common-3.1.2.jar:/usr/local/hadoop/share/
hadoop/mapreduce/hadoop-mapreduce-client-core-3.1.2.jar resultFilter.java
[ahpu@master document]$ jar cvf resultFilter.jar resultFilter.class
```

运行命令如下：

```
hadoop jar resultFilter.jar resultFilter <dfs path> <local path><match str><single file lines>
```

程序运行结果如图 9-12 和图 9-13 所示。

```
[ahpu@master document]$ hadoop jar resultFilter.jar resultFilter /usr/hadoop output like 5
result.txt
result2.txt
result3.txt
test.txt
test1.txt
```

图 9-12　运行过程

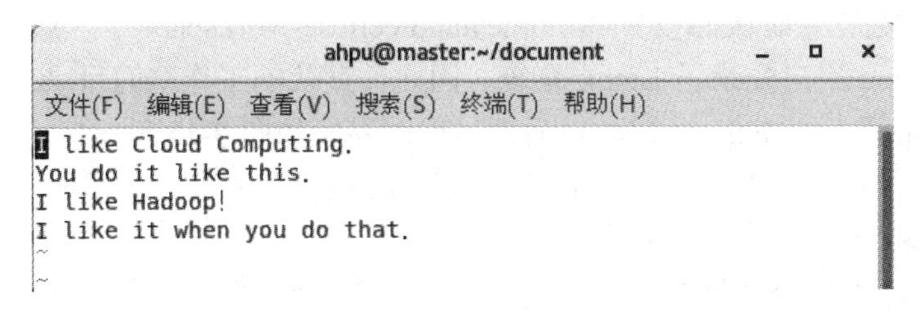

图 9-13　运行结果

实验 5　Eclipse 下的 MapReduce 编程

1. 实验简介

实验 5 演示

本次实验主要是在 Windows 的 Eclipse 中构建 Hadoop 环境，并实现简单的 MapReduce 编程实验。

2. 实验目的

(1) 熟悉 Eclipse 中构建 Hadoop 环境的步骤，掌握连接 HDFS 系统的过程；

(2) 通过 WordCount 实例了解 Eclipse 下 MapReduce 程序的执行过程。

3. 实验准备

Hadoop 已经成功安装，并正常启动。

4. 实验内容

1) 在Eclipse中构建Hadoop环境

(1) 启动 Eclipse，然后会弹出如图 9-14 所示的界面，提示设置工作空间 eclipse-

workspace。

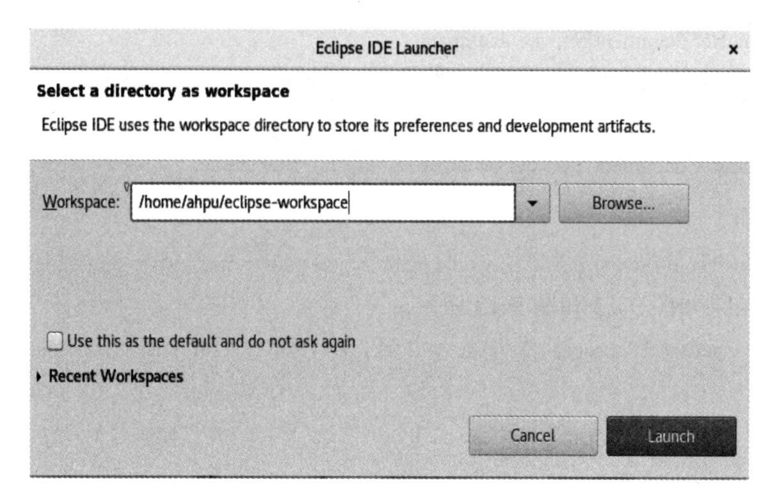

图 9-14 设置工作空间界面

(2) 可以直接采用默认的设置“/home/ahpu/eclipse-workspace”，点击“Launch”按钮。当前使用 ahpu 用户登录了 Linux 系统，因此，默认的工作空间目录位于 hadoop 用户目录“/home/ahpu”下。Eclipse 启动以后，呈现的界面如图 9-15 所示。

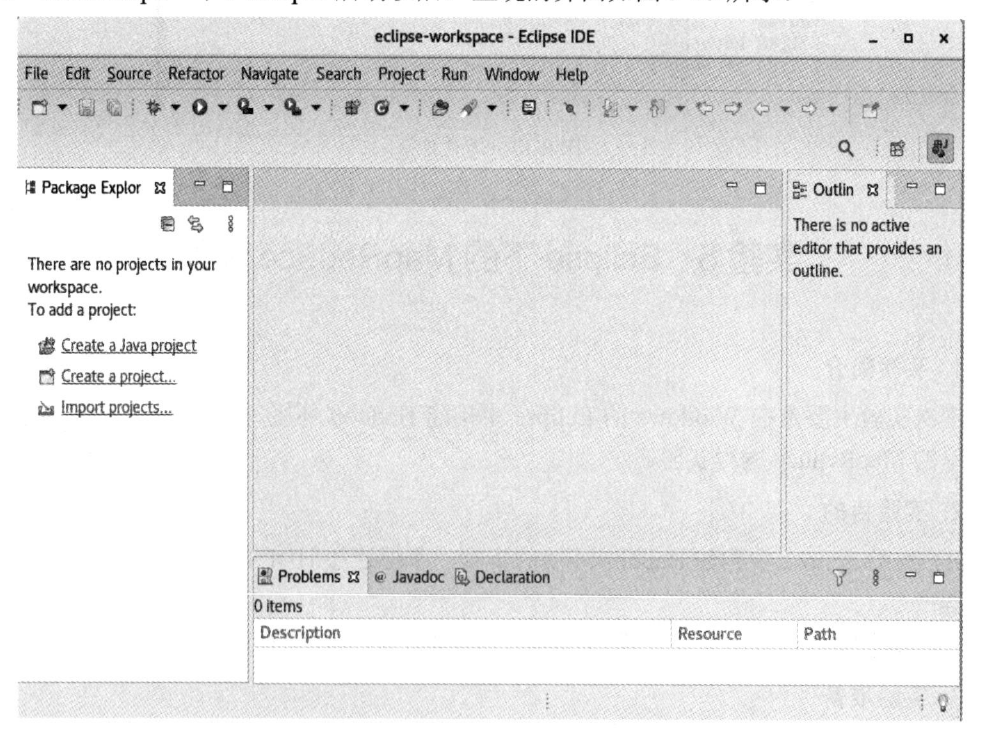

图 9-15 eclipse 启动后的界面

(3) 依次选择 File→New→Java Project 菜单，或者点击图 9-15 Eclipse 工作界面左侧的“Package Explorer”面板中的“Create a Java project”，开始创建一个 Java 工程，会弹出如图 9-16 所示的界面。

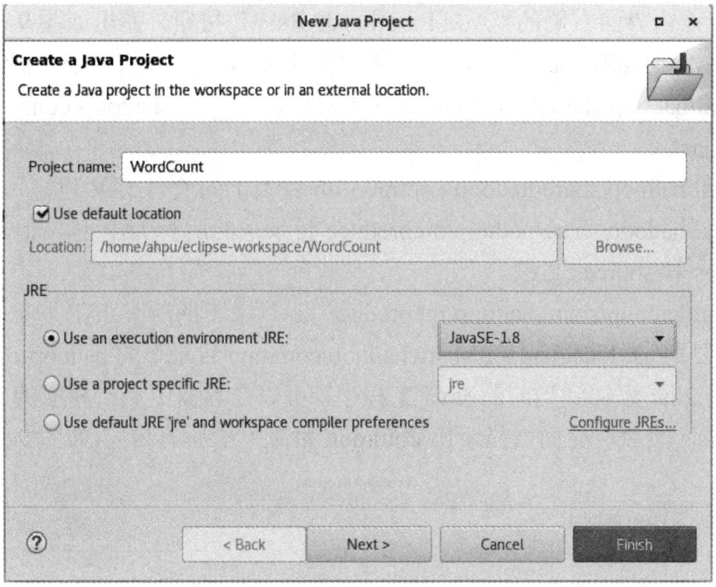

图 9-16　新建 Java 项目

在“Project name”后面输入工程名称“WordCount”，选中“Use default location”，让这个 Java 工程的所有文件都保存到“/home/hadoop/eclipse-workspace/ WordCount”目录下。在“JRE”这个选项卡中，可以选择当前的 Linux 系统中已经安装好的 JDK，比如 jdk1.8。然后点击界面底部的“Next>”按钮，进入下一步的设置。

(4) 为项目添加需要用到的 JAR 包，进入下一步的设置以后，会弹出如图 9-17 所示的界面。

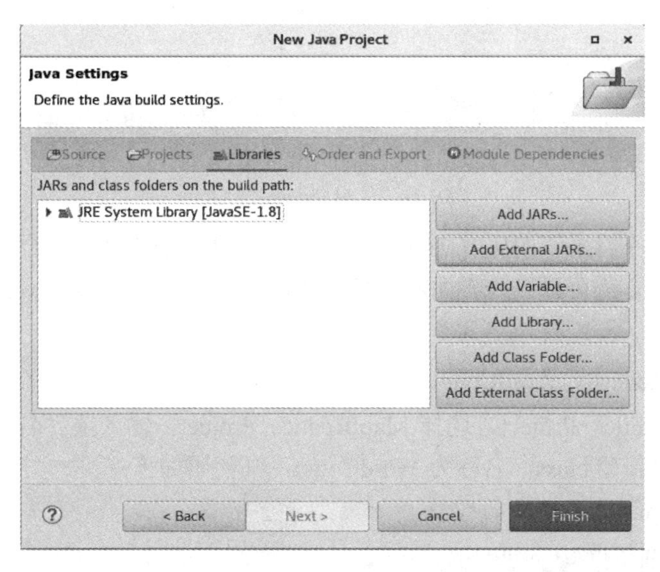

图 9-17　Java Settings

需要在图 9-17 的这个界面中加载该 Java 工程所需要用到的 JAR 包，这些 JAR 包中包含了与 Hadoop 相关的 Java API。这些 JAR 包都位于 Linux 系统的 Hadoop 安装目录下，对于本实验而言，就是在“/usr/local/hadoop/share/hadoop”目录下。点击界面中的“Libraries”

选项卡，然后，点击界面右侧的“Add External JARs…”按钮，弹出如图 9-18 所示的界面。

为了编写一个 MapReduce 程序，一般需要向 Java 工程中添加以下 JAR 包：

• /usr/local/hadoop/share/hadoop/common 目录下的 hadoop-common-3.1.2.jar 和 haoop-nfs-3.1.2.jar。
• /usr/local/hadoop/share/hadoop/common/lib 目录下的所有 JAR 包。
• /usr/local/hadoop/share/hadoop/mapreduce 目录下的所有 JAR 包，但是不包括 jdiff、lib、lib-examples 和 sources 目录。
• /usr/local/hadoop/share/hadoop/mapreduce/lib 目录下的所有 JAR 包。

比如，如果要把/usr/local/hadoop/share/hadoop/common 目录下的 hadoop-common- 3.1.2.jar 和 haoop-nfs-3.1.2.jar 添加到当前的 Java 工程中，可以在界面中点击相应的目录按钮，进入到 common 目录，然后，界面会显示出 common 目录下的所有内容(如图 9-18 所示)。

图 9-18　Add External JARs

当需要选中某个目录下的所有 JAR 包时，可以使用“Ctrl+A”组合键进行全选操作。全部添加完毕以后，就可以点击界面右下角的“Finish”按钮，完成 Java 工程 WordCount 的创建。

2) 验证MapReduce的WordCount程序

(1) 依次选择 File→Project，选择 Map/Reduce Project，输入项目名称 WordCount。在 WordCount 项目里新建 class，名称为 WordCount，其代码如下：

```
import java.io.IOException;
import java.util.StringTokenizer;
import org.apache.hadoop.conf.Configuration;
import org.apache.hadoop.fs.Path;
import org.apache.hadoop.io.IntWritable;
import org.apache.hadoop.io.Text;
```

```
import org.apache.hadoop.mapreduce.Job;
import org.apache.hadoop.mapreduce.Mapper;
import org.apache.hadoop.mapreduce.Reducer;
import org.apache.hadoop.mapreduce.lib.input.FileInputFormat;
import org.apache.hadoop.mapreduce.lib.output.FileOutputFormat;
import org.apache.hadoop.util.GenericOptionsParser;
public class WordCount {
  public static class TokenizerMapper extends Mapper<Object, Text, Text, IntWritable>{
        private final static IntWritable one = new IntWritable(1);
        private Text word = new Text();
        public void map(Object key, Text value, Context context) throws IOException,
                InterruptedException {
                //将每一行拆分成一个个的单词，并肩<word，1>作为 map 方法的结果输出。
                StringTokenizer itr = new StringTokenizer(value.toString());
                //  测试其是否还有更多可用的标记
                while (itr.hasMoreTokens()) {
                        word.set(itr.nextToken());
                        context.write(word, one);
                }
        }
  }
  public static class IntSumReducer extends Reducer<Text,IntWritable,Text,IntWritable> {
        private IntWritable result = new IntWritable();
        public void reduce(Text key, Iterable<IntWritable> values, Context context) throws
IOException, InterruptedException {
                int sum = 0;
                for (IntWritable val : values) {
                        sum += val.get();
                }
                result.set(sum);
                context.write(key, result);
        }
  }
  public static void main(String[] arg) throws Exception {
//初始化 Configuration，该类主要是读取 mapreduce 系统配置信息，这些信息包括 hdfs 还有
//mapreduce 等。
        Configuration conf = new Configuration();
        conf.set("fs.default.name","hdfs://192.168.126.140:9000");
        conf.set("mapred.job.tracker", "192.168.126.140:9001");
        conf.set("hadoop.job.user", "ahpu");
```

```
        //构建一个 job，
        Job job = Job.getInstance(conf,"word count");
        //装载程序员编写好的计算程序
        job.setJarByClass(WordCount.class);
    //实现 map 函数，根据输入的<key,value>对生成中间结果。配置 mapreduce 如何运行 map 和//reduce
函数
        job.setMapperClass(TokenizerMapper.class);
    //Combiner 类，实现 combine 函数，合并中间结果中具有相同 key 值的键值对。默认为 null 即//
不合并中间结果。
        job.setCombinerClass(IntSumReducer.class);
        //Reducer 类 实现 reduce 函数 将中间结果合并，得到最终结果。
        job.setReducerClass(IntSumReducer.class);
    //定义输出的 key/value 的类型，也就是最终存储在 hdfs 上结果文件的 key/value 的类型
        job.setOutputKeyClass(Text.class);
        job.setOutputValueClass(IntWritable.class);
        //第一行就是构建输入的数据文件，第二行是构建输出的数据文件，
        FileInputFormat.addInputPath(job, new Path("hdfs://192.168.126.140:9000/datafile/text.txt"));
        FileOutputFormat.setOutputPath(job, new Path("hdfs://192.168.126.140:9000/ datafile/ output/
"+System.currentTimeMillis()+"/"));
        //如果 job 运行成功了，我们的程序就会正常退出
        System.exit(job.waitForCompletion(true) ? 0 : 1);
    }
}
```

(2) 依次点击 Run→Run As→Java Application，程序运行结束后，会在底部的“Console”面板中显示运行结果信息(如图 9-19 所示)。运行过程及结果如图 9-19～图 9-22 所示。需提前在 Hadoop HDFS 上准备好要统计的文档，本例中为名为“text.txt”的文档。

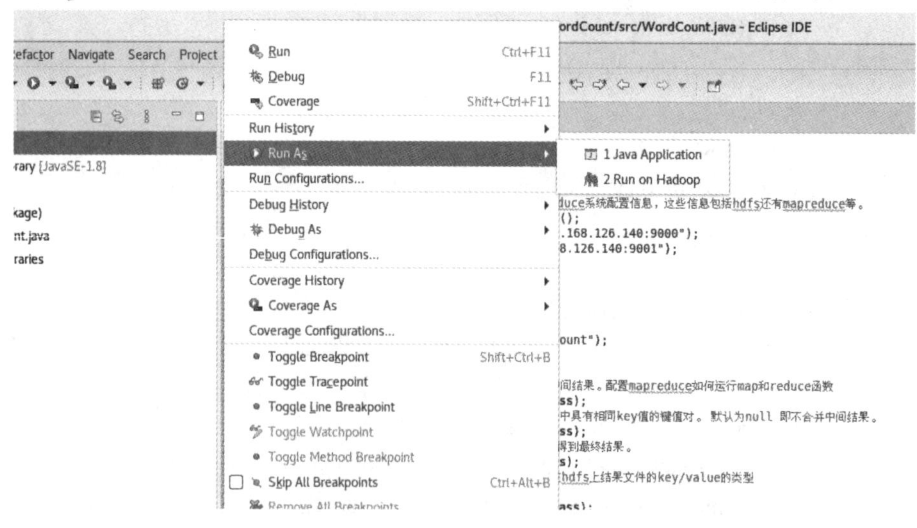

图 9-19 选择 Java Application 方式运行程序

```
Problems  Javadoc  Declaration  Console
<terminated> WordCount [Java Application] /usr/local/java/jre/bin/java (2021年11月29日下午6:14:33 — 下午6:14:50)
2021-11-29 18:14:50,186 INFO  [pool-7-thread-1] mapred.LocalJobRunner (LocalJobRunner.java:run(353)) - Finishing task: attempt_local672295651_0001_r_000000_0
2021-11-29 18:14:50,189 INFO  [Thread-23] mapred.LocalJobRunner (LocalJobRunner.java:runTasks(486)) - reduce task executor complete.
2021-11-29 18:14:50,771 INFO  [main] mapreduce.Job (Job.java:monitorAndPrintJob(1647)) -  map 100% reduce 100%
2021-11-29 18:14:50,772 INFO  [main] mapreduce.Job (Job.java:monitorAndPrintJob(1658)) - Job job_local672295651_0001 completed successfully
2021-11-29 18:14:50,786 INFO  [main] mapreduce.Job (Job.java:monitorAndPrintJob(1665)) - Counters: 35
	File System Counters
		FILE: Number of bytes read=580
		FILE: Number of bytes written=989848
		FILE: Number of read operations=0
		FILE: Number of large read operations=0
		FILE: Number of write operations=0
		HDFS: Number of bytes read=136
		HDFS: Number of bytes written=68
		HDFS: Number of read operations=15
		HDFS: Number of large read operations=0
		HDFS: Number of write operations=4
	Map-Reduce Framework
		Map input records=4
		Map output records=12
		Map output bytes=114
		Map output materialized bytes=106
		Input split bytes=110
		Combine input records=12
		Combine output records=8
		Reduce input groups=8
		Reduce shuffle bytes=106
		Reduce input records=8
		Reduce output records=8
		Spilled Records=16
		Shuffled Maps =1
```

图 9-20 程序运行过程

```
text.txt - 记事本
文件(F) 编辑(E) 格式(O) 查看(V) 帮助(H)
I like Hadoop!
I like Cloud Computing.
Hello World!
I like Spark!
```

图 9-21 待统计的文档

```
[ahpu@master ~]$ hdfs dfs -cat /datafile/output/1638180882673/part-r-00000
Cloud	1
Computing.	1
Hadoop!	1
Hello	1
I	3
Spark!	1
World!	1
like	3
[ahpu@master ~]$
```

图 9-22 HDFS 中显示的统计结果

第 10 章　分布式数据存储与大数据挖掘

10.1　分布式数据库 HBase

10.1.1　HBase 简介

HBase 是 Hadoop 的子项目，它是一个面向列的分布式数据库。它建立在 HDFS 之上，能提供高可靠性、高性能、列存储、可伸缩、实时读写的数据库系统。

HDFS 实现了一个分布式的文件系统，虽然这个文件系统能以分布和可扩展的方式有效存储海量数据，但其文件系统缺少结构化/半结构化数据的存储管理和访问能力，其编程接口对于很多应用来说访问不够直接。就像有了 NTFS 这样的单机文件系统后，我们还需要 Oracle、IBM DB2、Microsoft SQL Server 这样的数据库来管理数据一样。HBase 之于 HDFS 就类似于数据库之于文件系统。

HBase 存储的数据介于映射(key/value)和关系型数据之间，能通过主键(row key)和主键的 range 来检索数据，支持单行事务(可通过 hive 支持来实现多表 join 等复杂操作)，主要用来存储非结构化和半结构化的松散数据。HBase 的目标是依靠横向扩展，通过不断增加廉价的商用服务器来增加计算和存储能力。它可以直接使用本地文件系统，也可以使用 Hadoop 的 HDFS 文件存储系统。

HBase 在 Hadoop 生态系统中的地位及关系如图 10-1 所示，它向下提供存储，向上支持运算，将数据存储和并行计算比较完美地结合在一起。

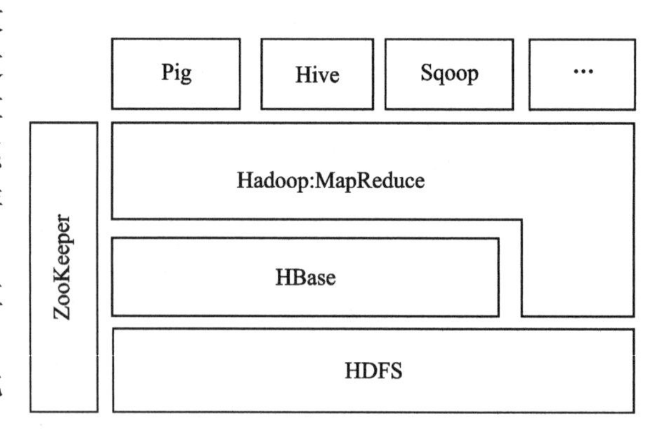

图 10-1　HBase 关系图

HBase 的特征包括：

(1) 具有线性及模块可扩展性；

(2) 读写严格一致；

(3) 采用可配置的表自动分割策略；

(4) HRegion 服务器自动恢复故障；

(5) 提供了便利地备份 MapReduce 作业的基类；

(6) 提供了便于客户端访问的 Java API；
(7) 为实时查询提供了块缓存和 Bloom Filter；
(8) 可通过服务器端的过滤器进行查询预测；
(9) 提供了支持 XML、Protobuf 及二进制编码的 Thrift 网管和 REST-ful 网络服务；
(10) 提供了可扩展的 JIRB(Jruby-based)shell；
(11) 支持通过 Hadoop 或 JMX 将度量标准导出到文件或 Ganglia 中。
HBase 中的表一般具有如下特点：
(1) 大：一个表可以有上亿行，上百万列；
(2) 面向列：面向列(族)的存储和权限控制，列(族)独立检索；
(3) 稀疏：对于为空(null)的列，并不占用存储空间，因此，表可以设计得非常稀疏。

10.1.2　Hbase 的体系结构

HBase 的服务器体系结构遵从主从服务器架构，由 HRegion 服务器(HRegion Server)群和 HBase Master 服务器(HBase Master Server)构成。HBase Master 服务器负责管理所有的 HRegion 服务器。而 HBase 中的所有服务器通过 ZooKeeper 来进行协调并处理 HBase 服务器运行期间可能遇到的错误。HBase Master 服务器本身并不存储 HBase 中的任何数据，HBase 逻辑上的表可能被划分成多个 HRegion，然后存储到 HRegion 服务器群中。HBase Master 服务器中存储的是从数据到 HRegion 服务器的映射。HBase 体系结构如图 10-2 所示。

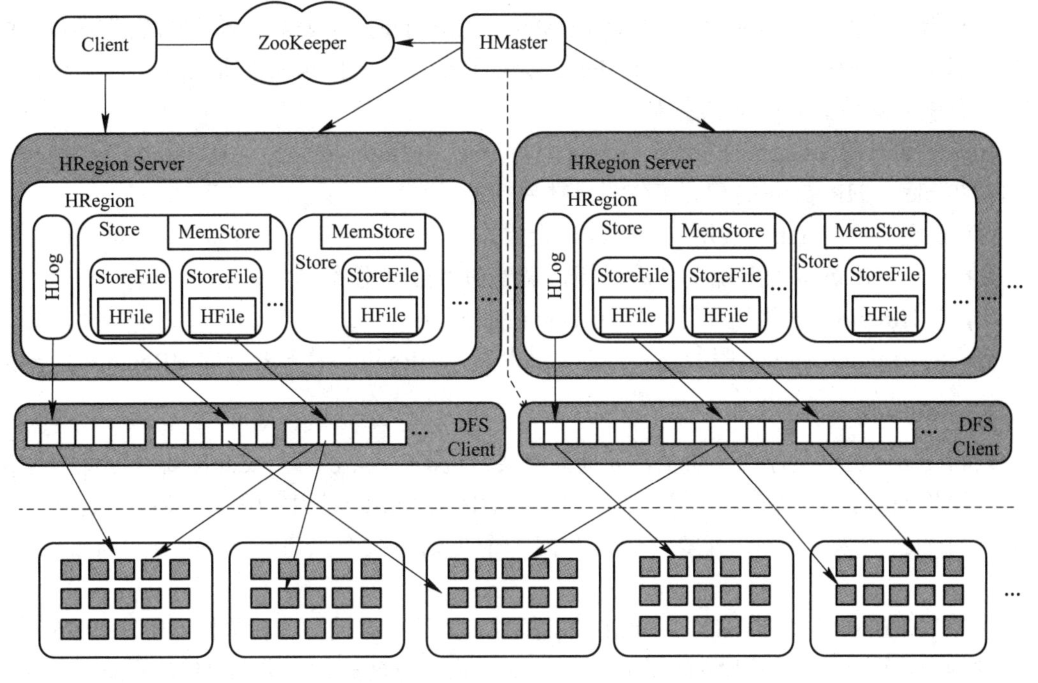

图 10-2　HBase 体系结构

1. HRegion

当表的大小超过设置值时，HBase 会自动将表划分到不同的区域，每个区域包含所有行的一个子集。对用户来说，每个表是一堆数据的集合，这些数据靠主键来区分。从物理上来说，一张表被拆分成了多块，每一块就是一个 HRegion，用表名+开始/结束主键来区分每一个 HRegion。一个 HRegion 会保存一个表中某段连续的数据，从开始主键到结束主键，一张完整的表格保存在多个 Region 上面。

2. HRegion 服务器

HRegion 服务器主要负责响应用户的 I/O 请求，向 HDFS 文件系统中读写数据，是 HBase 中最核心的模块。所有的数据库数据一般是保存在 Hadoop 分布式文件系统上面的，用户通过一系列 HRegion 服务器来获取这些数据，一台机器上面一般只运行一个 HRegion 服务器，且每个区段的 HRegion 也只会被一个 HRegion 服务器维护。

每个 HRegion 服务器可以服务多个 HRegion。每个 HRegion 包含 HLog 和 Store 两部分。其中，HLog 存储数据日志，每个 HRegion 对应于一个 HLog。每个 HRegion 可以包含多个 Store，每个 Store 存储一个列族(ColumnFamily)下的数据。此外，在每个 Store 中包含一块 MemStore。MemStore 驻留在内存中，数据到来时首先更新到 MemStore 中，当达到阈值(如 128M)之后再更新到对应的 StoreFile(又名 HFile)中。每个 Store 集合包含了多个 StoreFile，StoreFile 负责的是实际的数据存储，为 HBase 中最小的存储单元。

3. HBase Master 服务器

每台 HRegion 服务器都会和 HBase Master(HMaster)服务器通信，HMaster 的主要任务就是要告诉每台 HRegion 服务器它要维护哪些 HRegion。

当一台新的 HRegion 服务器登录到 HMaster 服务器时，HMaster 会告诉它先等待分配数据。而当一台 HRegion 死机时，HMaster 会把它负责的 HRegion 标记为未分配，然后再把它们分配到其他 HRegion 服务器中。

HBase 通过 ZooKeeper 来保证系统中总有一个 HMaster 在运行。HMaster 在功能上主要负责 Table 和 HRegion 的管理工作，具体包括：

(1) 管理用户对 Table 的增、删、改、查操作；

(2) 管理 HRegion 服务器的负载均衡，调整 HRegion 分布；

(3) 在 HRegion 分裂后，负责新 HRegion 的分配；

(4) 在 HRegion Server 服务器停机后，负责失效 HRegion 服务器上的 HRegion 的迁移。

4. ZooKeeper

ZooKeeper 负责监控各个机器的状态。当某台机器发生故障时，ZooKeeper 会第一个感知，并通知 HBase Master 进行相应的处理。当 HBase Master 发生故障时，ZooKeeper 负责 HBase Master 的恢复工作，其能够保证在同一个时刻系统中只有一台 HBase Master 提供服务。

早期的 HBase 中通过-ROOT-和.MATE.表的二级目录方式管理元数据。HBase 0.96 后废弃了-ROOT-表，只保留了.MATE.表(只与 HBase 命名空间有关，称为 HBase:meta)。元数据.MATE.表保存的是 HRegion 标识符和实际 HRegion 的映射关系，ZooKeeper 中保存着.MATE.表的存储位置，以便于进行快速访问。

10.1.3　Hbase 的数据模型

1. 物理模型

HBase 是一个类似 Google Bigtable 的分布式数据库，它是一个稀疏的、长期存储的(存储在硬盘上)、多维度的、排序的映射表，这张表的索引是行关键字、列关键字和时间戳，HBase 中的数据都是没有类型的字符串。

用户在表格中存储数据，每一行都有一个可排序的主键和任意多列。由于是稀疏存储，因此同一张里面的每一行数据都可以有截然不同的列。列名字的格式是“<family>:<qualifier>”，都是由字符串组成的，每一张表有一个列族集合，这个集合是固定不变的，只能通过改变表结构来改变。但是 qulifier 值相对于每一行来说都是可以改变的。

HBase 把同一个列族里面的数据存储在同一个目录下，并且 HBase 的写操作是锁行的，每一行都是一个原子元素，都可以加锁。

HBase 所有数据库的更新都有一个时间戳标记，每个更新都是一个新的版本，HBase 会保留一定数量的版本，这个值是可以设定的，客户端可以选择获取距离某个时间点最近的版本单元的值，或者一次获取所有版本单元的值。

2. 概念视图

我们可以将一个表想象成一个大的映射关系，通过行键、行键+时间戳或行键+列(列族：列修饰符)就可以定位特定数据，HBase 是稀疏存储数据的，因此某些列可以是空白的。表 10-1 是某个 test 表的 HBase 概念视图。

表 10-1　HBase 数据的概念视图

Row Key	Time Stamp	Column Family:c1		Column Family:c2	
		列	值	列	值
r1	t7	c1:1	value1-1/1		
	t6	c1:2	value1-1/2		
	t5	c1:3	value1-1/3		
	t4			c2:1	value1-2/1
	t3			c2:2	value1-2/2
r2	t2	c1:1	value2-1/1		
	t1			c2:1	value2-1/1

从表 10-1 中可以看出，test 表有 r1 和 r2 两行数据，c1 和 c2 两个列族。在 r1 中，列族 c1 有三条数据，列族 c2 有两条数据；在 r2 中，列族 c1 和列族 c2 各有一条数据。每条数据对应的时间戳都用数字来表示，编号越大表示数据越旧，反之表示数据越新。

3. 物理视图

虽然从概念视图来看每个表格是由很多行组成的，但是在物理存储上面它是按照列来保存的，如表 10-2、表 10-3 所示。

表 10-2　HBase 数据的物理视图(1)

Row Key	Time Stamp	Column Family c1	
		列	值
r1	t7	c1:1	value1-1/1
	t6	c1:2	value1-1/2
	t5	c1:3	value1-1/3

表 10-3　HBase 数据的物理视图(2)

Row Key	Time Stamp	Column Family c2	
		列	值
r1	t4	c2:1	value1-2/1
	t3	c2:2	value1-2/2

需要注意的是，在概念视图上面有些列是空白的，这样的列实际上并不会被存储，当请求这些空白的单元格时，会返回 null 值。如果在查询的时候不提供时间戳，那么会返回距离现在最近的那个版本的数据，因为数据在存储的时候会按照时间戳来排序。

10.1.4　HBase 的基本操作

1. HBase 的环境配置

HBase 的部署可分为单机模式、伪分布模式以及完全分布模式。

在单机模式下，直接下载 HBase 的二进制 tar.gz 包，解压后配置 Java 路径即可使用，这里不再赘述。

下面介绍伪分布模式的搭建。这里 Hadoop 已安装完成，并配有 Master、Slave1 和 Slave2 三台虚拟机，采用 HBase 2.2.7 版本。

(1) 下载并解压 HBase 压缩包，先在 Master 机器上操作。由于权限问题，建议解压到用户的当前目录/home/software。

```
[ahpu@master software]$ tar –zvxf hbase-2.2.7-bin.tar.gz
[ahpu@master software]$ mv hbase-2.2.7-bin /usr/local/hbase
```

(2) 修改配置文件 conf/hase-site.xml。

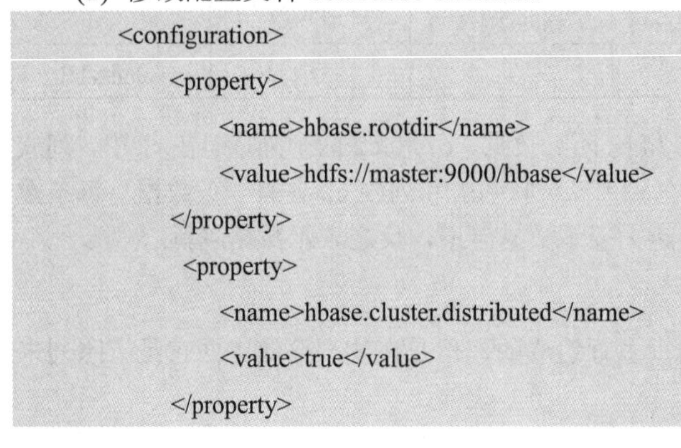

```
<configuration>
    <property>
        <name>hbase.rootdir</name>
        <value>hdfs://master:9000/hbase</value>
    </property>
    <property>
        <name>hbase.cluster.distributed</name>
        <value>true</value>
    </property>
```

```
<!-- 指定 zookeeper 集群，有多个用英文逗号分隔 -->
    <property>
        <name>hbase.zookeeper.quorum</name>
        <value>master:2181,slave1:2181,slave2:2181</value>
    </property>
    <property>
        <name>hbase.zookeeper.property.dataDir</name>
        <value>/usr/local/zookeeper/data</value>
    </property>
<!-- 指定 HBase Master web 页面访问端口，默认端口号 16010 -->
    <property>
      <name>hbase.master.info.port</name>
      <value>16010</value>
    </property>
<!-- 指定 HBase RegionServer web 页面访问端口，默认端口号 16030 -->
    <property>
      <name>hbase.regionserver.info.port</name>
      <value>16030</value>
    </property>
<!-- 解决启动 HMaster 无法初始化 WAL 的问题 -->
    <property>
      <name>hbase.unsafe.stream.capability.enforce</name>
      <value>false</value>
    </property>
</configuration>
```

(3) 修改配置文件 conf/hbase-env.sh、conf/hase-site.xml。

```
export JAVA_HOME=/usr/local/java
export HBASE_MANAGES_ZK=false
```

(4) 设置 regionservers，使用 vi 命令编辑，删除 localhost，输入以下内容：

```
master
slave1
slave2
```

(5) 设置环境变量。

执行如下代码，打开配置文件。

```
[ahpu@master ~]$ vi /etc/profile
```

将下面代码添加到文件末尾：

```
export HBASE_HOME=/usr/local/hbase
export PATH=$HBASE_HOME/bin:$PATH
export HADOOP_CLASSPATH=$HBASE_HOME/lib/*
```

然后执行：

```
[ahpu@master ~]$ source /etc/profile
```

(6) 将 HBase 安装文件复制到 HadoopSlave1 和 HadoopSlave2 节点。

```
[ahpu@master ~]$ scp –r /usr/local/hbase root@slave1:/usr/local
[ahpu@master ~]$ scp –r /usr/local/hbase root@slave2:/usr/local
```

(7) 先启动 Hadoop，再启动 HBase，启动界面如图 10-3 所示。

```
[ahpu@master ~]$ start-hbase.sh
running master, logging to /usr/local/hbase/logs/hbase-ahpu-master-master.out
slave2: running regionserver, logging to /usr/local/hbase/bin/../logs/hbase-ahp
u-regionserver-slave2.out
slave1: running regionserver, logging to /usr/local/hbase/bin/../logs/hbase-ahp
u-regionserver-slave1.out
master: running regionserver, logging to /usr/local/hbase/bin/../logs/hbase-ahp
u-regionserver-master.out
[ahpu@master ~]$
```

```
[ahpu@master ~]$ jps
3538 DataNode
3925 ResourceManager
4582 HMaster
3271 QuorumPeerMain
4055 NodeManager
4729 HRegionServer
4811 Jps
3406 NameNode
[ahpu@master ~]$
```

图 10-3　启动 HBase

(8) 启动浏览器，在地址栏输入 http://master:16010。若能看到如图 10-4 所示的界面，则表明 HBase 已经启动成功。

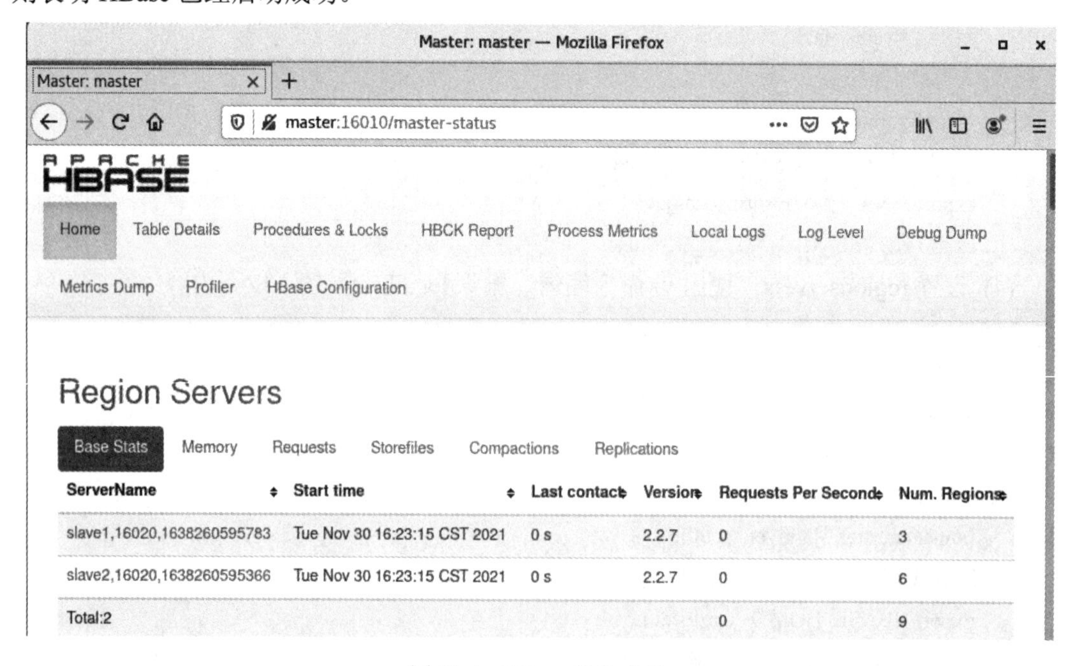

图 10-4　HBase 启动成功

2. HBase 基本操作

HBase Shell 是为用户提供的能通过 Shell 控制台或脚本执行 HBase 操作的接口。

运行如下指令进入 HBase Shell：

```
[ahpu@master bin]$ ./hbase shell
```

常用的 Shell 命令如表 10-4 所示。

表 10-4　HBase Shell 命令一览表

任务		命令表达式
一般操作	查询数据库状态	status
	查询版本	version
数据库操作	创建表	create '表名称', '列名称 1','列名称 2','列名称 N'
	添加记录	put '表名称', '行名称', '列名称:', '值'
	查看记录	get '表名称', '行名称'
	查看表中的记录总数	count　'表名称'
	删除记录	delete　'表名' ,'行名称' , '列名称'
	删除一张表	先要屏蔽该表，才能对该表进行删除。 第一步 disable '表名称'，第二步 drop '表名称'
	查看所有记录	scan "表名称"
	查看某个表某个列中所有数据	scan "表名称" , ['列名称:']

小知识

NoSQL(Not Only SQL)即“不仅仅是SQL”，降低了对传统数据库 ACID 事物处理特征(原子性(Atomicity)、一致性(Consistency)、隔离性(Isolation)以及持久性(Durability))和数据高度结构化的要求，以简化设计，提高数据存储管理的灵活性，提升处理性能，支持良好的水平扩展。目前常见的 NoSQl 数据库有 Apache Cassandra、MongoDB 及 Apache HBase 等。

10.2　分布式数据仓库 Hive

10.2.1　Hive 简介

Hive 是建立在 Hadoop 上的数据仓库基础构架。它提供了一系列工具，可以用来进行数据提取转化加载(ETL)，这是一种可以存储、查询和分析存储在 Hadoop 中的大规模数据的机制。Hive 定义了简单的类 SQL 查询语言，称为 Hive QL。Hive QL 允许熟悉 SQL 的用户查询数据，同时也允许熟悉 MapReduce 的开发者自定义 Mapper 和 Reducer 操作，从而支持 MapReduce 框架。

由于 Hadoop 是批量处理系统，通常都有较高的延迟，在作业提交和调度的时候都会消耗一些时间成本，因此构建于 Hadoop 之上的 Hive 并不能够在大规模数据集上实现低延迟快速的查询。例如，Hive 在几百 MB 的数据集上执行查询一般都会有分钟级的时间延迟。Hive 不提供实时的查询和基于行级的数据更新操作，并不适合那些需要低延迟的应用，如联机事务处理(OLTP)。Hive 的最佳使用场合是大数据集的批量处理作业，如网络日志分析。

Hive 底层封装了 Hadoop 的数据仓库处理工具，使用类 SQL 的 Hive QL 语言实现数据查询，Hive 的所有数据都存储在 Hadoop 兼容的文件系统(如 Amazon S3、HDFS)中。Hive 在加载数据过程中不会对数据进行任何修改，只是将数据移动到 HDFS 中 Hive 设定的目录下，因此，Hive 不支持对数据的改写和添加，所有的数据在加载的时候都是确定的。

Hive 的设计特点如下：

(1) 支持不同的存储类型，如纯文本文件、HBase 中的文件。

(2) 可将元数据保存在关系数据库中，从而减少了在查询过程中执行语义检查的时间。

(3) 可以直接使用存储在 Hadoop 文件系统中的数据。

(4) 内置大量用户函数 UDF 来操作时间、字符串和其他数据挖掘工具，支持用户扩展 UDF 函数来完成内置函数无法实现的操作。

(5) 采用类 SQL 的查询方式，可将 SQL 查询转换为 MapReduce 的 Job 在 Hadoop 集群上执行。

10.2.2 Hive 的体系结构

Hive 的体系结构如图 10-5 所示。

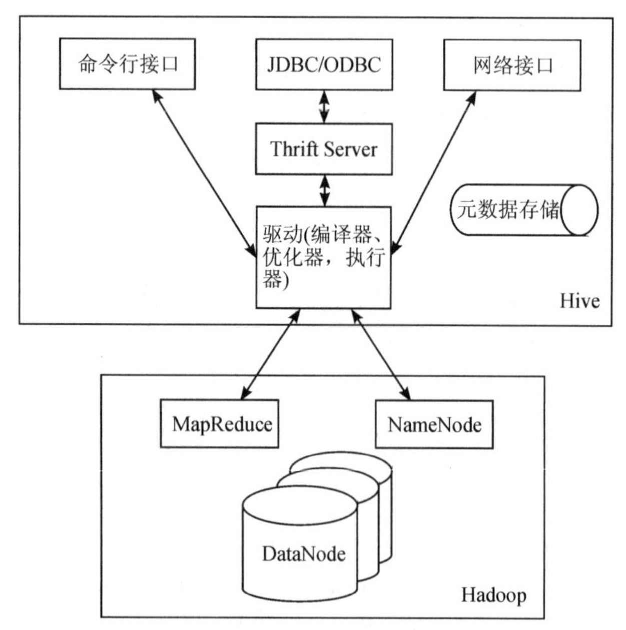

图 10-5 Hive 的体系结构

Hive 的体系结构主要分为以下几个部分。

1. 用户接口

用户接口主要有三个：命令行接口(Command Line Interface，CLI)、Client 和网络接口

(Web User Interface，WUI)。其中最常用的是 CLI。当 CLI 启动的时候，会同时启动一个 Hive 副本。Client 是 Hive 的客户端，用户连接至 Hive Server(即图 10-5 中的 Thrift Server)。在启动 Client 模式的时候，需要指出 Hive Server 所在的节点，并且在该节点处启动 Hive Server。WUI 是通过浏览器来访问 Hive 的。

2．元数据存储

Hive 将元数据存储在数据库(如 MySQL、Derby)中。Hive 中的元数据包括表的名字、表的列、表的分区、表的属性(是否为外部表等)以及表的数据所在的目录等。

3．解释器、编译器、优化器、执行器

解释器、编译器、优化器用来完成 HQL 查询语句从词法分析、语法分析、编译、优化到查询计划的生成。生成的查询计划存储在 HDFS 中，随后由 MapReduce 调用并执行。

4．Hadoop

Hive 的数据存储在 HDFS 中，大部分计算查询(包含*的查询)可由 MapReduce 完成。比如，select * from tbl 会生成 MapReduce 任务。

需要说明的是，除了 MapReduce，Hive 的计算引擎也可以使用 Spark 和 Tez(Hive2.0 已将 Tez 作为默认引擎)。对此感兴趣的读者可以参考 Hive 官网(https://hive.apache.org/)进行学习。

10.2.3　Hive 的数据模型

Hive 的存储是建立在 Hadoop 文件系统之上的，Hive 本身没有专门的数据存储格式，也没有为数据建立索引，用户可以非常自由地组织 Hive 中的表，只需要在创建表的时候告诉 Hive 数据中的列分隔符和行分隔符，Hive 就可以解析数据。

1．Hive 的数据存储模型

Hive 中包含以下四类数据模型：表(Table)、外部表(External Table)、分区(Partition)和桶(Bucket)。下面分别作一介绍。

(1) Hive 中的 Table 和数据库中的 Table 在概念上是类似的。在 Hive 中，每个 Table 都有一个相应的目录存储数据。例如，一个表 ahpu，它在 HDFS 中的路径为/wh/ahpu。其中，wh 是在 hive-site.xml 中由${hive.metastore.warehouse.dir}指定的数据仓库的目录，所有 Table 数据(不包括 External Table)都保存在这个目录中。

(2) 外部表是一个已经存储在 HDFS 中并具有一定格式的数据。使用外部表意味着 Hive 表内的数据不在 Hive 的数据仓库内，它会到仓库目录以外的位置访问数据。

创建外部表时，需要使用 External 指定该表是外部表。例如：

```
CREATE EXTERNAL TABLE LOGS(timestamp BIGINT, line STRING)
LOCATION 'user/input/hive/partition/ahpu1';
```

外部表和普通表的操作不同，创建普通表的操作分为两个步骤，即表的创建和数据的装入(这两个步骤可以分开，也可以同时完成)。在数据的装入过程中，实际数据会移动到数据表所在的 Hive 数据仓库文件目录中，之后对该数据表进行访问时将直接访问装入所对应文件目录中的数据。删除表时，该表的元数据和在数据仓库目录下的实际数据将同时被删除。

外部表的创建只有一个步骤，即创建表和装入数据同时完成。外部表的实际数据存储在创建语句 LOCATION 的参数指定的外部 HDFS 文件路径中，但这个数据并不会移动到 Hive 数据仓库的文件目录中。删除外部表时，仅删除其元数据，保存在外部 HDFS 文件目录中的数据不会被删除。

(3) 分区对应于数据库中分区列的密集索引，但是 Hive 中分区的组织方式和数据库中的很不相同。在 Hive 中，表中的一个分区对应于表下的一个目录，所有分区的数据都存储在对应的目录中。例如，ahpu 表中包含 ds 和 city 两个分区，则对应于 ds=20160901, city =Beijing 的 HDFS 子目录为/wh/ahpu/ds=20160901/city=Beijing，对应于 ds =20160901, city =Wuhu 的 HDFS 子目录为/wh/ahpu/ds=20160901/city=Wuhu。

一个表可以在多个维度上进行分区，并且分区可以嵌套使用。要建立分区，需要在创建表时通过 Partition by 子句指定。例如：

```
CREATE TABLE LOGS(timestamp BIGINT, line STRING)
PARTITION BY(date STRING, city STRING);
```

在将数据加载到表内之前，需要数据加载人员明确知道所加载的数据属于哪一个分区。

使用分区在某些应用场景下能够有效地提高性能。当只需要遍历某一个小范围内的数据或者一定条件下的数据时，使用分区可以有效减少扫描数据的数量，前提是需要事先将数据导入到分区内。

(4) 桶对指定列进行哈希(hash)计算，会根据哈希值切分数据，其目的是并行，使每个桶对应一个文件。例如，将 user 列分散至 32 个 bucket 中，对 user 列的值进行哈希计算，哈希值为 0 的 HDFS 目录为/wh/ahpu/ds=20160901/city=Beijing/part-00000，哈希值为 20 的 HDFS 目录为/wh/ahpu/ds=20160901/city=Beijing/part-00020。

以下为创建带有桶的表的语句：

```
CREATE TABLE BUCKET_USERS (id INT) name STRING)
CLUSTERED BY (id) INTO 4 BUCKETS;
```

2. Hive 的元数据存储管理

Hive 运行过程中，其元数据可能会不断被读取、更新和修改，因此这些元数据不宜存放在 Hadoop 的 HDFS 文件系统中，否则会降低元数据的访问效率，进一步降低 Hive 的整体性能。目前，Hive 使用一个关系数据库来存储元数据。Hive 系统在安装时自带了一个内置的小规模的内存数据库 Derby，Hive 也可以让用户安装和使用其他存储规模更大的专业数据库，如 MySQL 数据库。

Hive 可以通过以下三种方式连接到数据库。

(1) “单用户”模式：直接连接到内存数据库 Derby，该模式一般用于单机测试。

(2) “多用户”模式：通过网络和 JDBC 连接到另一个机器上运行的数据库，这通常是上线产品系统使用的模式。

(3) “远程服务器”模式：用于非 Java 客户端访问在远程服务器上存储的元数据库，需要在服务器端启动一个 MetaStoreServer，然后在客户端通过 Thrift 协议访问服务器，进而访问元数据。

3. Hive 的数据类型

1) 基本数据类型

Hive 的基本数据类型如表 10-5 所示。

表 10-5　Hive 的基本数据类型

数据类型	所 占 字 节	开始支持版本
TINYINT	1 B，−128～127	
SMALLINT	2 B，−32 768～32 767	
INT	4 B，−2 147 483 648～2 147 483 647	
BIGINT	8 B，−9 223 372 036 854 775 808～9 223 372 036 854 775 807	
BOOLEAN		
FLOAT	4 B 单精度	
DOUBLE	8 B 双精度	
STRING		
BINARY	布尔型(true/false)	从 Hive0.8.0 开始支持
TIMESTAMP		从 Hive0.8.0 开始支持
DECIMAL		从 Hive0.11.0 开始支持
CHAR		从 Hive0.13.0 开始支持
VARCHAR		从 Hive0.12.0 开始支持
DATE		从 Hive0.12.0 开始支持

2) 复杂数据类型

Hive 的复杂数据类型包括 ARRAY、MAP、STRUCT、UNION，这些复杂类型是由基础类型组成的。

关系数据库中不支持这些复杂数据类型，因为它们会破坏标准格式。在关系数据库中，集合数据类型是由多个表之间建立合适的外键关联来实现的。在大数据系统中，使用复杂类型的数据的好处在于提高数据的吞吐量，减少寻址次数，从而提高了查询速度。

(1) ARRAY。ARRAY 类型是由一系列相同数据类型的元素组成的，这些元素可以通过下标来访问。比如，有一个 ARRAY 类型的变量 fruits，它由['apple','orange','mango']组成，那么我们可以通过 fruits[1]来访问元素 orange，因为 ARRAY 类型的下标是从 0 开始的。

(2) MAP。MAP 包含 key->value 键值对，可以通过 key 来访问元素。比如，“userlist”是一个 map 类型，username 是 key，password 是 value，那么我们可以通过 userlist['username']来得到这个用户对应的 password。

(3) STRUCT。STRUCT 可以包含不同数据类型的元素。这些元素可以通过“点语法”的方式来得到所需要的元素。比如，user 是一个 STRUCT 类型，那么可以通过 user.address 得到这个用户的地址。

(4) UNION。UNION 即 UNIONTYPE，是从 Hive 0.7.0 开始支持的数据类型。

使用复杂数据类型创建表的实例如下：

```
CREATE TABLE EMPLOYEES(
    NAME STRING,
    SALARY FLOAT,
    SUBORDINATES ARRAY<STRING>,
    DEDUCTIONS MAP<STRING,FLOAT>,
    ADDRESS STRUCT<STREET:STRING,CITY:STRING,STATE:STRING,ZIP:INT>
)PARTITIONED BY (COUNTRY STRING,STATE STRING);
```

10.2.4　Hive 的基本操作

Hive 的安装配置过程见 10.4 节实验 6 中的介绍。下面我们介绍 Hive 的基本操作。

1．表操作

(1) 创建表。其命令如下：

```
hive>CREATE TABLE pokes(foo INT, bar STRING);
```

说明：创建表名为 pokes 的表，该表有 foo 和 bar 两列，分别为 INT 和 STRING 类型。

(2) 创建一个新表，结构与其他表一样。其命令如下：

```
hive> CREATE TABLE new_table LIKE records;
```

说明：创建名为 new_table 的新表，表结构与表 records 一样。

(3) 展示表。其命令如下：

```
hive>SHOW TABLES;
```

说明：展示所有的表名。

```
hive>SHOW TABLES '.*s';
```

说明：展示所有以 s 结尾的表名。

(4) 创建分区表。其命令如下：

```
hive>CREATE TABLE logs(ts BIGINT,line STRING) PARTITIONED BY
(dt STRING,country STRING);
```

(5) 加载分区表数据。其命令如下：

```
hive> LOAD DATA LOCAL INPATH '/home/hadoop/input/hive/partitions/ahpu1' INTO TABLE logs
PARTITION (dt='2021-09-01',city='Beijing');
```

(6) 展示表中有多少分区。其命令如下：

```
hive> SHOW PARTITIONS logs;
```

(7) 显示表的结构信息。其命令如下：

```
hive> DESCRIBE logs;
```

(8) 更新表名。其命令如下：

```
hive> ALTER TABLE source RENAME TO target;
```

(9) 添加新一列。其命令如下：

```
hive> ALTER TABLE invites ADD COLUMNS (new_col2 INT COMMENT 'a comment');
```

(10) 删除表。其命令如下：

```
hive> DROP TABLE records;
```

(11) 删除表中数据，但要保持表的结构定义。其命令如下：

```
hive> dfs -rmr /user/hive/warehouse/records;
```

(12) 从本地文件加载数据。其命令如下：

```
hive> LOAD DATA LOCAL INPATH '/home/hadoop/input/ncdc/micro-tab/sample.txt'
OVERWRITE INTO TABLE records;
```

2. 其他操作

(1) 显示所有函数。其命令如下：

```
hive> SHOW FUNCTIONS;
```

(2) 查看函数用法。其命令如下：

```
hive> DESCRIBE FUNCTION substr;
```

说明：查看函数 substr 的用法。

(3) 内连接。其命令如下：

```
hive> SELECT sales.*, things.* FROM sales JOIN things ON (sales.id = things.id);
```

(4) 外连接。其命令如下：

```
hive> SELECT sales.*, things.* FROM sales LEFT OUTER JOIN things ON (sales.id =
things.id);
hive> SELECT sales.*, things.* FROM sales RIGHT OUTER JOIN things ON (sales.id =
things.id);
hive> SELECT sales.*, things.* FROM sales FULL OUTER JOIN things ON (sales.id =
things.id);
```

(5) 创建视图。其命令如下：

```
hive> CREATE VIEW valid_records AS SELECT * FROM records2 WHERE
temperature !=9999;
```

(6) 查看视图详细信息。其命令如下：

```
hive> DESCRIBE EXTENDED valid_records;
```

10.3　大数据挖掘计算平台 Mahout

10.3.1　Mahout 简介

Mahout 项目是由 Apache Software Foundation(ASF)开发出来的开源项目，其提供一些可扩展的机器学习领域经典算法，旨在帮助开发人员更加方便、快捷地创建智能应用程序。发展至今，Apache Mahout 项目已经有 3 个公开发行版本，其包含许多实现，如聚类、分类、推荐过滤、频繁子项挖掘等。此外，通过使用 Apache Hadoop 库，Mahout 可以有效地扩展到云中。

1. Mahout 中的机器学习算法

在 Mahout 中实现的机器学习算法见表 10-6。

表 10-6　Mahout 中的机器学习算法

算法类	算　法	说　明
分类算法	Logistic Regression	逻辑回归
	Bayesian	贝叶斯
	SVM	支持向量机
	Perceptron	感知器算法
	Neural Network	神经网络
	Random Forests	随机森林
	Restricted Boltzmann Machines	有限玻耳兹曼机
聚类算法	Canopy Clustering	Canopy 聚类
	K-means Clustering	K 均值算法
	Fuzzy K-means	模糊 K 均值
	Expectation Maximization	EM 聚类(期望最大化聚类)
	Mean Shift Clustering	均值漂移聚类
	Hierarchical Clustering	层次聚类
	Dirichlet Process Clustering	狄里克雷过程聚类
	Latent Dirichlet Allocation	LDA 聚类
	Spectral Clustcring	谱聚类
关联规则挖掘	Parallel FP Growth Algorithm	并行 FP Growth 算法
回归	Locally Weighted Linear Regression	局部加权线性回归
降维/维约简	Singular Value Decomposition	奇异值分解
	Principal Components Analysis	主成分分析
	Independent Component Analysis	独立成分分析
	Gaussian Discriminative Analysis	高斯判别分析
进化算法	并行化 Watchmaker 框架	
推荐/协同过滤	Non-distributed recommenders	Taste(UserCF, ItemCF, SlopeOne)
	Distributed Recommenders	Item CF
向量相似度计算	RowSimilarityJob	计算列间相似度
	VectorDistanceJob	计算向量间距离
非 Map-Reduce 算法	Hidden Markov Models	隐马尔科夫模型
集合方法扩展	Collections	扩展了 java 的 Collections 类

2. Mahout 源码目录

Mahout 项目是由多个子项目组成的，各子项目分别位于源码的不同目录下，下面对 Mahout 的组成进行介绍。

(1) Mahout-core：核心程序模块，其位于/core 目录下；

(2) Mahout-math：在核心程序中使用的一些数据通用计算模块，位于/math 目录下；

(3) Mahout-utils：在核心程序中使用的一些通用的工具性模块，位于/utils 目录下。

上述三个部分是程序的主体，里面存储所有 Mahout 项目的源码。另外，Mahout 还提供了样例程序，分别在 taste-web 和 examples 目录下：

· taste-web：利用 Mahout 推荐算法而建立的基于 Web 的个性化推荐系统 demo；

· examples：对 Mahout 中各种机器学习算法的应用程序；

· bin：该目录下只有一个名为 Mahout 的文件，是一个 shell 脚本文件，用于在 Hadoop 平台的命令行下调用 Mahout 中的程序；

在 buildtools、eclipse 和 distribution 目录下，有 Mahout 相关的配置文件。

· buildtools 目录下主要是用于核心程序构建的配置文件，以 Mahout-buildtools 的模块名称在 Mahout 的 pom.xml 文件中进行说明；

· eclipse 下的 xml 文件是对利用 eclipse 开发 Mahout 的配置说明；

· distribution 目录下有两个配置文件：bin.xml 和 src.xml，主要是进行 Mahout 安装时的一些配置信息。

3. Taste

Taste 是 Apache Mahout 提供的一个协同过滤算法的高效实现，它基于 Java，其可扩展性强，它在 Mahout 中对一些推荐算法进行 MapReduce 编程模式转化，从而可以利用 Hadoop 的分布式架构，提高了推荐算法的性能。Taste 既实现了最基本的基于用户和基于内容的推荐算法，同时也提供了扩展接口，使用户可以方便地定义和实现自己的推荐算法。

Taste 由以下主要的组件组成：

(1) DataModel：它是用户喜好信息的抽象接口，具体实现支持从任意类型的数据源抽取用户喜好信息。Taste 默认提供 JDBCDataModel 和 FileDataModel，分别支持从数据库和文件中读取用户的喜好信息。

(2) UserSimilarity 和 ItemSimilarity：UserSimilarity 用于定义两个用户间的相似度，它是基于协同过滤的推荐引擎的核心部分，可以用来计算用户的“邻居”(这里我们将与当前用户口味相似的用户称为他的邻居)。ItemSimilarity 与 UserSimilarity 类似，主要计算内容之间的相似度。

(3) UserNeighborhood：用于基于用户相似度的推荐方法中，推荐的内容是基于找到与当前用户喜好相似的“邻居用户”的方式产生的。UserNeighborhood 定义了确定邻居用户的方法，具体实现一般是基于 UserSimilarity 计算得到的。

(4) Recommender：它是推荐引擎的抽象接口，是 Taste 中的核心组件。在程序中为它提供一个 DataModel，它可以计算出对不同用户的推荐内容。实际应用中，主要使用它的实现类 GenericUserBasedRecommender 或者 GenericItemBasedRecommender，分别实现基于用户相似度的推荐引擎或者基于内容的推荐引擎。

Taste 各组件的工作过程如图 10-6 所示。

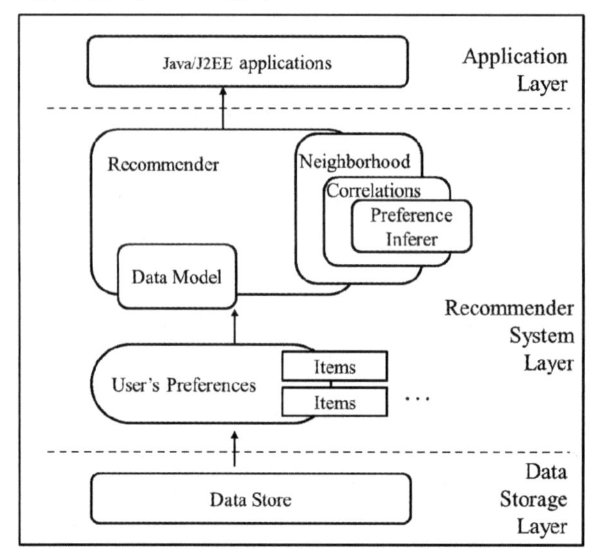

图 10-6 Taste 各组件工作示意图

4. Mahout API 简介

当前 Mahout API 的最新版本为 Apache Mahout 0.12.3-SNAPSHOT API，它的官网链接为 https://builds.apache.org/job/Mahout-Quality/javadoc/，它主要可以分为以下几部分：

(1) 与基于协调过滤的 Taste 相关的，包名以 org.apache.mahout.cf.taste 开始；

(2) 与聚类算法相关的，包名以 org.apache.mahout.clustering 开始；

(3) 与分类算法相关的，包名以 org.apache.mahout.classifier 开始；

(4) 与频繁模式相关的，包名以 org.apache.mahout.fpm 开始；

(5) 与数学计算相关的，包名以 org.apache.mahout.math 开始；

(6) 与向量计算相关的，包名以 org.apache.mahout.vectorizer 开始。

下面以聚类算法 K-means 为例进行说明。

K-means 的 API 在 org.apache.mahout.clustering.kmeans 包中，一共包含三个类，如表 10-7 所示。

表 10-7 K-means 的类

类 名	描 述
Kluster(Vector center, int clusterId, DistanceMeasure measure)	初始化 K-means 聚类算法的构造方法，使用输入的点作为聚类中心来构建一个新的聚类。参数 measure 用于比较点之间的距离，center 为新的聚类中心，clusterId 为新聚类的 Id
KMeansDriver()	为执行聚类操作的入口函数，包括 buildClusters、clusterData、run 及 main 等函数
RandomSeedGenerator	给定含有 SequenceFile 的输入路径，随机产生 k 个向量，将它们作为 Kluster 的初始质心输出

详细的类介绍，请参阅 Mahout API 说明文档。

10.3.2 Mahout 中的协同过滤

1. 协同过滤的定义

协同过滤(Collaborative Filtering, CF)是利用集体智慧的一个典型方法。要理解什么是协同过滤，首先想一个简单的问题：如果你现在想看一部电影，但你不知道具体看哪部，你会怎么做？大部分人会问问周围的朋友，看看最近有什么好看的电影，而我们一般更倾向于从口味比较类似的朋友那里得到推荐。这就是协同过滤的核心思想。换句话说，协同过滤就是借鉴和你相关的人群的观点来进行推荐。

不同于基于内容的推荐，协同过滤主要是基于用户行为的推荐。比如，协同过滤会在海量的用户中发掘出一小部分和你品位比较类似的用户成为邻居，然后根据他们喜欢的其他东西组织成一个排序的目录推荐给你。当然其中存在的核心的问题是如何确定一个用户是不是和你有相似的品位？如何将邻居们的喜好组织成一个排序的目录？

2. 协同过滤的实现

要实现协同过滤的推荐算法，要进行以下三个步骤：

1) 收集数据

这里的数据指的都是用户的历史行为数据，比如用户的购买历史，关注、收藏行为，发表了某些评论，给某个物品打了多少分等，这些都可以用来作为数据供推荐算法使用，服务于推荐算法。需要特别指出的是，不同的数据其准确性不同，粒度也不同，在使用时需要考虑到噪声所带来的影响。

2) 找到相似用户和物品

计算用户间以及物品间的相似度。以下是几种计算相似度的方法：

(1) 欧几里得距离：

$$d(x,y)=\sqrt{\sum(x_i-y_i)^2}$$

$$sim(x,y)=\frac{1}{1+d(x,y)}$$

(2) 皮尔逊相关系数：

$$p(x,y)=\frac{\sum x_iy_i-n\overline{xy}}{(n-1)S_xS_y}=\frac{n\sum x_iy_i-\sum x_i\sum y_i}{\sqrt{n\sum x_i^2-\left(\sum x_i\right)^2}\sqrt{n\sum y_i^2-\left(\sum y_i\right)^2}}$$

(3) Cosine 相似度：

$$Cos(x,y)=\frac{xy}{\|x\|\times\|y\|}=\frac{\sum x_iy_i}{\sqrt{\sum x_i^2}\sqrt{\sum y_i^2}}$$

(4) Tanimoto 系数：

$$T(x,y)=\frac{x\cdot y}{\|x\|^2+\|y\|^2-x\cdot y}=\frac{\sum x_i y_i}{\sum x_i^2+\sum y_i^2-\sum x_i y_i}$$

3) 进行推荐

计算相似度后，就可以进行推荐了。在协同过滤中，有基于用户的协同过滤和基于项目(物品)的协同过滤两种主流方法。其具体原理如图 10-7 和图 10-8 所示。

用户/物品	物品 A	物品 B	物品 C	物品 D
用户 A	√		√	推荐
用户 B		√		
用户 C	√		√	√

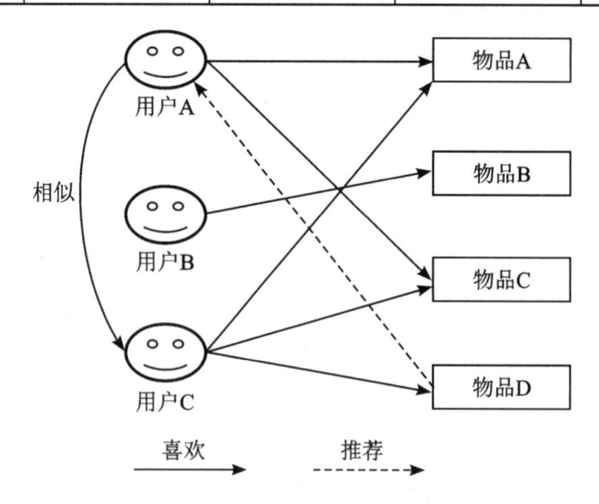

图 10-7　基于用户的协同过滤

基于用户的协同过滤的基本思想是：基于用户对物品的偏好找到其邻居用户，然后将邻居用户所喜欢的推荐给当前用户。计算上就是将一个用户对所有物品的偏好作为一个向量来计算用户之间的相似度，找到 K 个邻居后，根据邻居的相似度权重以及他们对物品的偏好，预测当前用户没有偏好的未涉及物品，经计算得到一个排序的物品列表作为推荐。如图 10-7 所示，对于用户 A，根据用户的历史偏好，这里只计算得到一个邻居，即用户 C，然后将用户 C 喜欢的物品 D 推荐给用户 A。

用户/物品	物品 A	物品 B	物品 C
用户 A	√		√
用户 B	√	√	√
用户 C	√		推荐

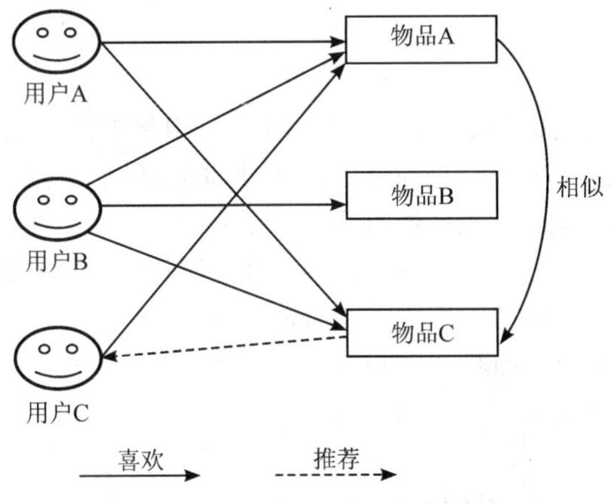

图 10-8　基于物品的协同过滤

基于物品的协同过滤的原理和基于用户的协同过滤类似，只是在计算邻居时采用物品本身，而不是在用户的角度，即基于用户对物品的偏好找到相似的物品，然后根据用户的历史偏好推荐相似的物品给他。从计算的角度看，就是将所有用户对某个物品的偏好作为一个向量来计算物品之间的相似度，得到物品的相似物品后，根据用户历史的偏好预测当前用户还没有表示偏好的物品，计算得到一个排序的物品列表作为推荐。如图 10-8 所示，对于物品 A，根据所有用户的历史偏好，喜欢物品 A 的用户都喜欢物品 C，得出物品 A 和物品 C 比较相似，而用户 C 喜欢物品 A，那么可以推断出用户 C 可能也喜欢物品 C。

3. Mahout 中的协同过滤过程

Mahout 首先通过 Taste 库建立一个针对协同过滤的推荐引擎。Taste 支持基于用户和基于物品(项目)的推荐，在它的用户自定义的界面提供了许多推荐选项。具体来说，Taste 包含 5 个主要组件，用于确定用户、项目和首选项，分别如下：

(1) DataModel：用于存储用户、项目和首选项；

(2) UserSimilarity：用于定义两个用户之间的相似度的界面；

(3) ItemSimilarity：用于定义两个项目之间的相似度的界面；

(4) Recommender：用于提供推荐的界面；

(5) UserNeighborhood：用于计算相似用户邻近度的界面，其结果随时可由 Recommender 使用。

借助这些组件以及它们的实现，开发人员可以构建复杂的推荐系统，提供基于实时或者离线的推荐。基于实时的推荐经常只能处理数千用户，而离线推荐具有更好的适用性。Taste 甚至提供了一些可利用 Hadoop 离线计算推荐的工具，可以满足包含大量用户、项目和首选项的大型系统的需求。

在 Mahout API 的 cf.wikipedia.GenerateRatings 包中包含有示例，它针对 Wikipedia 文档随机生成大量用户和首选项，然后再手动补充一些关于特定话题(如关于 Abraham Lincoln)的评分，从而创建示例中的最终 recommendations.txt 文件。此示例的数据来源于 990(标记为从 0～989)个随机用户，他们随机为集合中的所有文章分配了一些评分，以及 10 个用户(标记为从 990～999)，他们对集合中包含 Abraham Lincoln 关键字的 17 篇文章中的部分文章进行了评分。此方法的内涵是展示协同过滤如何将对某特定话题感兴趣的人导向相关话题的其他文档。

下面说明推荐过程。

(1) 首先，在 recommendations.txt 文件中为指定了分数的用户创建推荐。第一步载入包含推荐的数据，并将它存储在一个 DataModel 中。Taste 提供了一些不同的 DataModel 实现，用于操作文件和数据库。此处，选择使用 FileDataModel 类，它对各行的格式要求为：用户 ID、项目 ID、首选项(其中，用户 ID 和项目 ID 都是字符串，而首选项可以是双精度型)。建立了模型之后，通知 Taste 通过声明一个 UserSimilarity 实现来比较用户。示例代码中来源于 cf.wikipedia.WikipediaTasteUserDemo，部分代码解释如下：

清单 1. 创建模型和定义用户相似度

```
//create the data model
FileDataModel dataModel = new FileDataModel(new File(recsFile));
UserSimilarity userSimilarity = new PearsonCorrelationSimilarity(dataModel);
// Optional:
userSimilarity.setPreferenceInferrer(new AveragingPreferenceInferrer(dataModel));
```

在清单 1 中，使用 PearsonCorrelationSimilarity 来度量两个变量之间的关系(也可以使用其他 UserSimilarity 度量)。需要注意的是，应根据数据和测试类型来选择相似度度量。对于此数据来说，这种组合最为合适。

(2) 构建一个 UserNeighborhood 和一个 Recommender。UserNeighborhood 可以识别与相关用户类似的用户，并传递给 Recommender，后者将负责创建推荐项目排名表。部分代码示例如下：

清单 2. 生成推荐

```
//Get a neighborhood of users
UserNeighborhood neighborhood =
        new NearestNUserNeighborhood(neighborhoodSize, userSimilarity, dataModel);
//Create the recommender
Recommender recommender =
        new GenericUserBasedRecommender(dataModel, neighborhood, userSimilarity);
User user = dataModel.getUser(userId);
System.out.println("-----");
System.out.println("User: " + user);
//Print out the users own preferences first
TasteUtils.printPreferences(user, handler.map);
//Get the top 5 recommendations
List<RecommendedItem> recommendations =
        recommender.recommend(userId, 5);
TasteUtils.printRecs(recommendations, handler.map);
```

可以在命令行中运行整个示例，方法是在包含示例的目录中执行 ant user-demo。运行此命令将打印输出虚构用户 995 的首选项和推荐，该用户只是 Lincoln 的爱好者之一。下面的示例说明了输出情况：

清单 3. 用户推荐的输出

```
[echo] Getting similar items for user: 995 with a neighborhood of 5
    [java] 09/08/20 08:13:51 INFO file.FileDataModel: Creating FileDataModel
        for file src/main/resources/recommendations.txt
    [java] 09/08/20 08:13:51 INFO file.FileDataModel: Reading file info...
    [java] 09/08/20 08:13:51 INFO file.FileDataModel: Processed 100000 lines
    [java] 09/08/20 08:13:51 INFO file.FileDataModel: Read lines: 111901
    [java] Data Model: Users: 1000 Items: 2284
    [java] -----
    [java] User: 995
    [java] Title: August 21 Rating: 3.930000066757202
    [java] Title: April Rating: 2.203000068664551
    [java] Title: April 11 Rating: 4.230000019073486
    [java] Title: Battle of Gettysburg Rating: 5.0
    [java] Title: Abraham Lincoln Rating: 4.739999771118164
    [java] Title: History of The Church of Jesus Christ of Latter-day Saints
        Rating: 3.430000066757202
    [java] Title: Boston Corbett Rating: 2.009999990463257
    [java] Title: Atlanta, Georgia Rating: 4.429999828338623
    [java] Recommendations:
    [java] Doc Id: 50575 Title: April 10 Score: 4.98
    [java] Doc Id: 134101348 Title: April 26 Score: 4.860541
    [java] Doc Id: 133445748 Title: Folklore of the United States Score: 4.4308662
    [java] Doc Id: 1193764 Title: Brigham Young Score: 4.404066
    [java] Doc Id: 2417937 Title: Andrew Johnson Score: 4.24178
```

从清单 3 中可以看到，系统推荐了一些不同级别的文章。事实上，这些项目的分数都是由其他 Lincoln 爱好者指定的，而不是用户 995 一人所为。如果希望查看其他用户的结构，只需要在命令行中传递 -Duser.id=USER-ID 参数，其中，USER-ID 是 0～999 之间的编号。还可以通过传递 -Dneighbor.size=X 来更改邻近空间，其中，X 是一个大于 0 的整型值。事实上，将邻近空间更改为 10 可以生成极为不同的结果，这是因为邻近范围内存在一个随机用户。要查看邻近用户以及共有的项目，可以向命令行添加 -Dcommon=true。如果所输入的编号恰好不在用户范围内，则会产生一个“No Such User Exception”的提示。具体过程可参见 cf.wikipedia.WikipediaTasteUserDemo 包中的说明。

10.3.3 Mahout 中的分类和聚类

有关分类和聚类的概念在 3.4 节中有过简单的介绍，下面再详细说明一下。

1. 分类

分类(classification)一种有监督的学习方法，它根据有标记的数据找出描述并区分数据类或概念的模型(或函数)，以便能够使用模型预测类标记未知的对象类。

分类的目的是学会一个分类函数或分类模型(也称作分类器)，该模型能将未知的数据映射到给定类别中的某一个类中，从而实现分类的目的。

分类和回归都可用于预测，两者的目的都是从历史数据纪录中自动推导出对给定数据的推广描述，从而能对未来数据进行预测。与回归不同的是，分类的输出是离散的类别值，而回归的输出是连续数值。二者常表现为决策树的形式，根据数据值从树根开始搜索，沿着数据满足的分支往上走，走到树叶就能确定类别。

要构造分类器，需要有一个训练样本数据集作为输入。训练集由一组数据库记录或元组构成，每个元组是一个由有关字段(又称属性或特征)值组成的特征向量，此外，训练样本还有一个类别标记。一个具体样本的形式可表示为(v_1，v_2，…，v_n；c)。其中，v_i表示字段值，c 表示类别。

分类器的构造方法有统计方法、机器学习方法、神经网络方法等。不同的分类器有不同的特点。经常使用的三种分类器评价指标：① 预测准确度；② 计算复杂度；③ 模型描述的简洁度。预测准确度是用得最多的一类指标，特别是对于预测型分类任务。计算复杂度依赖于具体的实现细节和硬件环境，在聚类过程中，由于操作对象是巨量的数据，因此空间和时间的复杂度问题将是非常重要的一个环节。对于描述型的分类任务，模型描述越简洁越受欢迎。另外要注意的是，分类的效果一般和数据的特点有关，有的数据噪声大，有的有空缺值，有的分布稀疏，有的字段或属性间相关性强，有的属性是离散的，而有的是连续值或混合式的。目前普遍认为不存在某种方法能适合于所有不同种类的数据。

2. 聚类

聚类(clustering) 是一种无监督的学习方法，它是根据“物以类聚”的原理，将本身没有类别的样本聚集成不同的组，并且对每一个组对象进行描述的过程。这样的一组数据对象的集合常被称为簇。

聚类目的是使得属于同一个簇的样本之间应该彼此相似，而不同簇的样本应该完全不相似。与分类规则不同的是，进行聚类前并不知道将要划分成几个组和划分成什么样的组，也不知道根据哪些空间区分规则来定义组。聚类旨在发现空间实体的属性间的函数关系，挖掘的知识用以属性名为变量的数学方程来表示。

当前，聚类技术发展迅速，涉及领域包括数据挖掘、统计学、机器学习、空间数据库技术、生物学以及市场营销等。常见的聚类算法包括：K-means 聚类算法、K-中心点聚类算法、CLARANS、BIRCH、CLIQUE、DBSCAN 等。

3. 使用 Mahout 实现分类

Mahout 目前支持两种方法实现分类。

(1) 使用简单的支持 MapReduce 的 Naive Bayes 分类器。Naive Bayes 分类器因速度快和准确性高而著称，但其数据完全独立假设往往使应用受到限制。当各类的训练示例的大小不平衡，或者数据的独立性不符合要求时，Naive Bayes 分类器会出现故障。

(2) Complementary Naive Bayes，它尝试纠正 Naive Bayes 方法中的一些问题，同时仍然能够维持简单性和速度。

下面以 Naive Bayes 方法为例说明 Mahout 中如何支持分类操作。

简单来讲，Naive Bayes 分类器包括两个流程：① 训练(training)，通过查看已分类内容的示例来创建一个模型，然后跟踪与特定内容相关的各个词汇的概率；② 分类，使用在训练阶段中创建的模型以及新文档的内容，并结合 Bayes Theorem 来预测传入文档的类别。因此，要使用 Mahout 的分类器，首先需要训练模式，然后再使用该模式对新内容进行分类。

① 数据准备。

首先准备一些用于训练和测试的文档。可以通过运行 ant prepare-docs 来准备一些 Wikipedia 文件。这将使用 Mahout 示例中的 WikipediaDatasetCreatorDriver 类来分开 Wikipedia 输入文件。分开文档的标准是它们是否与某个感兴趣的类别相类似。这里的类别可以是任何有效的 Wikipedia 类别(甚至是某个 Wikipedia 类别的任何子字符串)。

现在假设使用两个类别：科学(science)和历史(history)。包含单词 science 或 history 的所有 Wikipedia 类别都将被添加到该类别中。此外，系统为每个文档添加了标记并删除了标点、Wikipedia 标记以及此任务不需要的其他特征。最终结果将存储在一个特定的文件中(该文件名包含类别名)，并采用每行一个文档的格式(这是 Mahout 所需的输入格式)。

运行 ant prepare-test-docs 代码完成相同的文档测试工作时，需要确保测试和训练文件没有重合，否则会造成结果不准确。

② 训练、分类和测试。

设置好训练和测试集之后，接下来通过 ant train 目标来运行 TrainClassifier 类。这将会通过 Mahout 和 Hadoop 生成大量日志。完成后，ant test 将尝试使用在训练时建立的模型对示例测试文档进行分类。这种测试在 Mahout 中输出的数据结构是混合矩阵。混合矩阵可以描述各类别有多少正确分类的结果和错误分类的结果。

具体来说，生成分类结果的步骤如下：

```
ant prepare-docs
ant prepare-test-docs
ant train
ant test
```

运行所有这些命令将生成如清单 4 所示的汇总和混合矩阵：

```
清单 4. 运行 Bayes 分类器对历史和科学主题进行分类的结果
[java] 09/07/22 18:10:45 INFO bayes.TestClassifier: history
                                   95.458984375      3910/4096.0
[java] 09/07/22 18:10:46 INFO bayes.TestClassifier: science
                                   15.554072096128172        233/1498.0
[java] 09/07/22 18:10:46 INFO bayes.TestClassifier: =================
[java] Summary
[java] -------------------------------------------------------
[java] Correctly Classified Instances          :        4143
                                                            74.0615%
[java] Incorrectly Classified Instances        :       1451
                                                            25.9385%
```

```
[java] Total Classified Instances                :          5594
[java]
[java] =======================================================
[java] Confusion Matrix
[java] -------------------------------------------------------
[java] a          b        <--Classified as
[java] 3910       186       |  4096        a       = history
[java] 1265       233       |  1498        b       = science
[java] Default Category: unknown: 2
```

中间过程存储在 base 目录下的 wikipedia 目录中。

汇总结果表明，正确率和错误率大概分别为 74%和 26%。这种结果看上去非常合理，显然比随机猜测要好很多。但仔细分析后不难发现，对历史信息的预测(正确率大约为 95%)相当出色，而对科学信息的预测则相当糟糕(大约 15%)。究其原因是训练示例中与历史相关的示例要比科学多很多(文件大小几乎差了一倍)，从而使训练的准确度相差较大。

4. 使用 Mahout 实现聚类

1) 聚类算法的目标和标准

Mahout 中实现的聚类算法均采用 MapReduce 编写，它们有各自的目标和标准：

(1) Canopy：一种快速聚类算法，通常用于为其他聚类算法创建初始种子。

(2) K-means 以及模糊 K-means：根据项目与之前迭代的质心(或中心)之间的距离将项目添加到 K 个聚类中。

(3) Mean-Shift：无须任何关于簇的数量的推理知识的算法，它可以生成任意形状的簇。

(4) Dirichlet：借助基于多种概率模型的聚类，它不需要提前执行特定的聚类视图。

2) 向量的实现

Mahout 的聚类算法将对象表示成向量(Vector)，然后通过计算各向量间的相似度进行分组。在 Mahout 中，向量有多种实现：

(1) DenseVector。

一个浮点数数组，对向量里所有维度进行存储，其适合用于存储密集数据。

(2) RandomAccessSparseVector。

基于浮点数的 HashMap 实现，key 是整数类型，value 是浮点数类型，其只存储向量中不为空的值，并提供随机访问。

(3) SequentialAccessVector。

实现为整数类型和浮点数类型的并行数组，同样只存储不为空的值，而且只提供顺序访问。

3) 数据向量化方法

Mahout 为将数据建模成向量，提供了各种数据向量化方法。

(1) 整数类型或浮点型数据。

这类数据可以直接存为向量。示例代码如下：

```
// 创建一个二维点集的向量组
public static final double[][] points = { { 1, 1 }, { 2, 1 }, { 1, 2 },
{ 2, 2 }, { 3, 3 },  { 8, 8 }, { 9, 8 }, { 8, 9 }, { 9, 9 }, { 5, 5 },
{ 5, 6 }, { 6, 6 }};
public static List<Vector> getPointVectors(double[][] raw) {
 List<Vector> points = new ArrayList<Vector>();
 for (int i = 0; i < raw.length; i++) {
  double[] fr = raw[i];          // 这里选择创建 RandomAccessSparseVector
  Vector vec = new RandomAccessSparseVector(fr.length);
  // 将数据存放在创建的 Vector 中
  vec.assign(fr);
  points.add(vec);
 }
 return points;
}
```

(2) 枚举类型数据。

这类数据是对物体的描述，并根据物体特征定义有限的取值。

比如苹果的颜色数据包括：红色、黄色和绿色， 则在数据建模时可以用数字表示颜色。红色=1，黄色=2，绿色=3。

示例代码如下：

```
// 创建苹果信息数据的向量组
public static List<Vector> generateAppleData() {
List<Vector> apples = new ArrayList<Vector>();
// 这里创建的是 NamedVector，其实就是在上面几种 Vector 的基础上，
//为每个 Vector 提供一个可读的名字
  NamedVector apple = new NamedVector(new DenseVector(
  new double[] {0.11, 510, 1}),
      "Small round green apple");
  apples.add(apple);
 apple = new NamedVector(new DenseVector(new double[] {0.2, 650, 3}),
      "Large oval red apple");
  apples.add(apple);
  apple = new NamedVector(new DenseVector(new double[] {0.09, 630, 1}),
      "Small elongated red apple");
  apples.add(apple);
  apple = new NamedVector(new DenseVector(new double[] {0.25, 590, 3}),
      "Large round yellow apple");
  apples.add(apple);
```

```
        apple = new NamedVector(new DenseVector(new double[] {0.18, 520, 2}),
            "Medium oval green apple");
        apples.add(apple);
        return apples;
    }
```

(3) 文本数据。

文本的向量空间模型就是将文本信息建模成一个向量，其中每个维度是文本中出现的一个词的权重。

4) K-means聚类算法的实现

下面说明 Mahout 中如何实现 K-means 聚类算法。

(1) K-means 聚类算法原理。

给定一个 N 个对象的数据集，构建数据的 K 个划分；每个划分就是一个聚类，K≤N，需要满足两个要求：① 每个划分至少包含一个对象；② 每个对象必须属于且仅属于一个组。

(2) 聚类过程。

① 创建一个初始划分，随机地选择 K 个对象。

② 每个对象初始地代表了一个划分的中心，对于其他对象，则根据其与各个划分的中心的距离把它们分给最近的划分。

③ 使用迭代进行重定位。

④ 尝试通过对象在划分间移动以改进划分。所谓重定位，就是当有新的对象被分配到了某个划分，或者有对象离开了某个划分时，重新计算这个划分的中心。这个过程不断重复，直到各个划分中的对象不再变化。

(3) 优缺点。

优点：当划分结果比较密集，且划分之间的区别比较明显时，K-means 的效果比较好。K-means 算法复杂度为 O(NKt)，其中 t 为迭代次数。

缺点：用户必须事先给出 K 值，而 K 值的选择一般都基于一些经验值或多次实验的结果。而且，K 均值对孤立点数据比较敏感，少量这类的数据就能对评价值造成极大的影响。

(4) Mahout 中的 K-means 实现。

在 Hadoop 集群中完成 K-means 的代码如下所示。

```
    public static void kMeansClusterUsingMapReduce() throws IOException, InterruptedException,
ClassNotFoundException {
        Configuration conf = new Configuration();
        // 声明一个计算距离的方法，这里选择了欧几里得距离
        DistanceMeasure measure = new EuclideanDistanceMeasure();
        File testData = new File("input");
        if (!testData.exists()) {
    testData.mkdir();    }
    // 指定输入路径，基于 Hadoop 的实现是通过指定输入/输出的文件路径来指定数据源的。
        Path samples = new Path("input/file1");
```

```
    // 在输入路径下生成点集，这里需要把所有的向量写进文件
    List<Vector> sampleData = new ArrayList<Vector>();
    RandomPointsUtil.generateSamples(sampleData, 400, 1, 1, 3);
    RandomPointsUtil.generateSamples(sampleData, 300, 1, 0, 0.5);
    RandomPointsUtil.generateSamples(sampleData, 300, 0, 2, 0.1);
    ClusterHelper.writePointsToFile(sampleData, conf, samples);      // 指定输出路径
    Path output = new Path("output");
    HadoopUtil.delete(conf, output);              // 指定需要聚类的个数，这里选择 3
    int K = 3;                                    // 指定 K 均值聚类算法的最大迭代次数
    int maxIter = 10;                             // 指定 K 均值聚类算法的最大距离阈值
    double distanceThreshold = 0.01;              // 随机选择 K 个簇的中心
    Path clustersIn = new Path(output, "random-seeds");
    RandomSeedGenerator.buildRandom(conf, samples, clustersIn, k, measure);
    // 调用 KMeansDriver.run 方法执行 K 均值聚类算法
    KMeansDriver.run(samples, clustersIn, output, measure, distanceThreshold, maxIter, true, 0.0, true);
    // 输出结果
    List<List<Cluster>> Clusters = ClusterHelper.readClusters(conf, output);
    for (Cluster cluster : Clusters.get(Clusters.size() - 1)) {
    System.out.println("Cluster id: " + cluster.getId() + " center: " + cluster.getCenter().asFormatString());
    }
}
```

实验 6　基于 Hive 的数据统计

实验 6 演示

1. 实验简介

本次实验主要为安装配置 Hive 环境，实现简单的数据统计编程实验。

2. 实验目的

(1) 了解 Hive 环境的安装与配置过程；
(2) 熟悉基本的 Hive 数据仓库操作；
(3) 对文本单词进行简单的数据统计。

3. 实验准备

Hadoop 已经成功安装，并正常启动；MySQL 已经成功安装，并正常启动。

4. 实验内容

1) 安装配置Hive

将 Hive 安装在 Master 节点上。

(1) 使用下面命令解压 Hive 安装包：

```
[ahpu@master software]$ tar –zvxf apache-hive-2.3.8-bin.tar.gz
[ahpu@master software]$ mv apache-hive-2.3.8-bin /usr/local/hive
```

执行查询命令后将看到 Hive 包含的内容如图 10-9 所示。

```
[ahpu@master hive]$ ls -l
总用量 56
drwxr-xr-x 3 ahpu root   133 12月  1 23:23 bin
drwxr-xr-x 2 ahpu root  4096 12月  1 23:23 binary-package-licenses
drwxr-xr-x 2 ahpu root  4096 12月  1 23:23 conf
drwxr-xr-x 4 ahpu root    34 12月  1 23:23 examples
drwxr-xr-x 7 ahpu root    68 12月  1 23:23 hcatalog
drwxr-xr-x 2 ahpu root    44 12月  1 23:23 jdbc
drwxr-xr-x 4 ahpu root 12288 12月  1 23:23 lib
-rw-r--r-- 1 ahpu root 20798 1月   7 2021  LICENSE
-rw-r--r-- 1 ahpu root   230 1月   7 2021  NOTICE
-rw-r--r-- 1 ahpu root   702 1月   8 2021  RELEASE_NOTES.txt
drwxr-xr-x 4 ahpu root    35 12月  1 23:23 scripts
[ahpu@master hive]$
```

图 10-9　Hive 包含的内容

(2) 配置 Hive。

进入 Hive 安装目录下的配置目录，然后修改配置文件：

```
[ahpu@master software]$ cd /usr/local/hive/hive
[ahpu@master software]$ vi hive-site.xml
```

将下面内容添加到 hive-site.xml 中。

```
<?xml version="1.0" encoding="UTF-8" standalone="no"?>
<?xml-stylesheet type="text/xsl" href="configuration.xsl"?>
<configuration>
    <property>
        <name>javax.jdo.option.ConnectionURL</name>
        <value>jdbc:mysql://192.168.126.140:3306/hive?useSSL=false</value>
    </property>
    <property>
        <name>javax.jdo.option.ConnectionDriverName</name>
        <value>com.mysql.jdbc.Driver</value>
    </property>
    <property>
        <name>javax.jdo.option.ConnectionUserName</name>
        <value>root</value>
    </property>
    <property>
        <name>javax.jdo.option.ConnectionPassword</name>
        <value>123456</value>
    </property>
    <property>
        <name>hive.metastore.schema.verification</name>
```

```
        <value>false</value>
    </property>
</configuration>
```

修改环境变量文件/etc/profile 的命令如下：

```
export HIVE_HOME=/usr/local/hive
export PATH=$PATH:$HIVE_HOME/bin
```

(3) 启动并验证安装。

进入 Hive 安装目录，启动 Hive 客户端：

```
[ahpu@master ~]$ hive
```

出现如图 10-10 所示的界面，则表示 Hive 部署成功。

```
[ahpu@master ~]$ hive
SLF4J: Class path contains multiple SLF4J bindings.
SLF4J: Found binding in [jar:file:/usr/local/hive/lib/log4j-slf4j-impl-2.6.2.jar!/
org/slf4j/impl/StaticLoggerBinder.class]
SLF4J: Found binding in [jar:file:/usr/local/hadoop/share/hadoop/common/lib/slf4j-
log4j12-1.7.25.jar!/org/slf4j/impl/StaticLoggerBinder.class]
SLF4J: See http://www.slf4j.org/codes.html#multiple_bindings for an explanation.
SLF4J: Actual binding is of type [org.apache.logging.slf4j.Log4jLoggerFactory]

Logging initialized using configuration in jar:file:/usr/local/hive/lib/hive-commo
n-2.3.8.jar!/hive-log4j2.properties Async: true
Hive-on-MR is deprecated in Hive 2 and may not be available in the future versions
. Consider using a different execution engine (i.e. spark, tez) or using Hive 1.X
releases.
hive>
```

图 10-10　Hive 部署成功

2) Hive的基本操作

(1) 查看数据库。其命令如下：

```
hive> show databases;
OK
default
Time taken: 0.013 seconds, Fetched: 1 row(s)
```

(2) 创建数据库。其命令如下：

```
hive> create database ahpu2021;
OK
Time taken: 0.032 seconds
```

(3) 使用数据库。其命令如下：

```
hive> use ahpu2021;
OK
Time taken: 0.012 seconds
```

(4) 创建外部表。其命令如下：

```
hive> create table textlines(text string);
OK
Time taken: 0.471 seconds
```

(5) 查看表结构。其命令如下：

```
hive> show create table textlines;
OK
CREATE TABLE `textlines`(
  `text` string)
ROW FORMAT SERDE
  'org.apache.hadoop.hive.serde2.lazy.LazySimpleSerDe'
STORED AS INPUTFORMAT
  'org.apache.hadoop.mapred.TextInputFormat'
OUTPUTFORMAT
  'org.apache.hadoop.hive.ql.io.HiveIgnoreKeyTextOutputFormat'
LOCATION
  'hdfs://master:9000/user/hive/warehouse/ahpu2021.db/textlines'
TBLPROPERTIES (
  'transient_lastDdlTime'='1638374268')
Time taken: 0.142 seconds, Fetched: 12 row(s)
```

```
hive> describe textlines;
OK
text                    string
Time taken: 0.05 seconds, Fetched: 1 row(s)
```

(6) 删除表。其命令如下：

```
hive> drop table textlines;
OK
Time taken: 0.135 seconds
```

3) 基于Hive完成单词统计实验

在实验 5 中，我们在 Eclipse 中采用 MapReduce 编程方法进行了文档中单词的计数，现在我们基于 Hive 完成单词统计实验。

(1) 将待统计的文档导入 Hive 的数据表中：

```
hive> load data inpath '/datafile/text.txt' overwrite into table textlines;
Loading data to table ahpu2021.textlines
OK
Time taken: 0.599 seconds
hive> select * from textlines;
OK
I like Hadoop!
I like Cloud Computing.
Hello World!
I like Spark!
```

```
Time taken: 1.16 seconds, Fetched: 4 row(s)
```

(2) 建立中间用于存储单词的时间表，其命令如下：

```
hive> create table words(word string);
OK
Time taken: 0.053 seconds
```

(3) 将文本拆分成单词，其命令如下：

```
hive> insert overwrite table words select explode(split(text,'[ \t]+')) word from textlines;
Automatically selecting local only mode for query
WARNING: Hive-on-MR is deprecated in Hive 2 and may not be available in the future
versions. Consider using a different execution engine (i.e. spark, tez) or using Hive 1.X releases.
Query ID = root_20211202001704_1b4a5ae9-6285-4dbb-8fbf-3d9e8b639bfe
Total jobs = 3
Launching Job 1 out of 3
Number of reduce tasks is set to 0 since there's no reduce operator
Job running in-process (local Hadoop)
2021-12-02 00:17:05,651 Stage-1 map = 100%,  reduce = 0%
Ended Job = job_local183082506_0001
Stage-4 is selected by condition resolver.
Stage-3 is filtered out by condition resolver.
Stage-5 is filtered out by condition resolver.
Moving data to directory
hdfs://master:9000/user/hive/warehouse/ahpu2021.db/words/.hive-staging_hive_2021-12-02_00
-17-04_106_7523156012045351519-1/-ext-10000
Loading data to table ahpu2021.words
MapReduce Jobs Launched:
Stage-Stage-1:  HDFS Read: 292 HDFS Write: 45703282 SUCCESS
Total MapReduce CPU Time Spent: 0 msec
OK
Time taken: 1.919 seconds
```

我们可以查询拆分的结果，其命令如下：

```
hive> select * from words;
OK
I
like
Hadoop!
I
like
Cloud
Computing.
```

```
Hello
World!
I
like
Spark!
Time taken: 0.109 seconds, Fetched: 12 row(s)
```

(4) 统计单词个数，其命令如下：

```
hive> select word,count(*) from words group by word;
Automatically selecting local only mode for query
WARNING: Hive-on-MR is deprecated in Hive 2 and may not be available in the future versions. Consider using a different execution engine (i.e. spark, tez) or using Hive 1.X releases.
Query ID = root_20211202002155_8faa6d1a-b18a-4819-a402-ca41a9154079
Total jobs = 1
Launching Job 1 out of 1
Number of reduce tasks not specified. Estimated from input data size: 1
In order to change the average load for a reducer (in bytes):
  set hive.exec.reducers.bytes.per.reducer=<number>
In order to limit the maximum number of reducers:
  set hive.exec.reducers.max=<number>
In order to set a constant number of reducers:
  set mapreduce.job.reduces=<number>
Job running in-process (local Hadoop)
2021-12-02 00:21:57,241 Stage-1 map = 100%,  reduce = 100%
Ended Job = job_local1385231645_0002
MapReduce Jobs Launched:
Stage-Stage-1:  HDFS Read: 988 HDFS Write: 91406815 SUCCESS
Total MapReduce CPU Time Spent: 0 msec
OK
Cloud  1
Computing.  1
Hadoop!    1
Hello  1
I 3
Spark! 1
World! 1
like    3
Time taken: 1.425 seconds, Fetched: 8 row(s)
```

注意：每 Create 一个表，就会在 HDFS 下创建一个文件夹，这个文件夹的名称就是创建的表的名称，如图 10-11 所示。

Browse Directory

/user/hive/warehouse/ahpu2021.db　Go!

Show 25 entries　Search:

Permission	Owner	Group	Size	Last Modified	Replication	Block Size	Name
drwxr-xr-x	root	supergroup	0 B	Dec 02 00:09	0	0 B	textlines
drwxr-xr-x	root	supergroup	0 B	Dec 02 00:17	0	0 B	words

Showing 1 to 2 of 2 entries　Previous 1 Next

图 10-11　HDFS 的文件夹结构

实验 7　基于 Mahout 的聚类实验

实验 7 演示

1. 实验简介

本次实验主要为安装配置 Mahout 环境，实现简单的聚类算法实验。

2. 实验目的

(1) 了解 Mahout 环境的安装与配置过程；

(2) 熟悉 Mahout 上基本聚类算法的实现过程。

3. 实验准备

Hadoop 已经成功安装，并正常启动。下载实验数据集，下载地址为 http://archive.ics.uci.edu/ml/databases/synthetic_control/synthetic_control.data。

4. 实验内容

1) 安装配置Mahout环境

(1) 使用下面命令解压 Mahout 安装包：

```
[ahpu@master ~]$ tar –zvxf apache-mahout-distribution-0.13.0.tar.gz
[ahpu@master ~]$ cd apache-mahout-distribution-0.13.0
```

执行查询命令将看到 Mahout 包含的内容，如图 10-12 所示。

```
[ahpu@master ~]$ cd apache-mahout-distribution-0.13.0
[ahpu@master apache-mahout-distribution-0.13.0]$ ls -l
总用量 158992
drwxr-xr-x 2 ahpu root      151 4月  15 2017 bin
drwxr-xr-x 2 ahpu root     4096 4月  15 2017 conf
drwxr-xr-x 9 ahpu root      155 12月  2 10:59 docs
drwxr-xr-x 4 ahpu root       28 12月  2 10:59 examples
drwxr-xr-x 3 ahpu root       17 12月  2 10:59 flink
drwxr-xr-x 2 ahpu root       23 12月  2 10:59 h2o
drwxr-xr-x 3 ahpu root     4096 12月  2 10:59 lib
-rw-r--r-- 1 ahpu root    84419 4月  15 2017 LICENSE.txt
-rw-r--r-- 1 ahpu root   748958 4月  15 2017 mahout-examples-0.13.0.jar
-rw-r--r-- 1 ahpu root 80582736 4月  15 2017 mahout-examples-0.13.0-job.jar
-rw-r--r-- 1 ahpu root    26384 4月  15 2017 mahout-hdfs-0.13.0.jar
-rw-r--r-- 1 ahpu root   406933 4月  15 2017 mahout-integration-0.13.0.jar
-rw-r--r-- 1 ahpu root  1652106 4月  15 2017 mahout-math-0.13.0.jar
-rw-r--r-- 1 ahpu root   968867 4月  15 2017 mahout-math-scala_2.10-0.13.0.jar
-rw-r--r-- 1 ahpu root  1379049 4月  15 2017 mahout-mr-0.13.0.jar
-rw-r--r-- 1 ahpu root 53390814 4月  15 2017 mahout-mr-0.13.0-job.jar
-rw-r--r-- 1 ahpu root   444707 4月  15 2017 mahout-native-viennacl_2.10-0.13.0.jar
-rw-r--r-- 1 ahpu root   228251 4月  15 2017 mahout-native-viennacl-omp_2.10-0.13.0.jar
-rw-r--r-- 1 ahpu root 22244433 4月  15 2017 mahout-spark_2.10-0.13.0-dependency-reduced.jar
-rw-r--r-- 1 ahpu root   602388 4月  15 2017 mahout-spark_2.10-0.13.0.jar
-rw-r--r-- 1 ahpu root     1505 4月  15 2017 NOTICE.txt
-rw-r--r-- 1 ahpu root     9535 4月  15 2017 README.md
drwxr-xr-x 2 ahpu root       78 12月  2 10:59 viennacl
drwxr-xr-x 2 ahpu root       78 12月  2 10:59 viennacl-omp
[ahpu@master apache-mahout-distribution-0.13.0]$
```

图 10-12　Mahout 包含的内容

(2) 启动并验证安装。

进入 Mahout 安装目录，执行如下命令：

```
[ahpu@master ~]$ cd apache-mahout-distribution-0.13.0
[ahpu@master apache-mahout-distribution-0.13.0]$ bin/mahout
```

若出现图 10-13 所示的页面，则表示 Mahout 部署成功。

```
[ahpu@master apache-mahout-distribution-0.13.0]$ bin/mahout
Running on hadoop, using /usr/local/hadoop/bin/hadoop and HADOOP_CONF_DIR=
MAHOUT-JOB: /home/ahpu/apache-mahout-distribution-0.13.0/mahout-examples-0.13.0-job.jar
An example program must be given as the first argument.
Valid program names are:
  arff.vector: : Generate Vectors from an ARFF file or directory
  baumwelch: : Baum-Welch algorithm for unsupervised HMM training
  canopy: : Canopy clustering
  cat: : Print a file or resource as the logistic regression models would see it
  cleansvd: : Cleanup and verification of SVD output
  clusterdump: : Dump cluster output to text
  clusterpp: : Groups Clustering Output In Clusters
  cmdump: : Dump confusion matrix in HTML or text formats
  cvb: : LDA via Collapsed Variation Bayes (0th deriv. approx)
  cvb0_local: : LDA via Collapsed Variation Bayes, in memory locally.
  describe: : Describe the fields and target variable in a data set
  evaluateFactorization: : compute RMSE and MAE of a rating matrix factorization against probes
  fkmeans: : Fuzzy K-means clustering
  hmmpredict: : Generate random sequence of observations by given HMM
  itemsimilarity: : Compute the item-item-similarities for item-based collaborative filtering
  kmeans: : K-means clustering
```

图 10-13 Mahout 部署成功

2) 聚类算法实验

(1) 将下载数据集 synthetic_control.data 上传到 HDFS。

```
[ahpu@master ~]$ hdfs dfs -mkdir -p /user/ahpu/testdata
[ahpu@master ~]$ hdfs dfs -put synthetic_control.data /user/ahpu/testdata
[ahpu@master ~]$ hdfs dfs -ls /user/ahpu/testdata
```

(2) 运行 K-means 聚类程序。

```
[ahpu@master ~]$ /home/ahpu/apache-mahout-distribution-0.13.0/bin/mahout clusterdump -i
/user/ahpu/output/clusters-2 -p /user/ahpu/output/clusterdPoints -o result.txt
```

程序运行结果如图 10-14 所示。

```
[ahpu@master apache-mahout-distribution-0.13.0]$ /home/ahpu/apache-mahout-distribution-0.13.0/bin/m
ahout clusterdump -i /user/ahpu/output/clusters-2 -p /user/ahpu/output/clusterdPoints -o result.txt
Running on hadoop, using /usr/local/hadoop/bin/hadoop and HADOOP_CONF_DIR=
MAHOUT-JOB: /home/ahpu/apache-mahout-distribution-0.13.0/mahout-examples-0.13.0-job.jar
21/12/02 15:04:23 INFO AbstractJob: Command line arguments: {--dictionaryType=[text], --distanceMea
sure=[org.apache.mahout.common.distance.SquaredEuclideanDistanceMeasure], --endPhase=[2147483647],
--input=[/user/ahpu/output/clusters-2], --output=[result.txt], --outputFormat=[TEXT], --pointsDir=[
/user/ahpu/output/clusterdPoints], --startPhase=[0], --tempDir=[temp]}
21/12/02 15:04:26 INFO ClusterDumper: Wrote 6 clusters
21/12/02 15:04:26 INFO MahoutDriver: Program took 2780 ms (Minutes: 0.04633333333333333)
```

图 10-14 程序运行结果

(3) 查看文件列表。

执行如下代码，结果输出如图 10-15 所示。

```
[ahpu@master apache-mahout-distribution-0.13.0]$ hdfs dfs -ls output
Found 7 items
drwxr-xr-x   - ahpu supergroup          0 2021-12-02 14:55 output/clusters-0
drwxr-xr-x   - ahpu supergroup          0 2021-12-02 14:57 output/clusters-1
drwxr-xr-x   - ahpu supergroup          0 2021-12-02 14:58 output/clusters-2
drwxr-xr-x   - ahpu supergroup          0 2021-12-02 14:59 output/clusters-3
drwxr-xr-x   - ahpu supergroup          0 2021-12-02 15:00 output/clusters-4
drwxr-xr-x   - ahpu supergroup          0 2021-12-02 14:55 output/data
drwxr-xr-x   - ahpu supergroup          0 2021-12-02 14:55 output/random-seeds
```

图 10-15　查看文件列表

(4) 查看文件内容。

执行如下代码，结果输出如图 10-16 所示。

```
[ahpu@master ~]$ hadoop jar
/home/ahpu/apache-mahout-distribution-0.13.0/mahout-examples-0.13.0-job.jar
```

```
ahpu@master:~/my_documents/apache-mahout-distribution-0.13.0
文件(F)  编辑(E)  查看(V)  搜索(S)  终端(T)  帮助(H)
4,35.252,32.114,27.959,28.646,32.864,34.382,26.643,31.655,28.176,30.845,31.616,2
8.508,29.772,27.335,32.877,32.717,28.541,53.894,45.555,49.687,53.968,50.81,50.64
2,51.934,51.888,52.027,47.227,45.794,46.163,48.679,48.733,48.579,46.752,47.84,49
.431,49.052,46.31,44.287,44.479,45.053,47.207,49.248,47.462]
        1.0 : [distance=45.84232551984566]: [35.913,29.855,33.25,30.166,27.532,2
4.791,29.382,30.916,33.337,32.682,34.063,28.091,32.15,29.337,28.08,35.838,33.807
,26.973,24.089,30.694,35.094,33.424,34.086,32.633,30.806,26.496,27.5,33.752,24.6
34,25.088,32.197,27.662,26.727,31.828,31.327,25.647,30.786,25.077,42.6,53.603,47
.426,45.479,47.015,41.967,44.346,51.579,52.547,43.022,45.694,42.104,48.868,42.84
4,53.483,52.084,42.346,42.945,43.442,51.091,42.904,47.054]
        1.0 : [distance=38.43047124649683]: [34.699,25.609,32.507,27.845,26.704,
30.755,24.638,31.215,33.803,28.171,29.947,29.978,31.539,34.862,28.162,34.828,35.
926,32.985,24.313,25.767,31.42,25.018,29.113,38.614,34.095,40.555,36.371,39.67,3
8.791,40.503,37.972,32.247,39.706,33.027,40.304,44.009,36.632,41.156,33.416,41.7
15,35.802,43.868,33.192,41.048,34.779,40.985,32.555,43.962,43.458,33.779,37.091,
35.553,34.779,35.962,33.597,37.837,37.603,43.235,34.783,43.308]
        1.0 : [distance=36.59769339091469]: [28.487,34.156,28.659,35.527,35.25,3
0.795,31.318,28.034,25.375,33.61,29.723,28.462,24.683,35.245,34.151,35.341,27.72
4,27.502,28.539,32.302,30.586,30.747,28.18,27.085,35.723,26.787,29.89,28.044,27.
663,27.24,25.005,24.731,32.778,46.403,47.259,45.38,45.677,40.544,39.214,43.374,4
2.056,43.683,42.56,38.311,44.878,40.559,46.917,43.313,38.759,47.516,38.562,47.77
9,36.325,42.066,44.773,48.305,47.137,39.604,37.563,44.185]
2021-12-02 18:19:25,170 INFO clustering.ClusterDumper: Wrote 6 clusters
```

图 10-16　存储运行结果的文件读取界面

说明：以上程序按设置 K=10，即聚类为 10 类进行。

附　录

附录 1　全球大数据公司盘点

大数据对企业的重要性日益突出，掌握大数据资产，利用数据资源帮助智能化决策，已成为企业脱颖而出的关键。大数据公司可以分成两大类：一类是已有获得大数据工作能力的知名大数据公司，如谷歌、亚马逊、百度、腾讯、阿里巴巴等；另一类则是初创期的大数据企业，包含了数据统计分析、数据可视化及网络信息安全等行业，它们用大数据专用工具，为销售市场制订创新方案并促进其技术性发展。下面对国内外的知名大数据公司进行盘点，以便于读者了解大数据产业的发展趋势。

1. IBM

网址：http://www.ibm.com。

创办时间：1911 年。

公司地址：美国纽约州阿蒙克市。

业务方向：主要面向大企业等市场。

IBM 这个蓝色巨人现如今虽已经没有 20 世纪的名号响亮，但是在如今企业市场的各个领域仍具有无可争议的话语权，自然它也不会放过大数据这个商机，现在它是全球最大的信息技术和业务解决方案公司。

2011 年 5 月，IBM 正式推出 InfoSphere 大数据分析平台。InfoSphere 大数据分析平台包括 BigInsights 和 Streams，两者互补。BigInsights 基于 Hadoop，主要负责对大规模的静态数据进行分析，它提供多节点的分布式计算，可以随时增加节点，提升数据处理能力；Streams 采用内存计算方式分析实时数据。InfoSphere 大数据分析平台还集成了数据仓库、数据库、数据集成、业务流程管理等组件。

2. 亚马逊

网址：http://www.amazon.com。

创办时间：1995 年。

公司地址：美国华盛顿州西雅图。

业务方向：主要面向大企业等市场。

对于云计算和大数据，亚马逊绝对具有先见之明，早在 2009 年就推出了亚马逊弹性 MapReduce (Amazon Elastic MapReduce)。亚马逊对 Hadoop 的需求和应用可谓了如指掌，无论是针对中小型企业还是大型组织。弹性 MapReduce 是一项能够迅速扩展的 Web 服务，运行在亚马逊弹性计算云(Amazon EC2)和亚马逊简单存储服务(Amazon S3)上。这可是货真价实的云：面对数据密集型任务，如互联网索引、数据挖掘、日志文件分析、机器学习、金融分析、科学模拟和生物信息学研究，用户需要多大容量，立刻就能配置到多大容量。

除了数据处理外，用户还可以使用 Karmasphere Analyst 的基于服务的版本。Karmasphere Analvst 是一种可视化工作区，用于在亚马逊弹性 MapReduce 上分析数据。用户还可以提取结果文件，以便在数据库或者微软 Excel、Tableau 等工具中使用。

3. 甲骨文

网址：http://www.oracle.com。

创办时间：1977 年。

公司地址：美国加利福尼亚州红木滩。

业务方向：主要面向大企业等市场。

在 2011 年 10 月初召开的 Oracle Open World 2011 大会上，甲骨文正式推出了 Oracle 大数据机(Oracle Big Data Appliance)，为许多企业提供了一种处理海量非结构化数据的方法。与甲骨文推出的其他一体化产品一样，Oracle 大数据机集成了硬件、存储和软件，是一个硬、软件集成系统，融合了 Cloudera 公司的 Distribution Including Apache Hadoop 和 Cloudera Manager，以及一个开源 R。该产品被设计为能够与甲骨文 Database 11g、Oracle Exadata 数据库云服务器，以及针对商业智能应用的新的 Oracle Exalytics 商业智能云服务器一起协同工作。

4. 谷歌

网址：http://www.google.com。

创办时间：1998 年。

公司地址：美国加利福尼亚州山景城。

融资状况：谷歌业务。

业务方向：面向各类企业市场。

谷歌一直是科技行业的领军者。近年来，几乎在任何一项互联网科技项目都能看到谷歌的身影。大数据时代，谷歌当然不会错过，何况如果对其拥有的海量数据进行深入挖掘，对于提升谷歌搜索乃至所有谷歌服务的价值无可估量。

BigQuery 是 Google 推出的一项 Web 服务，用来在云端处理大数据。该服务让开发者可以使用 Google 的架构来运行 SQL 语句对超级大的数据库进行操作。BigQuery 允许用户上传他们的超大量数据并通过其直接进行交互式分析，从而不必投资建立自己的数据中心。Google 曾表示，BigQuery 引擎可以快速扫描高达 70 TB 未经压缩处理的数据，并且可立即得到分析结果。大数据在云端模型具备很多优势，BigQuery 服务无须组织提供或建立数据仓库。BigQuery 在安全性和数据备份服务方面也相当完善。2012 年底该服务只向一小部分开发者开放，现在任何人都可以注册这项服务。使用免费账号每月可以访问高达 100 GB 的数据，也可以付费使用额外查询和存储空间。

5. 微软

网址: http://www.microsoft.com。

创办时间：1975 年。

公司地址：美国华盛顿州雷德蒙市。

业务方向：面向各类企业。

微软研究部门从 2006 年起就一直致力于类似于 Hadoop 的 Dryad 项目。2012 年初，该计划通过与 SQL Server 和 Windows Azure 云的集成实现了 Dryad 的产品化。看上去 Dryad 似乎将成为在 SQL Server 平台上影响大数据爱好者的有力竞争者。

微软进入大数据领域可谓姗姗来迟，而且在一定程度上说，数据仓库分析和内存分析计算市场已拉下了距离。2011 年初微软发布的 SQL Server R2 并行数据仓库(Parallel Data Warehouse，PDWT)使用了大规模并行处理来支持高扩展性，它可以帮助客户扩展部署数百 TB 级别数据的分析解决方案。微软目前已经开始提供 Hadoop Connector for SQL Server Parallel Data Warehouse 和 Hadoop Connector for SQL Server 社区技术预览版本的连接器。该连接器是双向的，用户可以在 Hadoop 和微软数据库服务器之间向前或者向后迁移数据。

微软于 2012 年推出了基于 Azure 云平台的测试版 Hadoop 服务，并承诺会推出与 Windows 兼容的基于 Hadoop 的大数据解决方案(Big Data Solution)，这是微软 SQL Server 2012 版本的一部分，至于微软是否会与其他硬件合作伙伴或者相关大数据设备厂商合作，目前尚不清楚。

6. EMC

网址：http://www.emc.com。

创办时间：1979 年。

公司地址：美国马萨诸塞州 Hopkinton。

业务方向：面向各类企业市场。

EMC 于 1979 年成立于美国马萨诸塞州 Hopkinton，1989 年开始进入企业数据存储市场。EMC 公司是全球信息存储及管理产品、服务和解决方案方面的领先公司。EMC 是每一种主要计算平台的信息存储标准，世界上最重要信息中的 2/3 以上都是通过 EMC 的解决方案来管理的。

面对大数据时代，EMC 公司推出了用于支持大数据分析的下一代平台 EMC Greenplum 统一分析平台(UAP)。EMC Greenplum UAP 是唯一的统一数据分析平台，可扩展至其他工具，其独特之处在于：它将大数据的认知和分享贯穿于整个分析过程，实现比以往更高的商业价值。

7. Teradata

网址：http://www.teradata.com。

创办时间：1979 年。

公司地址：美国俄亥俄州迈阿密斯堡。

业务方向：面向各类企业市场。

Teradata 公司(Teradata Corporation，纽约证券交易所交易代码 TDC)是全球领先的数据仓库、大数据分析和整合营销管理解决方案供应商，其专注于数据库软件、数据仓库专用平台及企业分析方案。不久前，该公司宣布推出了一款集硬件、软件和服务于一体的全面产品组合——Teradata 分析生态系统(Teradata Analytical Ecosystem)，使不同的 Teradata 系统实现了无缝协作。它通过为企业客户提供更深入的分析和洞察力，帮助其预测商业机会和加速实现商业价值。此外，Teradata Unity 将确保整个 Teradata Analytical Ecosystem 的同步和统一。为了突破 SQL 分析的限制，Teradata 还收购了 Aster Data 公司，以增强其非传统数据分析的能力，突破了 SQL 分析的限制，协助企业从全部数据中获取更多价值。

8. 惠普

网址：http://www.hp.com。

创办时间：1939 年。

公司地址：美国加利福尼亚州帕罗奥多市。

业务方向：面向各类企业市场。

大数据时代来临，老牌巨头惠普也不甘落后，惠普企业服务事业部宣布推出全新服务，帮助客户更快部署惠普子公司 Vertica 的 Vertica Analytics Platform，从而迅速洞悉关键的业务信息，辅助决策过程。

惠普推出的垂直分析平台让用户能够大规模实时分析物理、虚拟和云环境中的结构化、半结构化和非结构化数据，从而深入洞悉“大数据”。

垂直信息服务帮助客户最大化地实现 Vertica 分析平台的性能，并构建企业分析专用环境。惠普提供从评估到实施的一系列服务，与客户共同定义多种组合交付方式，并找出匹配其现有基础设施的最佳解决方案。

目前，垂直信息服务已在全球上市，将帮助企业构建灵活的智能环境。

9. 沃尔玛

网址：http://www.walmart.com。

创办时间：1962 年。

公司地址：阿肯色州本顿维尔镇。

业务方向：连锁零售业。

沃尔玛是最早通过利用大数据而受益的企业之一，曾经拥有世界上最大的数据仓库系统。通过对消费者的购物行为等非结构化数据进行分析，沃尔玛成为最了解顾客购物习惯的零售商，并创造了“啤酒与尿布”的经典商业案例。早在 2007 年，沃尔玛就已建立了一个超大的数据中心，其存储能力在 4 PB 以上。《经济学人》在 2010 年的一篇报道中指出，沃尔玛的数据量已经是美国国会图书馆的 167 倍。

沃尔玛实验室计划将沃尔玛的 10 个不同的网站整合成一个，同时将 10 个节点的 Hadoop 集群扩展到 250 个节点的 Hadoop 集群。目前，实验室正在设计将 Oracle、Neteeza 等开放资源的数据库进行迁移、整合的工具。

沃尔玛曾进行了一系列收购，收购了 Kosmix(沃尔玛实验室前身)、Small Society、Set Direction、OneRiot、Social Calenda、Grabble 等多家中小型创业公司，这些创业公司要么精于数据挖掘和各种算法，要么在移动社交领域有其专长，由此不难看出沃尔玛进军移动互联网和挖掘大数据的决心。相信在沃尔玛的带领下，传统行业也会慢慢意识到大数据的重要性，加速步入大数据时代。

10. 百度

网址：http://www.baidu.com。

创办时间：2000 年。

公司地址：中国北京中关村。

公司产品：① 百度预测；② 百度司南；③ 百度精算；④ 百度统计；⑤ 百度移动统计；⑥ 百度推荐；⑦ 百度黄金眼。

百度是全球最大的中文搜索引擎。2000 年 1 月，百度集团由李彦宏、徐勇两人创立于北京中关村，致力于向人们提供“简单，可依赖”的信息获取方式。“百度”二字源于中国宋朝词人辛弃疾《青玉案·元夕》中的词句“众里寻他千百度”，象征着百度对中文信息检索技术的执着追求。

百度大数据的两个典型应用是面向用户的服务和搜索引擎。百度大数据的主要特点是：

(1) 数据处理技术比面向用户服务的技术所占比重更大；

(2) 数据规模比以前大很多；

(3) 通过快速迭代进行创新。随着对大数据系统更深层次的理解，需要新的硬件体系结构和软硬件协同创新。

“百度迁徙”于 2014 年 1 月上线，是针对人口迁徙定位服务的大数据项目。在春运期间，用户可通过该项目实时查看全国范围 8 小时内的人口迁徙轨迹及特征。之后在清明节上线的“百度预测”可以对景区舒适度进行预测。该产品后续还能在更广泛的领域发挥作用。例如，可通过城市旅游预测、感冒流行趋势预测、高考考研预测、金融预测、电影票房预测等对各行业细分领域进行数据解读。

11. 阿里巴巴

网址：http://www.alibabagroup.com。

创办时间：1999 年。

公司地址：中国杭州。

公司业务：淘宝、天猫、阿里巴巴国际交易平台、阿里云等。

1999 年，并非 IT 技术出身的马云在中国杭州市创办了阿里巴巴集团，开启了中国网上交易的新天地。阿里巴巴和其关联公司的业务包括淘宝网、天猫、聚划算、全球速卖通、阿里巴巴国际交易市场、1688、阿里妈妈、阿里云、蚂蚁金服、菜鸟网络等。

现在，阿里巴巴应对大数据的策略是“云端＋大数据”。消费者在淘宝或天猫上的每一次消费记录，阿里巴巴都会记录在案，交易以及信用数据成为阿里的一手材料。淘宝建立的数据地图是阿里大数据的第一步。每一个数据都由很多个数据产生，建立数据地图，可以追溯数据的源头，提高数据的质量和价值。数据魔方、聚石塔等产品也是阿里大数据的初步应用。作为支撑大数据的一部分，阿里的云平台阿里云于 2009 年成立。根据阿里数据，阿里云也的确帮助阿里扛过了 2013 年的“双十一”高峰。据统计，2013 年“双十一”的 1.88 亿笔交易中，75%的交易都是在阿里云平台上运行的，实现了零漏单、零故障。而 2012 年的这一比例只有 20%。然而，阿里并不是一家技术驱动的公司，而是业务驱动的。如何让数据扩展到交易领域，让天下没有难做的“数据生意”，是阿里面临的最大挑战。

12. 腾讯

网址：http://www.QQ.com。

创办时间：1998 年。

公司地址：中国深圳。

公司业务：QQ、微信、腾讯网等。

深圳市腾讯计算机系统有限公司成立于 1998 年 11 月，是中国最大的互联网综合服务提供商之一，也是中国服务用户最多的互联网企业之一。腾讯多元化的服务包括社交和通信服务 QQ 及微信/WeChat、社交网络平台 QQ 空间、腾讯游戏旗下 QQ 游戏平台、门户网站腾讯网、腾讯新闻客户端和网络视频服务腾讯视频等。

2013 年 9 月，历经两年研发内测的腾讯云生态系统终于向整个互联网敞开了大门。作为一家有着强烈社交基因的公司，腾讯拥有的社交大数据可以帮助其完成数据的制造、流通、消费和挖掘。腾讯有着丰富的社交矩阵，其大数据来源于多种社交渠道，包括腾讯微博、QQ 和微信。然而，不同社交平台的特性决定了数据的差异。例如，在 QQ 空间等私密性更高、黏性更好的社交平台上，消费者可能更愿意透露自己的生活状态及需求。而随着微信商业化的推进，朋友圈产生的数据还需要花更大力气加工处理，才能筛选出真正有价值的、能够代表用户行为模式和兴趣偏好的数据。对于腾讯而言，只有将社交矩阵之间的数据打通，才会大大提高其大数据的价值，才可以使投放广告的企业实现更加精准的营销。现在，腾讯效果营销平台广点通代表的大数据应用已经发挥了关键性作用。小米旗下的新品红米 Note 日前与 QQ 空间再度展开的社会化营销合作，创造了 1500 万的手机网络预约人数纪录，开售第一秒就吸引了 41.9 万人点击抢购，成为基于社交数据营销的经典。

13. 华为技术有限公司

网址：https://www.huawei.com/cn。

创办时间：1987 年。

公司地址：中国深圳。

公司业务：手机、移动宽带终端、终端云等。

华为技术有限公司创立于 1987 年，是全球领先的 ICT(信息与通信)基础设施和智能终端提供商。目前，华为约有 19.7 万员工，其业务遍及 170 多个国家和地区，服务全球 30 多亿人。

华为致力于把数字世界带入每个人、每个家庭、每个组织，构建万物互联的智能世界，让无处不在的连接成为人人平等的权利，成为智能世界的前提和基础；为世界提供最强算力，让云无处不在，让智能无所不及；所有的行业和组织因强大的数字平台而变得敏捷、高效、生机勃勃；通过 AI 重新定义体验，让消费者在家居、出行、办公、影音娱乐、运动健康等全场景获得极致的个性化智慧体验。

华为助力全球 170 多个国家和地区的 1500 多张运营商网络稳定运行。全球多家第三方机构进行的全球大城市 5G 网络体验测试结果显示，华为承建的多个运营商 5G 网络体验排名第一。

截至 2020 年底，华为企业市场合作伙伴数量超过 30 000 家，其中销售伙伴超过 22 000 家，解决方案伙伴超过 1600 家，服务与运营伙伴超过 5400 家，人才联盟伙伴超过 1600 家。

华为联合伙伴在超过 600 个场景落地和探索智能体应用，覆盖政府与公共事业、交通、工业、能源、金融、医疗、科研等行业。

全球通过华为认证的已超过 40 万人，其中 HCIE 专家级认证 13 000 多人，为行业数字化转型提供了优质的 ICT 人才资源。

华为帮助全球多家运营商在 LTE/5G 网络评测中全面领先。在 GlobalData 公司发布的报告中，华为 5G RAN 和 LTE RAN 的综合竞争力均排名第一，蝉联“唯一领导者”桂冠。

华为云已上线 220 多个云服务、210 多个解决方案，在全球累计获得了 80 多个权威安全认证，发展 19 000 多家合作伙伴，汇聚 160 万开发者，云市场上架应用 4000 多个。

附录 2　Python 语言简介

Python(蟒蛇)是一种动态解释型的编程语言，是由 Guido van Rossum 于 1989 年发明的，第一个公开发行版发行于 1991 年。Python 可以在 Windows、UNIX、MAC 等多种操作系统上使用，也可以在 Java、.NET 开发平台上使用。Python 的 logo 如图 F2-1 所示。

图 F2-1　Python 的 logo

2.1　Python 语言的特点

(1) Python 使用 C 语言开发，但是 Python 没有 C 语言中的指针等复杂的数据类型。

(2) Python 具有强的面向对象特性，而且简化了面向对象的实现。它消除了保护类型、抽象类、接口等面向对象的元素。

(3) Python 代码块使用空格或缩进的方式分隔代码。

(4) Python 仅有 31 个保留字，而且没有分号、begin、end 等标记。

(5) Python 是强类型语言，变量创建后会对应一种数据类型，出现在统一表达式中的不同类型的变量需要做类型转换。

(6) Python 是大小写敏感语言(abc 和 ABC 分别代表了不同的变量)。

2.2　搭建 Python 开发环境

1. Python 的版本

因为早期的 Python 版本在基础方面设计存在着一些不足，2008 年，Guido van Rossum 开发了 Python 3.0(被称为 Python 3000，或简称 Py3k)。Python 3.0 在设计的时候很好地解决了之前版本的遗留问题，同时提升了性能，但 Python 3.0 不能完全兼容 Python 2.0。Python 2.0 已于 2020 年停止维护，因此，新手学习 Python 时应选择 Python 3.X。

2. Python 的安装

(1) 用户可以到 www.Python.org 网站上先下载安装包，然后通过 configure、make、make install 进行安装。

(2) Python 的集成开发环境 IDE 包括 PythonWin、PyCharm、Eclipse+PyDev 插件等。

2.3　基础语法

1. 获取帮助

可以通过 Python 解释器获取帮助。如果想知道一个对象(object)是如何工作的，可以调用 help(<object>)！另外，dir( )会显示该对象的所有方法，还有<object>.__doc__会显示其说明文档。其命令如下：

```
>>> help(5)
Help on int object:
(etc etc)

>>> dir(5)
['__abs__', '__add__', ...]

>>> abs.__doc__
'abs(number) -> number
Return the absolute value of the argument.'
```

2. 代码书写

(1) Python 中没有强制的语句终止字符，且代码块是通过缩进来指示的。缩进表示一个代码块的开始，逆缩进则表示一个代码块的结束。声明是以冒号(:)字符结束，并且开启一个缩进级别。

(2) 单行注释以井号字符(#)开头，多行注释则以多行字符串的形式出现。

(3) 赋值(事实上是将对象绑定到名字)通过等号(“=”)实现，双等号(“==”)用于相等判断，“+=”和“-=”用于增加/减少运算(由符号右边的值确定增加/减少的值)。这适用于包括字符串在内的许多数据类型。可以在一行上使用多个变量。例如：

```
>>> myvar = 3
>>> myvar += 2
>>> myvar
5
>>> myvar -= 1
>>> myvar
4
"""This is a multiline comment.
The following lines concatenate the two strings."""
>>> mystring = "Hello"
>>> mystring += " world."
>>> print(mystring)
Hello world.
```

3. 基本数据结构

Python 具有列表(list)、元组(tuple)和字典(dictionaries)和集合(sets)等基本数据结构。

(1) 列表的特点与一维数组类似(也可以创建类似多维数组的“列表的列表”)。

(2) 字典则是具有关联关系的数组(通常也叫作哈希表)。

(3) 元组则是不可变的一维数组(Python 中“数组”可以包含任何类型的元素，也可以使用混合元素，如整数、字符串或是嵌套包含列表、字典或元组)。

例如：

```
>>> sample = [1, ["another", "list"], ("a", "tuple")]
>>> print(sample)
[1, ['another', 'list'], ('a', 'tuple')]
>>> mylist = ["List item 1", 2, 3.14]
>>> mylist[0] = "List item 1 again" # We're changing the item.
>>> mylist[-1] = 3.21 # Here, we refer to the last item.
>>> print(mylist)
['List item 1 again', 2, 3.21]
>>> mydict = {"Key 1": "Value 1", 2: 3, "pi": 3.14}
>>> mydict["pi"] = 3.15 # This is how you change dictionary values.
>>> print(mydict)
{'Key 1': 'Value 1', 2: 3, 'pi': 3.15}
>>> mytuple = (1, 2, 3)
>>> print(mytuple)
(1, 2, 3)
```

(4) 列表中第一个元素索引值(下标)为 0，使用负数索引值能够从后向前访问数组元素，-1 表示最后一个元素。可以使用：运算符访问数组中的某一段，如果左边为空，则表示从第一个元素开始，同理，右边为空，则表示到最后一个元素结束。负数索引则表示从后向前数的位置。

例如：

```
>>> mylist = ["List item 1", 2, 3.14]
>>> print(mylist[:])
['List item 1', 2, 3.14]
>>> print(mylist[0:2])
['List item 1', 2]
>>> print(mylist[-3:-1])
['List item 1', 2]
>>> print(mylist[-1:])
[3.14]
>>> print(mylist[1:])
[2, 3.14]
>>> print(mylist[::2])   #步长为 2
```

```
['List item 1', 3.14]
```

4. 字符串

(1) Python 中的字符串使用单引号(')或是双引号(")来进行标示，还能在通过某一种标示的字符串中使用另外一种标示符(例如 "He said 'hello'.")。

(2) 多行字符串可以通过三个连续的单引号(''')或是双引号(""")来进行标示。

(3) Python 可以通过 u"This is a unicode string"这样的语法使用 Unicode 字符串。

(4) 如果想通过变量来填充字符串，那么可以使用取模运算符(%)和一个元组。使用方式是在目标字符串中从左至右使用%s 来指代变量的位置，或者使用元组、字典来代替，示例如下：

```
>>> print("Name: %s\n\
... Number: %s\n\
... String: %s" % ("Alice",3,3*"-"))
Name: Alice
Number: 3
String: ---
>>>strString = """This is
... a multiline
... string."""
>>> print(strString)
This is
a multiline
string.
>>>print("This %(verb)s a %(noun)s." % {"noun": "test", "verb": "is"})
This is a test.
```

5. 控制语句

(1) 条件语句。

格式 1 如下：

```
if (表达式) :
  语句 1
else :
  语句 2
```

格式 2 如下：

```
if (表达式) :
  语句 1
elif (表达式) :
  语句 2
…
elif (表达式) :
```

```
    语句 n
else :
    语句 m
```

(2) 条件嵌套。其命令如下：

```
if (表达式 1) :
  if (表达式 2) :
        语句 1
  elif (表达式 3) :
        语句 2
  else:
        语句 3
elif (表达式 n) :
…
else :
…
```

注意：Python 本身没有 switch 语句。

(3) 循环语句。其命令如下所示：

格式 1 如下：

```
while(表达式) :
  …
else :
  …
```

格式 2 如下：

```
for 变量 in 集合 :
  …
else :
  …
```

注意：Python 不支持类似 c 的 for(i=0;i<5;i++)这样的循环语句，但可以借助 range 进行模拟。

```
for x in range(0,5,2):
  print(x)
```

6. 函数

(1) 函数是一段可以重复多次调用的代码，通过“def”关键字进行声明。函数定义示例如下：

```
# an_int 和 a_string 是可选参数，它们有默认值
# 如果调用 passing_example 时只指定一个参数，那么 an_int 缺省为 2 ，a_string 缺省为 A default string。如果调用 passing_example 时指定了前面两个参数，a_string 仍缺省为 A default string。
# a_list 是必备参数，没有指定缺省值。
```

```
def passing_example(a_list, an_int=2, a_string="A default string"):
    a_list.append("A new item")
    an_int = 4
    return a_list, an_int, a_string

>>> my_list = [1, 2, 3]
>>> my_int = 10
>>> print(passing_example(my_list, my_int))
([1, 2, 3, 'A new item'], 4, "A default string")
>>> my_list
[1, 2, 3, 'A new item']
>>> my_int
10
```

(2) Lambda 函数是由一个单独的语句组成的特殊函数，参数通过引用进行传递，但对于不可变类型(如元组、整数、字符串等)则不能够被改变。

```
# 作用等同于 def funcvar(x): return x + 1
funcvar = lambda x: x + 1
>>>print(funcvar(1))
2
```

7. 类

Python 支持有限的多继承形式。私有变量和方法可以通过添加至少两个前导下画线和最多尾随一个下画线的形式进行声明(如“__spam”，这是惯例，并不是 Python 的强制要求)。例如：

```
class MyClass(object):
    common = 10
    def __init__(self):
        self.myvariable = 3
    def myfunction(self, arg1, arg2):
        return self.myvariable

    # This is the class instantiation
>>> classinstance = MyClass()
>>> classinstance.myfunction(1, 2)
3
# This variable is shared by all classes.
>>> classinstance2 = MyClass()
>>> classinstance.common
10
```

```
>>> classinstance2.common
10
# Note how we use the class name
# instead of the instance.
>>> MyClass.common = 30
>>> classinstance.common
30
>>> classinstance2.common
30
# This will not update the variable on the class,
# instead it will bind a new object to the old
# variable name.
>>> classinstance.common = 10
>>> classinstance.common
10
>>> classinstance2.common
30
>>> MyClass.common = 50
# This has not changed, because "common" is
# now an instance variable.
>>> classinstance.common
10
>>> classinstance2.common
50
# This class inherits from MyClass. The example
# class above inherits from "object", which makes
# it what's called a "new-style class".
# Multiple inheritance is declared as:
# class OtherClass(MyClass1, MyClass2, MyClassN)
class OtherClass(MyClass):
    # The "self" argument is passed automatically
    # and refers to the class instance, so you can set
    # instance variables as above, but from inside the class.
    def __init__(self, arg1):
        self.myvariable = 3
        print(arg1)

>>> classinstance = OtherClass("hello")
hello
```

```
>>> classinstance.myfunction(1, 2)
3
# This class doesn't have a .test member, but
# we can add one to the instance anyway. Note
# that this will only be a member of classinstance.
>>> classinstance.test = 10
>>> classinstance.test
10
```

8. 异常

Python 中的异常由 try-except [exceptionname] 块处理，例如：

```
def some_function():
    try:
        # Division by zero raises an exception
        10 / 0
    except ZeroDivisionError:
        print("Oops, invalid.")
    else:
        # Exception didn't occur, we're good.
        pass
    finally:
        # This is executed after the code block is run
        # and all exceptions have been handled, even
        # if a new exception is raised while handling.
        print("We're done with that.")

>>> some_function()
Oops, invalid.
We're done with that.
```

9. 导入外部库

(1) 外部库可以使用 import [libname] 关键字来导入。

(2) 可以用 from [libname] import [funcname] 来导入所需要的函数。例如：

```
import random
from time import clock
randomint = random.randint(1, 100)
>>> print(randomint)
33
```

10. 文件处理

(1) 简单处理文件。其命令如下：

```
context="hello,world"
f=file("hello.txt",'w')
f.write(context);
f.close()
```

(2) 读取文件可以使用 readline()函数、readlines()函数和 read 函数。

(3) 写入文件可以使用 write()、writelines()函数。

11. 列表推导式

列表推导式(List Comprehension)提供了一个创建和操作列表的有力工具。列表推导式由一个表达式以及紧跟着这个表达式的 for 语句构成，for 语句后面还可以跟 0 个或多个 if 或 for 语句。例如：

```
>>> lst1 = [1, 2, 3]
>>> lst2 = [3, 4, 5]
>>> print([x * y for x in lst1 for y in lst2])
[3, 4, 5, 6, 8, 10, 9, 12, 15]
>>> print([x for x in lst1 if 4 > x > 1])
[2, 3]
# Check if an item has a specific property.
# "any" returns true if any item in the list is true.
>>> any([i % 3 for i in [3, 3, 4, 4, 3]])
True
# This is because 4 % 3 = 1, and 1 is true, so any()
# returns True.

# Check how many items have this property.
>>> sum(1 for i in [3, 3, 4, 4, 3] if i == 4)
2
>>> del lst1[0]
>>> print(lst1)
[2, 3]
>>> del lst1
```

参 考 文 献

[1] 程克非，罗江华，兰文富. 云计算基础教程. 北京：人民邮电出版社，2013.
[2] 周品. 云时代的大数据. 北京：电子工业出版社，2013.
[3] 徐立冰. 云计算和大数据时代网络技术揭秘. 北京：人民邮电出版社，2013.
[4] 徐强，王振江. 云计算应用开发实践. 北京：机械工业出版社，2012.
[5] 杨巨龙. 大数据技术全解. 北京：电子工业出版社，2014.
[6] 丁圣勇，樊勇兵，闵世武. 解惑大数据. 北京：人民邮电出版社，2013.
[7] 黄颖. 一本书读懂大数据. 长春：吉林出版集团有限责任公司，2014.
[8] 姚宏宇，田溯宁. 云计算:大数据时代的系统工程. 北京：电子工业出版社，2013.
[9] 刘鹏. 云计算. 2版. 北京：电子工业出版社，2011.
[10] 赵刚. 大数据技术与应用实践指南. 北京：电子工业出版社，2014.
[11] 人大经济论坛. 从零进阶！数据分析的统计基础. 北京：电子工业出版社，2014.
[12] RITTINGHOUSE J W, RANSOME J F. 云计算实现、管理与安全. 田思源，赵雪锋，译. 北京：机械工业出版社，2010.
[13] MILLER M. 云计算. 姜进磊，等译. 北京：机械工业出版社，2009.
[14] FRANKS B. 驾驭大数据. 黄海，等译. 北京：人民邮电出版社，2013.
[15] BAUER E, ADAMS R. 云计算实践-可靠性与可用性设计. 高巍等译. 北京：人民邮电出版社，2014.
[16] VELTE A T, VELTE T J, ELSENPETER R. 云计算实践指南. 周庆辉，陈宗辉等译.北京：机械工业出版社，2010.
[17] 吴朱华. 云计算核心技术剖析. 北京：人民邮电出版社，2011.
[18] 王鹏. 云计算的关键技术与应用实例. 北京：人民邮电出版社，2010.
[19] 2016大数据标准化白皮书. 中国电子技术标准化研究院，2016.
[20] 2014 云计算标准化白皮书. 中国电子技术标准化研究院，2014.
[21] 大数据分析特点.http://bbs.pinggu.org/bigdata.
[22] http://news.xinhuanet.com/info/2014-10/23/c_133737175.htm.
[23] 云计算. 百度百科.
http://baike.baidu.com/link?url=aOkc1Gu3_737mbiOsIca3RdbhsfsygK60EiSR-zjZmYAMJbNiXnuPEMTKirRu9QCDGrJfcB-yFwfziAeydzMaa.
[24] 云计算. 维基百科.
http://zh.wikipedia.org/wiki/%E9%9B%B2%E7%AB%AF%E9%81%8B%E7%AE%97.
[25] 大数据.百度百科.
http://baike.baidu.com/link?url=DpIHrnSoUm0ldJ2NNMHaMgZ215HhDlx6AamsSvm9.YSnDHKGrlE5h3tLPbRixEQn3hFvnSpkPYmv1EysLKXO0DLCdk_zUX-bFqR8EYo38Jhu.
[26] http://cio.chinabyte.com/179/12782179.shtml.

[27] http://www.thebigdata.cn/YeJieDongTai/8470.html.

[28] 陆嘉恒. Hadoop 实战. 2 版. 北京：机械工业出版社，2013..

[29] 黄宜华. 深入理解大数据：大数据处理与编程实践. 北京：机械工业出版社，2014.

[30] 林伟伟，刘波. 分布式计算、云计算与大数据. 北京：机械工业出版社，2015.

[31] http://www.ibm.com/developerworks/cn/java/j-mahout.

[32] http://www.cnblogs.com/luchen927/archive/2012/02/01/2325360.html.

[33] https://blog.csdn.net/xiaoerbuo/article/details/81297250.

[34] https://www.xianjichina.com/news/details_90355.html.

[35] https://blog.csdn.net/zhanglei041/article/details/32807797.

[36] https://blog.csdn.net/wyz0516071128/article/details/80955837.

[37] https://blog.csdn.net/sunjinjuan/article/details/86595909.

[38] https://blog.csdn.net/lljazxx/article/details/102926054.

[39] https://blog.csdn.net/sujiangming/article/details/119531846.